数据科学与工程技术丛书

BIG DATA VISUALIZATION

大数据可视化

主编　朱敏　甘启宏　邓韩彬

参编　庞潇　温啸林　刘尚松　曹梦琦　张馨艺
朱浩天　彭第　韦东鑫　姚林

机械工业出版社
CHINA MACHINE PRESS

本书内容涵盖数据可视化概述、可视化的基础（数据）、可视化任务的概念、如何定义自己的可视化任务、视觉编码设计的理论基础和应用场景、交互和多视图、可视分析、Web 数据可视化工具，以及可视化领域常用的可视化图表。

本书可作为高校计算机相关专业的高年级本科生及低年级研究生学习数据可视化的入门教材，也可供对数据分析能力有要求的其他专业的学生学习参考，还可作为从事数据科学、数据分析的研究人员和技术人员的参考手册。

图书在版编目（CIP）数据

大数据可视化 / 朱敏，甘启宏，邓韩彬主编 . —北京：机械工业出版社，2023.6

（数据科学与工程技术丛书）

ISBN 978-7-111-72656-2

I. ①大… II. ①朱… ②甘… ③邓… III. ①可视化软件－数据处理 IV. ① TP317.3

中国国家版本馆 CIP 数据核字（2023）第 028464 号

机械工业出版社（北京市百万庄大街 22 号　邮政编码 100037）

策划编辑：朱　劼　　　　责任编辑：朱　劼

责任校对：龚思文　陈　越　　责任印制：常天培

北京宝隆世纪印刷有限公司印刷

2023 年 5 月第 1 版第 1 次印刷

185mm × 260mm · 13 印张 · 1 插页 · 254 千字

标准书号：ISBN　978-7-111-72656-2

定价：79.00 元

电话服务　　　　　　网络服务

客服电话：010-88361066　　机 工 官 网：www.cmpbook.com

010-88379833　　机 工 官 博：weibo.com/cmp1952

010-68326294　　金 书 网：www.golden-book.com

封底无防伪标均为盗版　　机工教育服务网：www.cmpedu.com

前 言

随着大数据时代的来临，计算机科学、数据科学，乃至各个领域都更加关注如何对海量复杂的大数据进行处理和分析，从而挖掘其中隐藏的真正有意义的信息。可视化正是一种将抽象的、复杂的、不易理解的数据转化为可感知的、直观的、有意义的图形化表示，从而传达数据中蕴含的信息的技术。自 2013 年以来，可视化持续在“大数据十大发展趋势预测”中占有重要的地位。可视化技术为大数据分析提供了更加直观的呈现和分析手段，有助于研究人员发现大数据中蕴含的规律，因而在各领域均得到了广泛应用。

面对当前大数据、可视化研究与应用的新形势，我们有必要掌握大数据可视化的基本原理和典型设计，初步掌握可视化实现方法，并发展新的数据可视分析方法。目前，国内正需要根据数据可视分析完整流程和应用案例介绍大数据可视化基本原理与方法的参考书。

本书结合作者多年的教学经验，针对可视化学习需求编写而成，可作为我国高校计算机相关专业的高年级本科生及低年级研究生学习数据可视化的入门教材，以帮助学生掌握可视化与可视分析的完整流程、典型设计和实现方法。同时，本书可供对数据分析能力有要求的其他专业的学生学习参考，也可作为数据科学研究和数据分析人员的参考手册。

读者在利用本书学习数据可视化知识时，一定要多思考、多分析、多动手实践，首先要了解可视化的基本流程，然后循序渐进地掌握相关知识，并结合可视分析案例做到融会贯通；在学习数据可视化工具时，一定要动手实践。只有这样，才能真正掌握使用某种工具开展数据可视化分析的方法。此外，本书总结的丰富可视化方法可为读者在进行数据可视化时提供速查方案。

本书具有以下特色：

- 采用故事线的形式，从数据采集与处理、可视化任务设计，到视图和交互设计、可视分析系统构建和具体案例介绍，从简单到复杂，覆盖可视化与可视分析的完整流程。
- 数据特征和案例丰富，所介绍的案例基本涵盖高维、文本、网络、时空等典型数据特征。

- 融合最新学术成果，聚焦于可视化顶级会议与期刊的学术成果，将教材编写团队的研究成果融入具体内容，进行相关方法和技术的阐述。

本书共分为8章。第1章首先介绍数据可视化的概念、发展史，以及可视化与相关学科的关系；然后介绍可视化的主要应用领域和典型案例，帮助读者建立对可视化的直观印象；最后介绍可视化的基本流程和可视化三个分支的经典模型。

第2章介绍可视化的基础——数据，包括数据的获取方式、数据的检查与清洗、数据预处理和数据抽象等内容。对数据的全面了解有助于更好地发挥可视化的作用，加强对数据的表达并提升用户对数据的理解。

第3章主要介绍可视化任务是什么，以及如何定义自己的可视化任务。首先介绍可视化任务的基本概念，帮助读者理解可视分析为什么需要定义可视化任务；其次介绍基于数据的任务抽象方法，帮助读者认识如何定义具体、准确的可视化任务。

第4章主要介绍视觉编码设计的理论基础和应用场景。首先从生理学角度介绍视觉感知与认知理论，再从心理学角度介绍格式塔理论；其次介绍可视化编码的基础——标记与视觉通道，以及两个重要的视觉编码原则——表达性原则和有效性原则；最后结合应用场景阐述视觉编码如何形成视图。

第5章主要介绍交互和多视图。首先介绍交互设计的基本概念和设计准则；其次介绍并列视图、聚合视图和叠加视图等多种视图设计方式；最后介绍常见的交互技术，并以一个定向广告的可视分析系统为例，阐述如何通过交互实现多视图协调关联分析。

第6章重点介绍可视分析。首先介绍可视分析的改进模型和设计模型，以及具体构建可视分析系统的步骤；其次介绍可视化测评的概念、流程，以及常用的测评方法；最后通过一个基于旅游数据的完整案例，融合前5章的知识详细阐述可视分析系统的构建过程。

第7章主要介绍Web数据可视化工具。首先简要介绍一些常见的可视化工具和类库；其次分别介绍ECharts、AntV和D3这三种目前广泛使用的Web数据可视化工具的原理和使用方法，并给出实际的图表绘制例子，方便读者找到合适的可视化工具。

第8章总结可视化领域常见的可视化视图，供读者概览和速查。首先介绍折线图类、柱状图类、饼图类、散点图类等基础视图；其次介绍以树图类、关系/网络图类和地理坐标/地图类为主的复杂视图；最后介绍对基础视图和复杂视图进行组合、扩展和隐喻的改进视图。

本书由四川大学视觉计算实验室可视化与可视分析小组部分师生共同编著，主要编写人员除封面署名主编外，还包括曹梦琦、刘尚松、庞潇、彭第、韦东鑫、温啸林、姚林、张馨艺、朱浩天（排名不分先后）。澳大利亚皇家墨尔本理工大学（RMIT）的李明召博士对全书做了认真审校，并提出了许多具体的修改建议。本书参考了数据可视化方面的书籍、学术论文和网络资料，在此一并向这些文献的作者致谢。

由于编者水平有限，书中难免存在一些欠妥乃至错误之处，恳请读者指正。

编　者

目　录

第 1 章

概　　述

借助数据可视化技术，可用朴实或绚烂的可视化作品讲述数据背后的故事。可视化利用人的视觉感知能力，将海量、复杂、枯燥的数据用优美的图形、清晰的界面表达出来，同时提供直观的、具有良好用户体验的交互手段，使人们能够快速获取信息、发现异常或潜在模式、做出决策。随着大数据时代的到来，可视化技术为大数据分析提供了一种更加直观的呈现和分析手段，有助于发现大数据中蕴含的规律。

本章对可视化的基本概念、发展简史以及可视化与其他学科的关系进行阐述，同时介绍可视化的典型应用领域，以及可视化的基本流程和参考模型。

1.1　可视化的概念

学习可视化首先要掌握可视化的定义、内涵与主要分支，同时领略可视化的发展史，并了解可视化与相关学科的关系。

1.1.1　什么是可视化

可视化（Visualization）通过将数据转换为图形化表示，帮助用户通过视觉这一有效手段理解和分析数据。例如，Charles Joseph Minard 绘制的拿破仑进军莫斯科大败而归的可视化流图[1]（如图 1-1 所示），黄色表示进军莫斯科，黑色表示回程，线条宽度代表士兵数量，下方绘制了温度曲线图。该图直观地呈现了军队的行进情况，以及温度对士兵数量的影响。

视觉是人类感知信息的最主要途径[2]，相比于其他人体器官，人眼感知信息的能力最强，人眼对图形化可视符号的感知速度比对数字、文本的感知速度要快多个数量级，利用可视化可以帮助用户更好地传递信息。比如简单的识别数字“3”的例子，如图 1-2 所示，将“3”用红色表示后，人眼通过视觉感知能一眼快速识别出所有的数字“3”。人的视觉系统是一种并行的系统，可视化可利用这些并行的视觉通道帮助用户提高对数据的认知效率。

数据可视化将抽象的、复杂的、不易理解的数据转换为可感知的、直观的、有意义的图形化表示，从而传达数据中蕴含的信息。可视化不仅仅是把数据转换成图形化表示，更重要的是给用户提供了探索和分析数据的交互手段。表示和交互是可视化的两个主要组成部分，表示是将数据转化为可视化元素呈现给用户，而交互则是给用户提供可操作的手段。可视化通过数据的交互式可视表达，辅助用户从数据中发掘有用信息，提高数据认知，辅助决策[3]。值得注意的是，可视化的目标是辅助用户实现对数据的分析和认知，进而实现对数据规律的洞悉，而不仅仅是所绘制的可视化结果本身[4]。

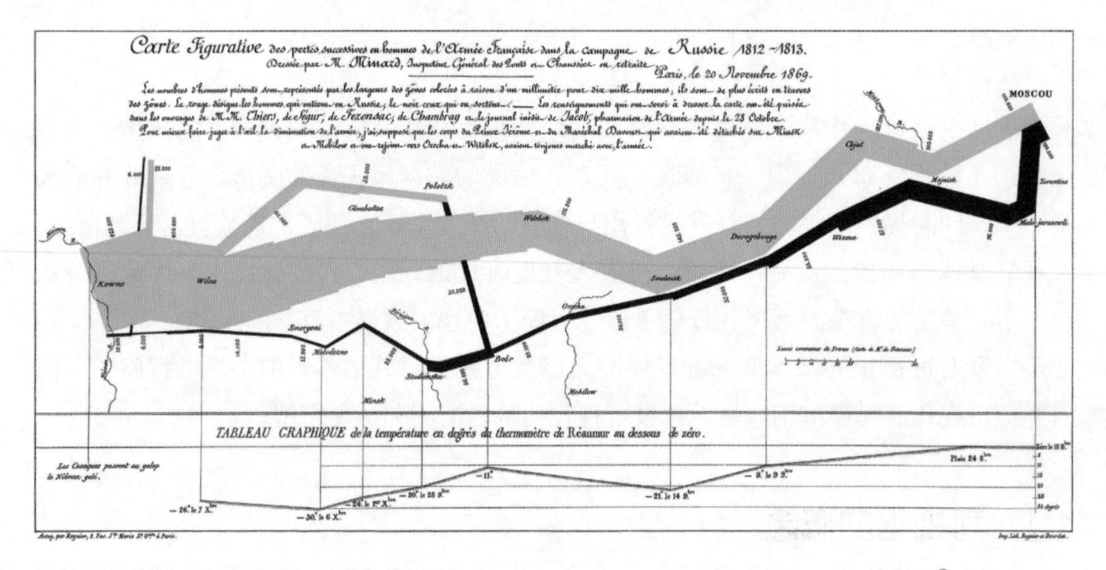

图 1-1 1812—1813 年拿破仑进军莫斯科大败而归的历史事件的可视化流图㊀

有多少个“3”？

897390570927940579629765098294	897390570927940579629765098294
080280850808308002809850-802808	080280850808308002809850-802808
567847298872ty45820209475772001	567847298872ty45820209475772001
21789843980r4557904560992721885	21789843980r4557904560992721885
8975947979028558925945739792092	8975947979028558925945739792092

图 1-2 数字“3”的例子

可视化的作用体现在多个方面，从宏观角度来看，可视化主要包括记录信息、分析推理、信息传播与协同三种功能。

1. 记录信息

自古以来，人类就有使用图形化方式记录信息的习惯，例如伽利略绘制的关于月亮周期的可视化图，记录了月亮在一定时间内的变化，如图 1-3 所示。

㊀ 图片来源：http://upload.wikimedia.org/wikipedia/commons/2/29/Minard.png。

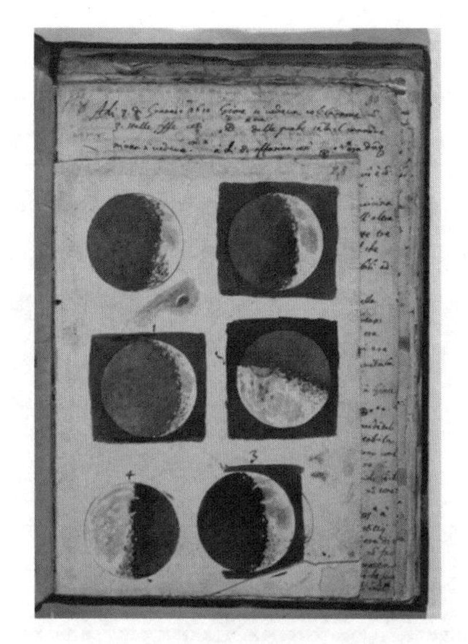

图 1-3　伽利略 1616 年绘制的月亮周期图㊀

2. 分析推理

将数据进行可视化表达可以有效提升数据认知效率，引导用户分析和推理出有效信息。1854 年，英国医生 John Snow 研究伦敦布拉德街区的霍乱，基于对病例数据的分析绘制了一张街区地图，即著名的伦敦“鬼图”（Ghost Map），如图 1-4 所示。他在地图上标记了水泵的位置并用图符表示病例，发现 Broad Street 水泵附近的病例明显偏多，从而找到了霍乱暴发的根源在于水源污染。

图 1-4　John Snow 绘制的“鬼图”㊁

㊀ 图片来源：http://www.pacifier.com/~tpope/Moon_Page.htm。

㊁ 图片来源：http://www.datavis.ca/gallery/historical.php。

3. 信息传播与协同

人从外界获取的信息中，有 70% 是通过人的视觉感知获得的，面向公众发布和传播信息的有效途径是将数据进行可视化，将重要信息直观、有效地呈现给用户。下面以新冠肺炎疫情数据为例说明可视化在信息传播中的重要性。自 2020 年新型冠状病毒疫情暴发以来，每天的疫情数据牵动人心，国家及各省市卫健委每天发布各地疫情数据，新闻媒体除了以数据形式发布外，也采用了可视化方式直观地呈现疫情数据，例如大家熟知的疫情地图。此外，北大可视化与可视分析实验室绘制的“疫情方寸间”，用颜色和图像直观地呈现全国各地每日累积确诊数、治愈数和死亡数及其变化情况，如图 1-5 所示。

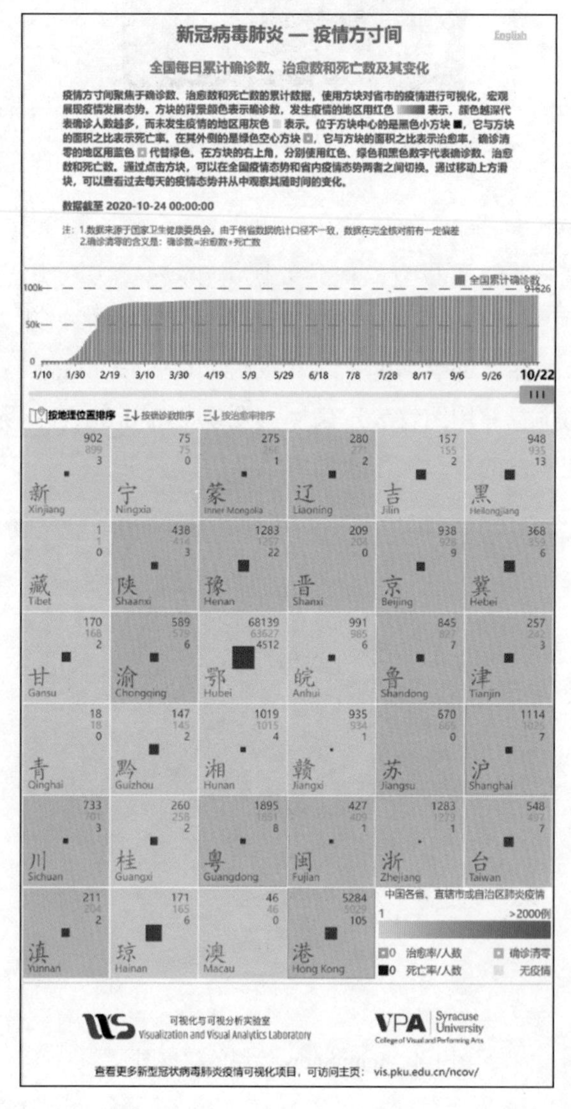

图 1-5　北大可视化团队绘制的新冠病毒肺炎—疫情方寸间[⊖]

⊖ 图片来源：http://vis.pku.edu.cn/ncov/square/index.html。

根据研究的对象和侧重点，可视化一般分为三个主要分支：科学可视化、信息可视化和可视分析学[2]。这三个分支之间并没有明确和清晰的边界。

科学可视化（scientific visualization）是可视化领域发展最早、最成熟的一个跨学科研究与应用领域[5]。科学可视化主要面向化学、气象、航空航天、生物医学等领域中具有空间几何特征的信息，对测量、实验、模拟等获得的数据进行绘制和交互分析。科学可视化的核心在于利用计算机图形学等相关技术逼真化渲染体、面及光源等[6]。根据数据类型，科学可视化主要包括三类：处理医学影像数据的医学可视化，如 CT 影像的生成；处理三维空间数据的体可视化，如鱼类的三维体结构可视化；处理计算模拟数据的流可视化，如不同时间帧的三维流数据可视化。

信息可视化（information visualization）研究抽象数据的视觉呈现，将复杂的数据信息转化为图形，通过设计相应的交互，向使用者提供分析数据的手段。信息可视化起源于统计图形学，常见的信息可视化图表有折线图、柱状图和饼图等。与科学可视化相比，信息可视化重点研究抽象的非结构化数据[7]，例如文本数据或者高维数据（没有明显的空间特征），科学可视化则主要研究已有空间结构的数据（比如展示人体结构的医学可视化数据）。根据数据类型，信息可视化大致分为以下几类：处理层次、网络结构数据的层次与网络可视化，如树图、人与人的社交网络关系、科研论文的引用关系等；处理非结构化文本数据的文本可视化，如基于词频的文字云、基于主题演变的主题流等；处理多变量高维数据的多变量可视化，如平行坐标、散点图、散点矩阵等；处理地理信息数据和时变数据的时空数据可视化。

可视分析学（visual analytics）是一门通过交互式的可视化界面来进行分析和推理的交叉学科[8]。可视分析学通过可视交互界面，将人的知识和经验引入分析流程，帮助用户直观地完成数据分析和推理决策。传统的数据分析方法大多立足于先验知识，在解决一些具体且可预期的任务时有一定的优势，但对一些具有领域特性的数据做自动分析时往往效果不佳。可视分析正是利用人的视觉感知和分析推理能力，将人类智慧与机器智能结合在一起，使人类在分析过程中能够充分发挥独有的优势，人类通过可视化视图（View）进行人机交互，直观且高效地对海量信息进行推理并将其转换为知识。

1.1.2　可视化的历史

人类历来就有使用图形来描绘量化信息的习惯，可视化与制图、统计图形的发展历史相互交织在一起，还与 20 世纪科技的发展密切相关。根据可视化历史中的里程碑事件和不同历史时期的数据呈现方式，可视化的发展历程一般概括为以下几个主要阶段[9]。

17 世纪前：早期地图与图表

在 17 世纪以前，数据的表达形式相对比较简单，人们会制作一些几何图表和地图，以记录和展示一些重要信息，这些图表通常被视为可视化的起源。

1600—1699年：物理测量

进入17世纪，物理测量得到了很好的发展，与时间、空间、距离有关的测量方式不断完善，测量得到的数据主要应用于制作地图、天文分析，一些基于真实测量数据的可视化方法逐渐被科学家们探索出来。例如，1686年绘制的天气图（如图1-6所示），显示了地球的主流风场，这也是向量场可视化的鼻祖。

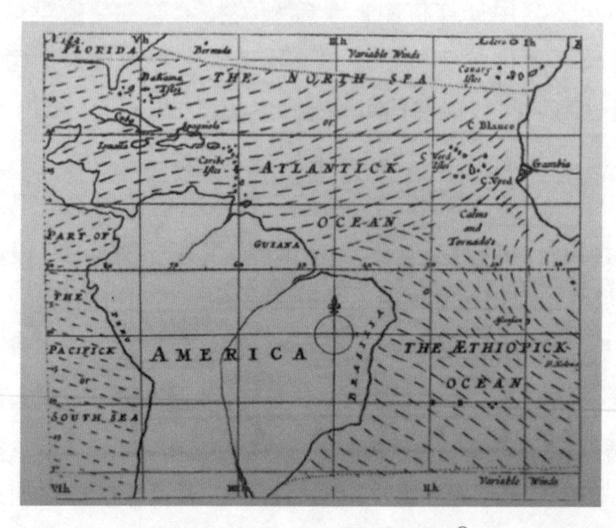

图1-6　1686年绘制的天气图[1]

1700—1799年：新的图形形式

进入18世纪，数据逐步向精准化和量化的阶段发展，数据的价值开始被人们所重视，人们开始有意识地搜集整理数据，尝试对地质、经济和医学数据进行专题绘图，以及探索用抽象图形的方式来进行数据表达，发明了一些崭新的数据可视化形式。Joseph Priestley在1765年绘制了第一个时间线图，采用单根线表示人的生命周期，在整体上比较公元前1200年—公元1750年2000个著名人物的生平。后来，William Playfair发明了条形图、折线图（如图1-7所示）、饼状图等现在常用的统计图表。

1800—1899年：数据图形的发展

19世纪上半叶，统计图形和专题制图的数量出现了爆炸式的增长。在统计图形方面，很多统计图形的常用形式都已出现，包括直方图、时间线、轮廓线等。在专题制图方面，制图从单一地图发展为综合地图集，可描绘各种主题（经济、社会、医学、物理等）的数据，并引入了多种新颖的表示形式。19世纪下半叶，人们不断探索新的数据表现形式，进入了数据图形的黄金时期，这一时期出现了不少可视化的经典案例，包括前面提到的拿破仑进军莫斯科历史事件的流图可视化和伦敦“鬼图”，还有南丁格尔玫瑰图（如图1-8所示）。著名的护理专家Florence Nightingale（南丁格尔）绘制了

[1] 图片来源：http://www.math.yorku.ca/SCS/Gallery/images/halley1866a-1.jpg。

玫瑰图（该图一个切角表示一个月，红色代表死于战争、蓝色代表死于疾病、黑色代表死于其他原因），该图分析和呈现了克里米亚战争期间士兵死亡人数的变化和死亡的原因，从而发现疾病才是导致伤亡的主要原因。

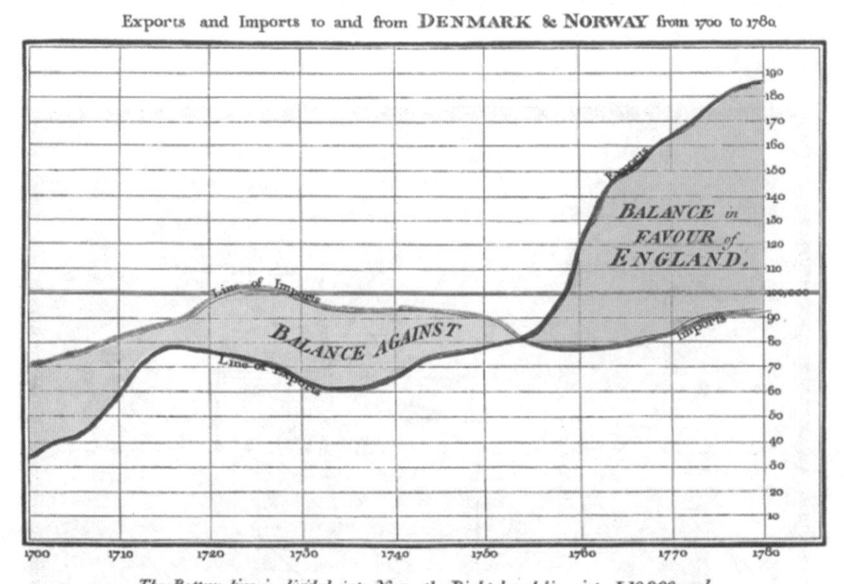

图 1-7　丹麦和挪威 1700～1780 年的贸易进出口序列图[一]

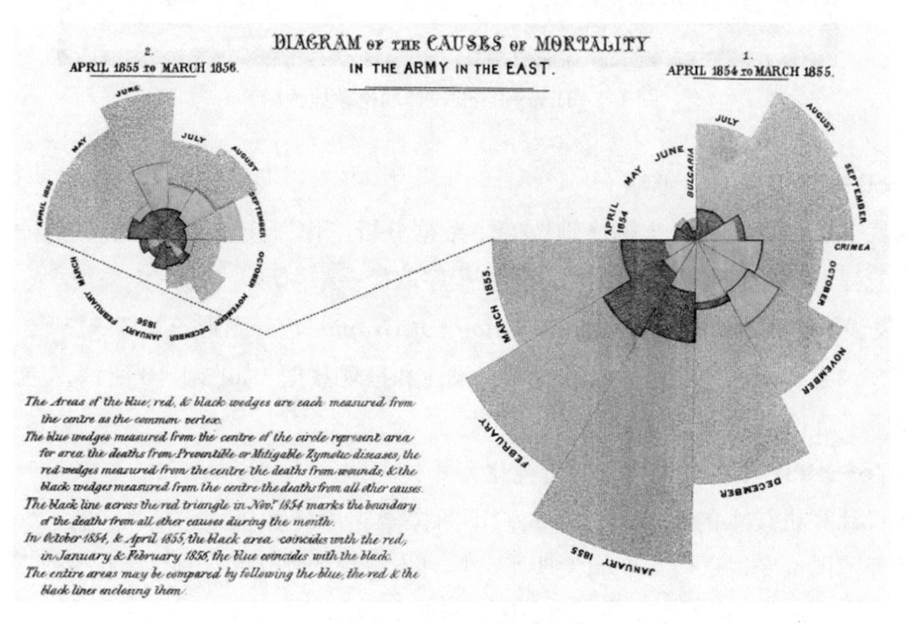

图 1-8　南丁格尔玫瑰图[二]

[一] 图片来源：https://www.zcool.com.cn/article/ZMTIwMjc0OA==.html。

[二] 图片来源：http://en.wikipedia.org/wiki/Florence_Nightingale#Statistics_and_sanitary_reform。

1900—1949 年：现代休眠期

20 世纪上半叶，可视化并没有明显创新。不过政府、商业机构和科研部门开始广泛使用可视化统计图形，可视化在航空、物理和天文等领域也有应用。例如，1933 年，Henry Beck 设计的伦敦地铁图（如图 1-9 所示）成为地铁路线的标准可视化方法，一直沿用至今。

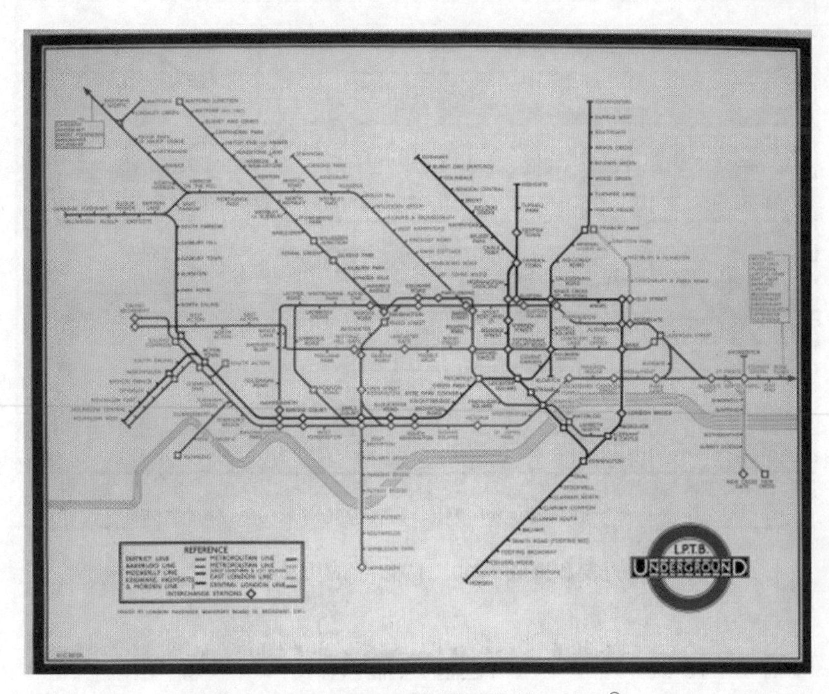

图 1-9 Henry Beck 设计的伦敦地铁图[㊀]

1950—1975 年：复苏期

现代电子计算机的诞生彻底地改变了数据分析工作，让人类处理数据的能力有了跨越式的提升，人们逐渐开始使用计算机程序取代手绘图形。1967 年，法国人 Jacques Bertin 发表了里程碑式的著作——*Semiology of Graphics*（《图形符号学》）[10]，提出利用形状、大小、颜色、位置等视觉变量来设计和呈现数据（如图 1-10 所示），为信息可视化奠定了理论基础。

1976—1982 年：多维信息的可视化

随着计算机技术的不断发展，人们不断探索利用计算机编程实现交互式可视化，数据处理范围也变得更广，期间发明了一些具有里程碑意义的信息可视化方法，包括增强散点图表达方法、散点图矩阵、星形图、鱼眼方法、马赛克图、平行坐标等。图 1-11 展示了利用平行坐标分析汽车不同维度的数据。

㊀ 图片来源：https://adricv.medium.com/politics-and-transit-maps-77efd3162007。

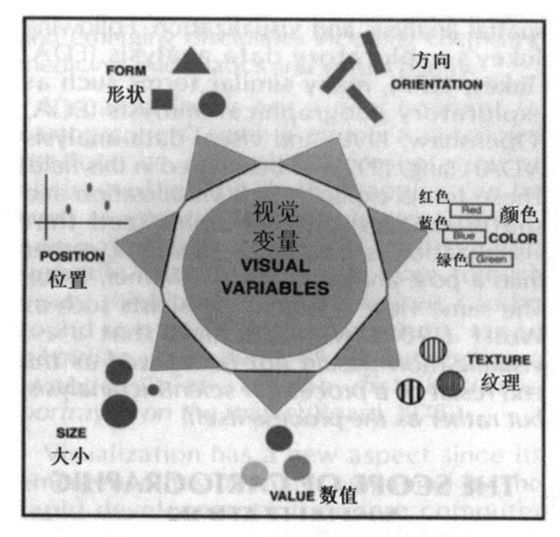

图 1-10 Bertin 提出的视觉变量 [11]

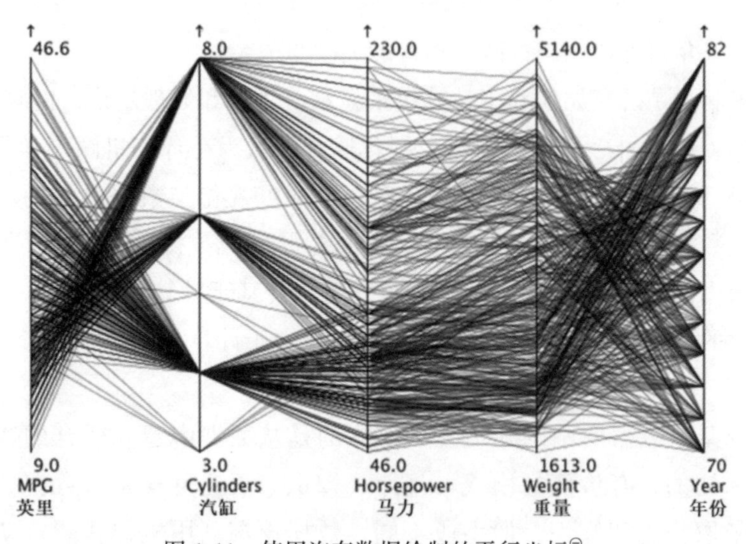

图 1-11 使用汽车数据绘制的平行坐标㊀

1983—2004 年：科学可视化和信息可视化形成

这一时期，随着数据类型和数据量的增加，数据可视化开始蓬勃发展。1982 年，美国国家科学基金会首次召开会议并命名科学可视化（scientific visualization）；1990 年，IEEE 举办了首届可视化会议（IEEE Visualization Conference）；2012 年，会议更名为 IEEE Conference on Scientific Visualization。

在此期间，针对抽象的、非结构化数据的可视化研究也不断增多，出现了大量关于文本数据、高维数据的可视表达。1989 年，Card、Mackinlay 和 Robertson 等人

㊀ 图片来源：https://eagereyes.org/media/2010/parcoords-full.png。

采用“信息可视化”（information visualization）命名这个学科。1995 年，IEEE 举办了信息可视化会议（IEEE Information Visualization），2007 年会议更名为 IEEE Conference on Information Visualization。

2005 年至今：可视分析学

进入 21 世纪，随着数据量和复杂度的不断增加，人们需要研究新的可视化方法，利用可视交互界面，通过交互利用人的智慧辅助用户从复杂数据中挖掘有用信息，从而出现了这门新兴的学科，即可视分析学。2006 年，IEEE 召开了 IEEE Symposium on Visual Analytics Science and Technology，2012 年会议更名为 IEEE Conference on Visual Analytics Science and Technology。

1.1.3 与相关学科的关系

数据可视化包括科学可视化、信息可视化和可视分析，是数据科学中一个活跃且发展快速的方向。数据可视化与计算机图形学、数据挖掘、人机交互和人工智能密切相关，在此重点介绍可视化与这四门学科的关联与关系。

计算机图形学是研究如何利用计算机来显示、生成和处理图形，阐释其中的原理、方法和技术的一门学科。最初，数据可视化通常被认为是计算机图形学的子学科。计算机图形学侧重于研究图形的建模和呈现；数据可视化与数据自身的属性、数据分析的任务以及数据面向的领域密切相关，其目标是完成数据分析，进而洞悉数据的模式、规律。数据可视化的可视编码和图形呈现需要基于计算机图形学的理论与方法，但数据可视化的研究内容和技术方法已经逐步独立于计算机图形学，形成了一门新的学科。

数据挖掘又名数据库中的知识发现，指的是从数据中建立适合的数据模型，分析、挖掘出未知的、有价值的模式、规律、知识。数据可视化与数据挖掘的目标都是从数据中获取信息和知识，但手段不同。数据挖掘利用机器智能自动或半自动地发现数据中隐藏的知识；数据可视化将数据转换为易于感知的图形化符号，借助人的智慧进行可视化交互，利用人的视觉化思考完成数据的分析、推理和决策。在数据挖掘领域，研究人员开始尝试将挖掘结果用可视化方法进行呈现，提出可视数据挖掘；在可视化领域，研究人员综合数据挖掘、人机交互等技术，探索数据的可视化分析方法。

人机交互是人与计算机之间基于某种交互界面进行操作、交流，完成确定任务的信息交换过程。在可视化中，交互是用户与数据之间的沟通手段，需要利用人机交互技术，结合数据分析任务设计可视交互方式，让用户基于可视化交互界面，通过人与机器之间的交互完成对数据的操纵，探索数据的不同维度、属性和特征，实现对数据的理解和知识发现。

人工智能是主要研究用于模拟、延伸和扩展人的智能的理论、方法、技术及应用的一门新兴技术科学。随着可视化与人工智能的不断发展，二者逐渐交叉融合，主要体现在“AI + VIS”“VIS for AI”“AI for VIS”三个方面。“AI + VIS”是将人工智能算法嵌入可视分析流程，人工智能算法从大量数据中挖掘知识，降低数据复杂性，而可视化用于增强认知，保证决策准确性，机器和人分别完成各自擅长的工作。“VIS for AI”是为解决模型的黑盒问题而提出的，它使用可视化方法解释人工智能算法的工作流程和决策依据，从而增强模型的可信度和解释性。“AI for VIS”指可视化图表的自动绘制与推荐，目的是解决目前可视化图表生成过程烦琐的问题，包括自动可视化视图推荐、自动数据故事生成、自动图表注释生成等。

1.2 可视化的典型应用领域

随着大数据时代的到来，可视化迎来了发展高潮，已被广泛应用于各个领域，本节重点介绍可视化在社交媒体、城市交通、商业智能、教育行业及其他领域的应用情况。

1.2.1 在社交媒体中的应用

随着 Web 2.0 的不断演进与发展，社交媒体逐渐流行起来，成为人们社交、学习和娱乐的主要平台。用户基于各大社交媒体随时随地产生、传播和共享信息，这些信息包括文本、视频、语音和图像等多媒体数据。海量、实时的社交媒体数据蕴含着丰富的知识，涵盖了大规模实时的社会动态。目前主要利用地图、词云、桑基图、河流图等可视化方法对社交媒体主题、情感、事件、用户社交网络等进行可视化，从而支持专家和用户交互式地对具有丰富属性的社交媒体数据进行探索。

四川大学视觉计算实验室以社交媒体平台——新浪微博为例，研究面向票房的社交媒体数据可视分析方法[12]，如图 1-12 所示。其中（a）为控制视图，提供电影下拉选择列表、情感类型设置、主题数量设置、时间轴范围设置功能；（b）为多属性关联的情感流视图，直观分析电影相关社交媒体的情感演化特征；（c）为主题气泡轴视图，结合气泡轴和词云对提取的社交文本主题趋势进行可视分析；（d）是多属性关联的消息扩散关系网络视图，将情感极性、用户类型以及社交用户的消息行为（如转发、评价、点赞）进行关联，分析社交用户及影片消息的扩散关系；（e）为融合社交媒体特征的票房影响因素视图，结合与社交媒体相关的四类特征（情感倾向、主题分布、用户热度、购买意愿）分析票房的社交媒体影响因素；（f）为辅助视图，根据不同交互选择展示详细信息，例如主题相关推文列表、用户推文内容等。基于真实的新浪微博数据，该方法有助于分析人员直观地对影片票房的社交媒体影响因素做出评价，也可帮助分析人员更加全面地理解与影片相关的社交媒体数据。

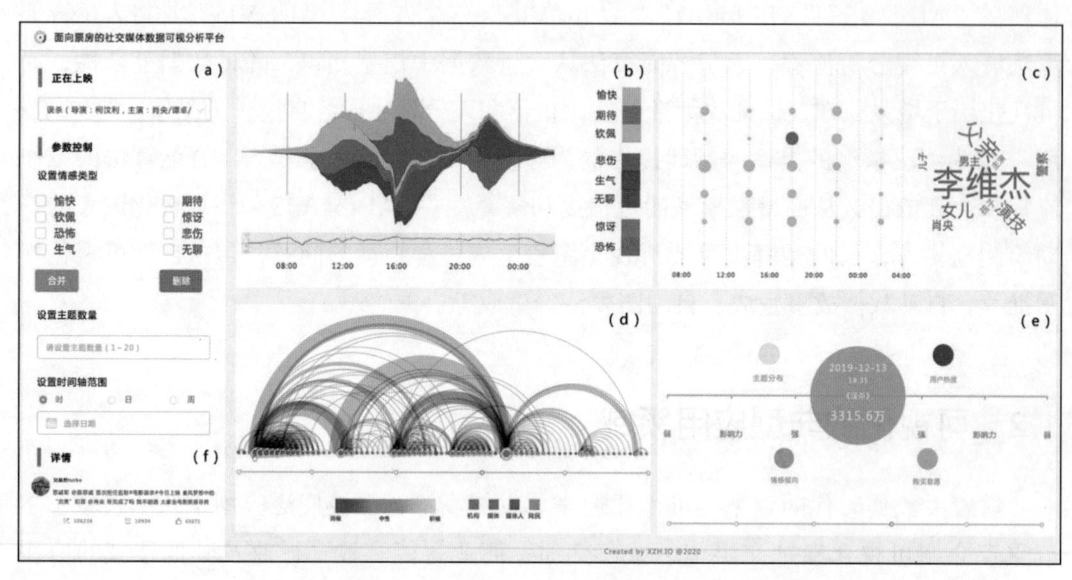

图 1-12　面向票房的社交媒体数据可视化

1.2.2　在城市交通中的应用

随着城市的不断建设与发展，如何通过大数据分析优化城市交通问题成为大家关注的热点，但城市交通数据的数据量大、数据维度复杂，这些数据的可视化分析面临着挑战和机遇。可视化在城市交通中的应用，已有面向交通流量数据、出租车轨迹数据、公共交通数据等方面的研究，致力于辅助改善交通拥堵、优化公共交通等问题。四川大学视觉计算实验室研究了基于共享单车数据的公交站点优化可视化[13]，如图 1-13 所示。其中（a）为系统的控制面板，可进行公交线路的输入查询、数据集选择、站点优化备选方案参数设置、生成按钮及添加操作；（b）为地图主视图，通过控制面板的交互操作，显示对应数据的可视化视图，如线路站点信息、POI（Point of Interest）空间分布、卫星灯光强度热力图、单车聚类视图等，用于发现疑似不合理的站点，以及呈现部分可视化模型的构成视图；（c）为日历图的可视化视图，用于可视分析粒度为天时，站点附近单车的 GPS 数据；（d）为人流量时序分析环状热力图视图，其中融合了环状热力图和雷达图，用于分析时间粒度为小时的单车时序分布流量特征；（e）为站点优化位置对比视图，用于公交站点备选位置的多属性比较分析。基于真实的公交线路站点数据、POI 数据、共享单车数据等，该可视化方法可以辅助用户交互式地探索公交站点设置的合理性，实现用户对站点优化备选位置的可视分析以及对比分析，完成公交站点的优化设置。

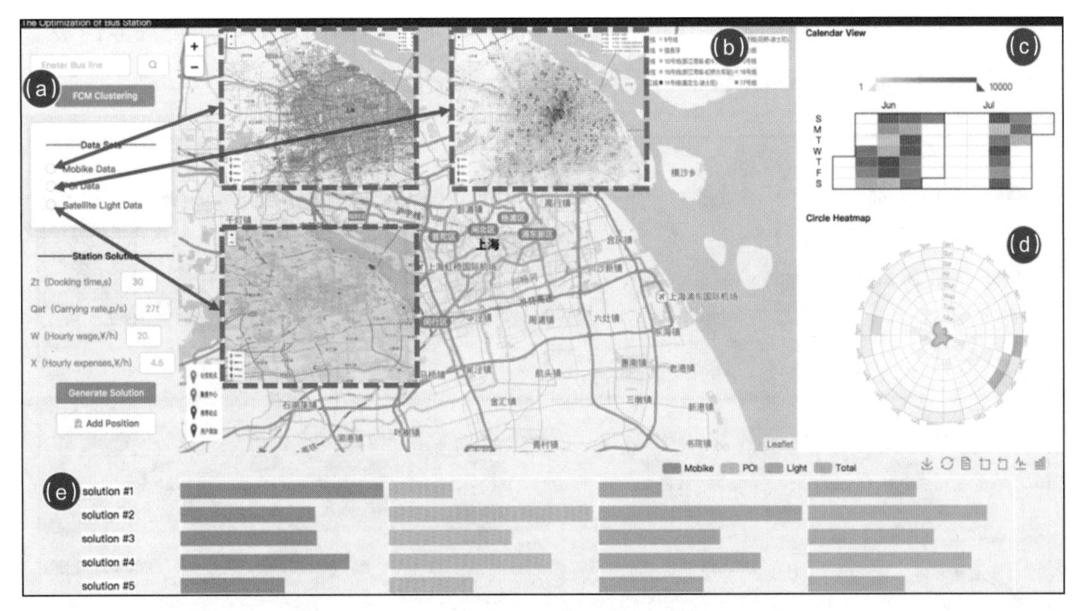

图 1-13 基于共享单车数据的公交站点优化可视化

1.2.3 在商业智能中的应用

商业智能专门研究商业数据分析，需要利用数据仓库、联机分析处理、数据挖掘、可视分析等技术。商业智能中的数据可视化一般包括两种形式，一种是对数据挖掘分析结果进行可视化展现，另一种是使用可视分析，以可视交互的方式揭示数据内涵，辅助用户进行分析和决策。商业智能中的一个重要研究内容是在线商业数据分析，各大网络购物平台积累了丰富的用户数据，分析其中的用户属性特点及行为模式，有助于优化广告投放决策、增强投放效果，具有良好的商业价值。四川大学视觉计算实验室以淘宝广告展示与点击数据集为基础，进行面向网络购物广告的用户行为可视分析研究[14]，如图 1-14 所示。其中（a）视图是基于用户行为类型（浏览商品、加入购物车、喜欢商品、购买商品、广告点击五种行为）的用户群体可视化，G1～G5 表示聚类得到的五类用户群体，（b）视图展示各个群体及其子群体的属性（性别、年龄、消费档次、购物深度、是否学生、城市等级）分布情况，（c）视图呈现不同用户的多种自身属性以及不同行为次数的比较，（d）视图展示具有周期特性的用户行为分布规律，（e）视图支持在不同时间粒度下探索用户行为模式的演变。该可视化方法能完成针对网络购物平台用户人群的定位分析、基于表现特殊的用户行为探索和具有高频广告点击行为的用户行为模式分析，帮助网络购物平台和广告分析人员全方面、多角度地探索用户行为模式，优化广告投放方式。

1.2.4 在教育行业的应用

最初，数据可视化在教育行业的应用主要是将一些不太容易解释或表达的事件、知识点（例如历史事件、原子结构等）利用可视化技术转换成易于理解的图形图像、动画等，用于教育教学或面向公众进行信息传播。例如，美国国家航空航天局专门成立了信息可视化部门，来制作传播自然科学的教育可视化作品。

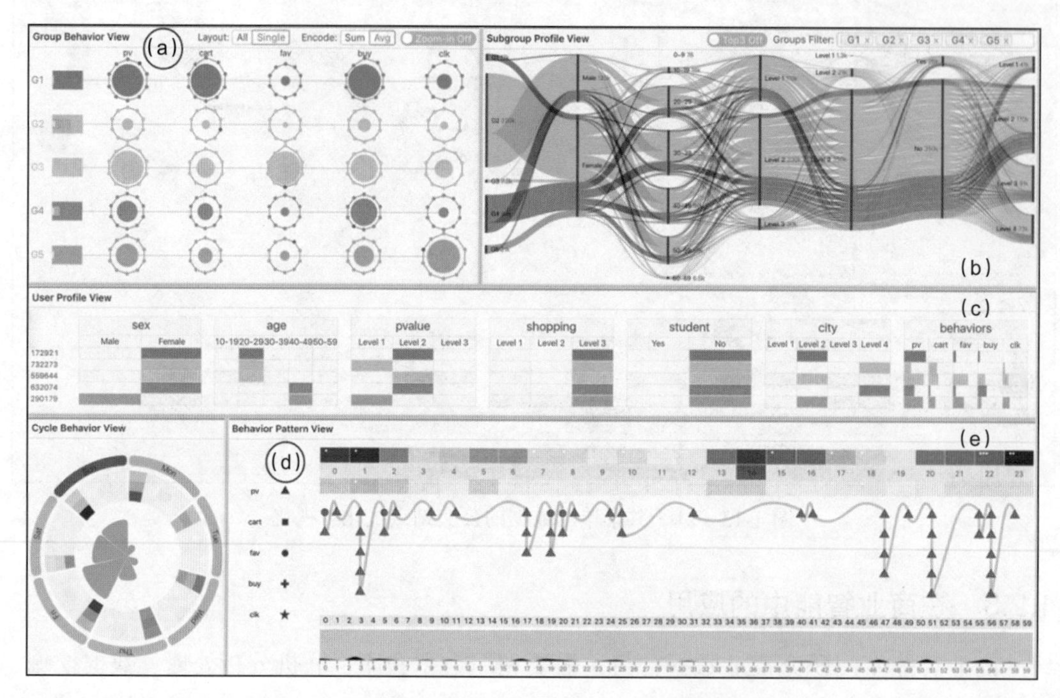

图 1-14　面向网络购物广告的用户行为可视分析研究

随着教育信息化建设的不断推进，一方面，在线教育得到了良好发展，产生了大量的在线学习数据；另一方面，学校教学环境智能化程度得到提高，采集和生成了大量的过程性教学数据，如何实现“教与学”大数据的有效分析成为教育技术工作者关注的热点。香港科技大学的屈华民教授指导的可视化和人机交互实验室基于 MOOC(大规模在线开放课程）数据做了相关研究，包括基于视频点击流数据的用户学习行为分析 [15]、基于 MOOC 论坛数据的用户组可视分析 [16]、基于 MOOC 学习者档案和学习日志数据的学习序列可视分析 [17]、基于学习者活动日志（点击流、论坛帖子和作业记录）构建的辍学推理与预测可视分析系统 [18]（如图 1-15 所示）。视图（a）显示根据学习活动聚类的学习组，视图（b）采用时间轴的方式显示不同学习组的点击流行为和作业表现，视图（c）展示学员在课程论坛上发表的帖子，视图（d）列出一般信息：顶部的总体分布、中间的仪表板和底部的论坛内容。该系统能够帮助教师和教育专家预测选课学生的辍学行为，了解其辍学的原因，并能够识别关键特征以进行辍学模型的改进。

1.2.5　在其他领域的应用

随着大数据时代的到来，可视化已经在越来越多的领域中得到应用，例如地理气象、医学、生命科学、旅游等领域。以旅游可视化为例，已有旅游目的地形象可视化、景点选择可视分析等。四川大学视觉计算实验室对旅游分享文本进行了可视分析研究[19]，数据来源于采集的“百度旅游”和“马蜂窝”等平台的游记、评论与美食等文本数据。系统设计了两种可视化视图，以“成都”分析为例，一种如图 1-16 所示，展示旅游分享文本中与成都有关的话题及其他信息随时间的变化规律，另一种如图 1-17 所示，展示成都各景点随时间变化的热度情况，图中所示为 2017 年成都排名前 20 的景点。对旅游分享文本进行可视分析，能够帮助用户从大量文本信息中快速直观地获取重要信息，实现各城市旅游景点的可视分析，辅助用户对旅游景点进行选择。

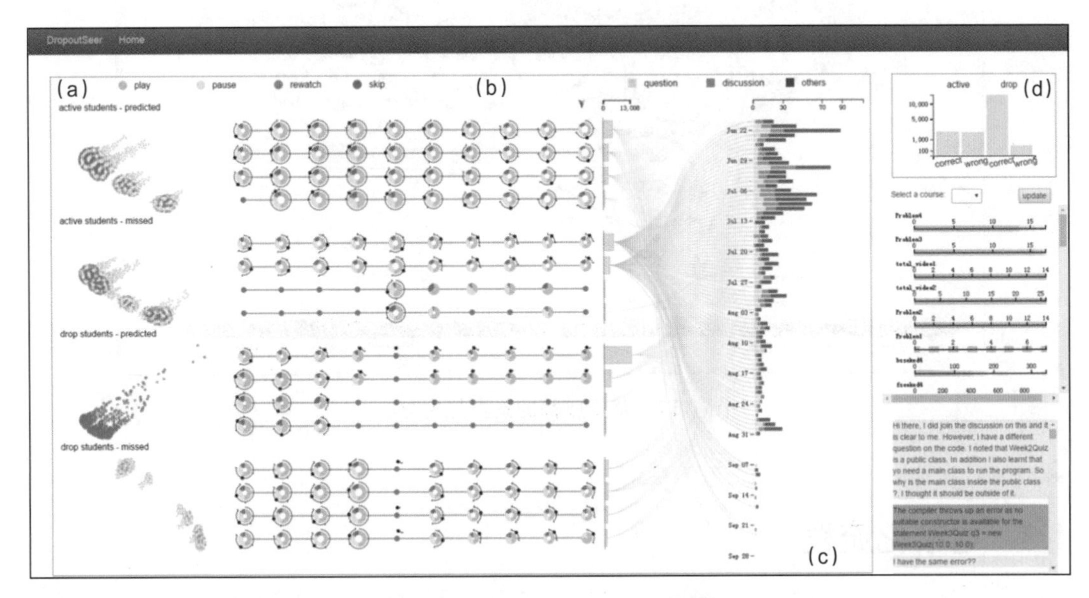

图 1-15 基于学习者活动日志构建的辍学推理与预测可视分析

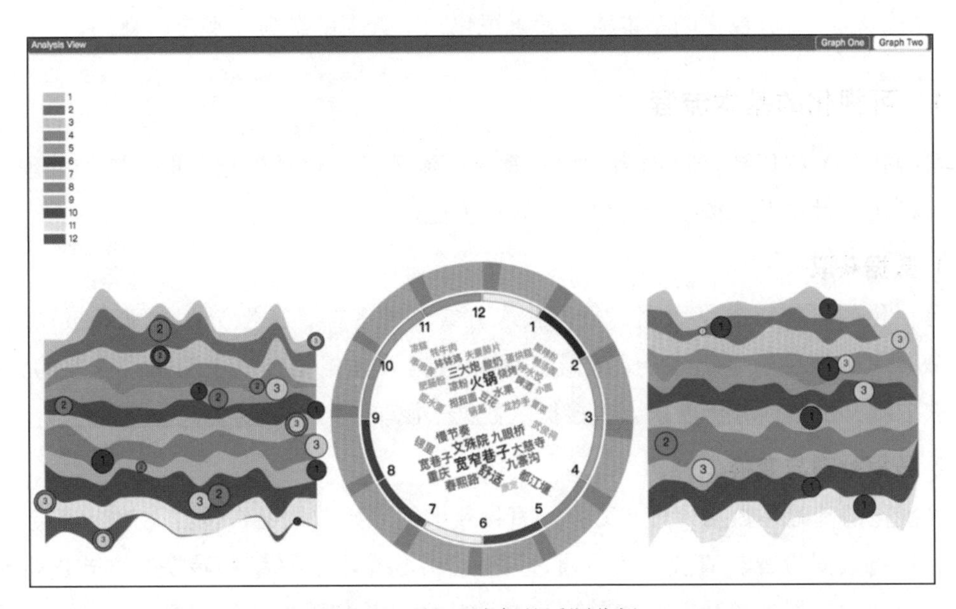

图 1-16 基于成都的话题分析

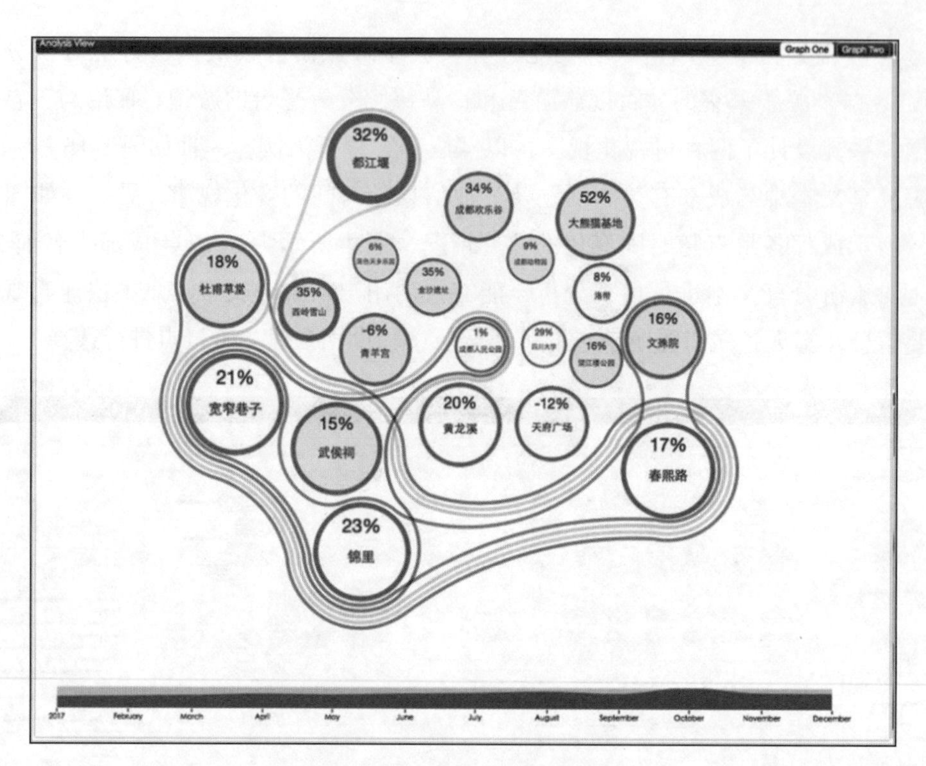

图 1-17　基于成都的景点热度分析

1.3　可视化流程

可视化不只是一种将数据转换为图形化表示的技术，可视化研究有系统化的流程作为指导，本节对可视化的基本流程和可视化三个分支的经典模型进行介绍。

1.3.1　可视化的基本流程

可视化的流程以数据流向为主线，其核心流程主要包括数据获取、数据处理与变换、可视化映射与视图转换、用户交互四个方面。

1. 数据获取

可视化的研究对象是数据，数据获取方式多种多样，一般分为主动和被动两种。主动获取是在明确数据需求的基础上，利用数据采集相关技术主动采集需要的数据；被动获取则是由数据分析需求方直接提供数据来源。

2. 数据处理与变换

可视化的基础是数据处理与变换。直接获取的原始数据通常包含无效或错误信息，需要先进行数据检查与清洗，然后通过属性合并、聚类、降维和转换等方式进行预处理，最后通过数据抽象从数据中抽取出共同特性，并加以描述形成模型。数据处理与变换是非常有必要的，有助于提升用户对数据的理解，并可将数据转换为计算机能够处理的数据表示形式。

3. 可视化映射与视图转换

可视化映射与视图转换是可视化流程的核心。需要将数据的不同属性映射为可视化视觉通道的不同元素，如形状、位置、颜色和大小等。同一数据集可能对应多种视觉呈现形式，即视觉编码，可视化的关键就是从多种多样的视觉编码形式中选择和设计最合适的编码形式，这需要综合考虑数据本身的属性、目标任务和数据所属领域等。将数据进行视觉编码后，要利用计算机编码将数据转换为可视化视图，完成数据的可视化呈现。

4. 用户交互

可视化映射和呈现的结果只有通过用户交互进行数据探索，才能辅助用户发现新知识。可视化的目标是完成数据分析任务，可视化可以向他人直观地展示数据所包含的信息，也可验证自己的推测与数据信息是否相符，还能够让用户从数据中探索出新的信息。可视交互为用户提供了控制和探索数据的手段，能够有效结合人脑智能和机器智能，更好地辅助用户实现数据分析、推理和决策。

1.3.2 可视化的模型

科学可视化的早期流水线[20]由Haber和McNabb提出，如图1-18所示。该模型描述了从数据空间到可视空间的映射过程，主要包含数据分析、数据过滤、数据的可视映射和可视化绘制四个阶段。此流水线广泛应用于科学计算可视化系统中。

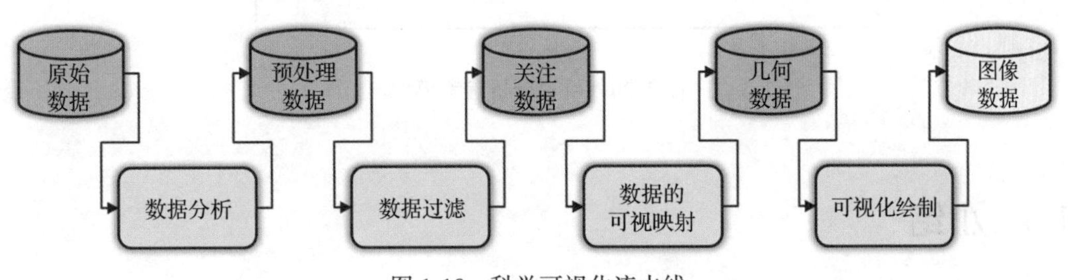

图1-18 科学可视化流水线

Card、Mackinlay和Shneiderman提出了信息可视化参考模型[7]，如图1-19所示。信息可视化主要包括数据变换、可视化映射和视图转换三个过程，并结合用户交互将整个流程改进成回路，该模型是目前最具有代表性、最被业内所认可的信息可视化参考模型，几乎后来所有著名的信息可视化系统和工具都支持、兼容这个模型。

Daniel Keim等人提出了可视分析参考模型[21]，如图1-20所示。从数据到知识，一种是交互式可视化方法，即将数据进行可视化呈现后，用户通过交互对可视化结果进行修正和分析推理；另外一种是自动数据分析方法，即从数据中提炼出数据模型，用户调节参数以修正模型。可视分析将交互式可视化方法和自动数据分析方法相结合，既可以对可视化结果进行交互以构建数据模型，也可以基于模型构建可视界面进行参数调优，从而实现庞大、复杂数据集的迭代分析、推理和决策。

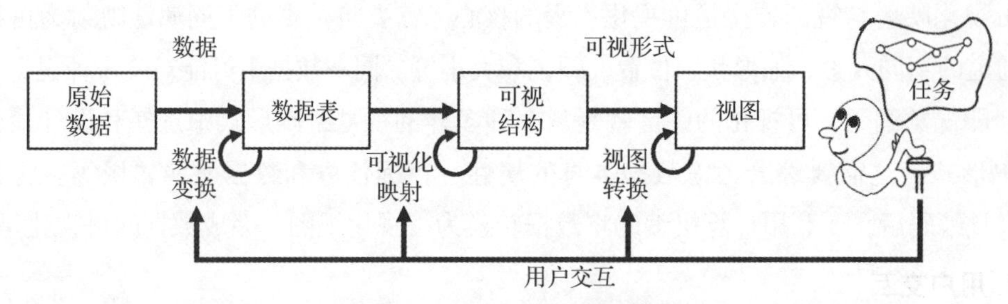

图 1-19 信息可视化参考模型

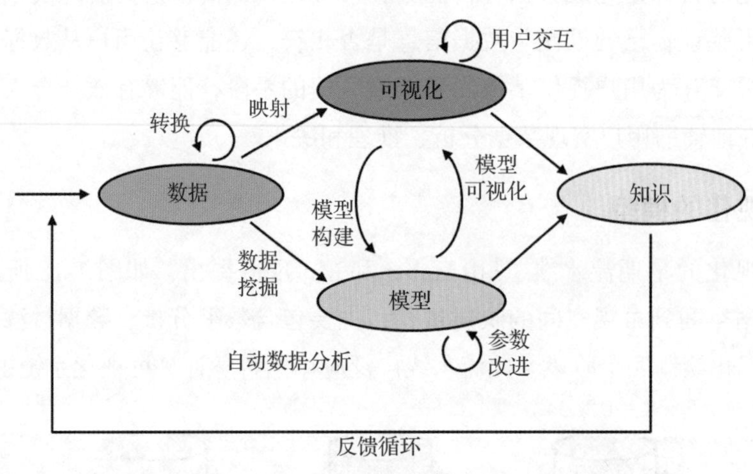

图 1-20 可视分析参考模型

1.4 小结

本章主要介绍了数据可视化的概念、典型应用领域和基本流程。掌握可视化的内涵，厘清可视化与相关学科的关系是学习可视化的基础。了解可视化的主要应用领域和典型案例，有助于建立对可视化的直观印象。可视化流程和典型模型是可视化研究的重要内容，可视化方法与工具的设计都需要参考相关流程和模型。后续章节将对流程中各个环节涉及的关键知识点进行介绍。

1.5 参考文献

[1] TUFTE E R. Beautiful evidence[M]. Cheshire, CT: Graphics Press, 2006.

[2] WARD M, GRINSTEIN G, KEIM D. Interactive data visualization: foundations, techniques, and applications[M]. Boca Raton, Florida: CRC Press, 2010.

[3] CHEN C M. Mapping scientific frontiers[M]. London, England: Springer-Verlag, 2003.

[4] 陈为 . 大数据可视化（第 2 版）[M]. 北京：电子工业出版社，2019.

[5] 石教英，蔡文立 . 科学计算可视化算法与系统 [M]. 北京：科学出版社，1996.

[6] DEFANTI T A, BROWN M D. Visualization in scientific computing[J]. ACM Advances in Computers, 1991, 33(1): 247-305.

[7] CARD S K, MACKINLAY J D, SHNEIDERMAN B. Readings in information visualization: using vision to think[M]. San Francisco, Calif. : Morgan Kaufmann Publishers , 1999.

[8] COOK K A, THOMAS J J. Illuminating the path: the research and development agenda for visual analytics[M]. Los Alamitos, Calif. : IEEE Computer Society, 2005.

[9] FRIENDLY M, DENIS D J. Milestones in the history of thematic cartography, statistical graphics, and data visualization [EB/OL].(2009-08-24)[2021-04-1]. http://www.datavis.ca/milestones/.

[10] BERTIN J. Semiology of graphics[M]. Madison: University of Wisconsin Press, 1983.

[11] LI Z L, PUN-CHENG L, SHEA G. Design of web maps for navigation purpose[J]. International Archives of the Photogrammetry, Remote Sensing and Spatial Information Sciences, 2004, XXXV(B2):353-358.

[12] 谢治海 . 面向票房的社交媒体数据可视分析研究与实现 [D]. 成都：四川大学计算机学院，2020.

[13] 夏婷 . 基于共享单车数据的公交站点优化可视化研究 [D]. 成都：四川大学计算机学院，2020.

[14] 彭第 . 面向网络购物广告的用户行为可视分析研究 [D]. 成都：四川大学计算机学院，2020.

[15] SHI C L, FU S W, CHEN Q, et al. VisMOOC: visualizing video clickstream data from massive open online courses[C]// IEEE Pacific Visualization Symposium, 2015:159-166.

[16] FU S W, WANG Y, YANG Y, et al. VisForum: a visual analysis system for exploring user groups in online forums[J]. ACM Transactions on Interactive Intelligent Systems, 2018, 8(1): 3:1-3:21.

[17] CHEN Q, YUE X W, PLANTAZ X, et al. ViSeq: visual analytics of learning sequence in massive open online courses[J]. IEEE Transactions on Visualization and Computer Graphics Volume, 2020, 26(3): 1622-1636.

[18] CHEN Y Z, CHEN Q, ZHAO M Q, et al. DropoutSeer: Visualizing learning patterns in massive open online courses for dropout reasoning and prediction[C]// 2016 IEEE Conference on Visual Analytics Science and Technology (VAST). New York: IEEE, 2016:111-120.

[19] 游思兰 . 基于旅游分享文本的可视分析系统的设计与实现 [D]. 成都：四川大学计算机学院，2020.

[20] HABER R B, MCNABB D. Visualization idioms: a conceptual model for scientific visualization systems[J]. Visualization in Scientific Computing, 1990:74-93.

[21] KEIM D, ANDRIENKO G, FEKETE J D, et al. Visual analytics: definition, process, and challenges[J]. Information Visualization, 2008, 4950: 154-175.

1.6 习题

1. 数据可视化是什么？请举出一个实际的例子。

2. 请描述可视化与计算机图形学、数据挖掘的关系。
3. 可视化有哪些典型应用领域？请举出一个实际的例子。
4. 阐述可视化的基本流程。
5. 阐述信息可视化的典型参考模型。

第 2 章
数　据

数据是通过观察收集的信息单元，是一组有关一个或多个对象的定性或定量变量的值的集合 [1]。数据、信息和知识密切相关，数据是原始素材，首先被收集和录入，只有经过某种分析方式，数据才成为有助于决策的信息，而知识是基于用户经验的针对某一主题信息的理解。例如，珠穆朗玛峰的高度通常被认为是数据，可以使用高度计精确测量，并将其输入数据库。此数据可能与其他有关珠穆朗玛峰的数据一起被记录在册，从而以一种有效的方式描述珠穆朗玛峰的信息。对于那些决定何为最佳登山方式的人来说，基于以往登山经验来理解这些信息并为登山提供建议的过程，可以被视为知识。在这一过程中，可视化可以使用图形、图像或其他分析工具将数据转化为信息和知识，加快人类的理解速度，为数据应用提供新动力。

本章主要对数据的获取方式、数据的检查与清洗、数据预处理以及数据抽象进行介绍。

2.1　数据的获取方式

在如今的大数据时代，数据的获取方式多种多样，收集成本也随着技术的进步逐渐降低。常见的数据获取方式有传感器记录 / 人工输入的方式、计算机模拟仿真产生数据的方式、网络传输数据的方式等。其中数据量最多、种类最丰富的是网络传输数据的方式。

移动互联网的发展为各企业、组织和机构提供了便利的数据收集手段。为了提升数据利用效率，促进数据技术的发展，国内外出现了许多人工智能和大数据平台，为数据工作者提供了合作交流社区，其中影响力较大的是 Kaggle㊀。企业和研究者可在该平台发布数据和竞赛项目，通过“众包”的方式产生最好的数据模型。目前该平台已经吸引了近 80 万名用户，数据涵盖计算机科学、医学、生物学、心理学等领域。在 Kaggle 的数据集板块可以自由浏览和搜索不同类型的数据集，还可免费下载感兴趣的数据集，用作非商业用途的自由训练和学习。此外，阿里巴巴天池大数据平台㊁也会

㊀ Kaggle：请参见 www.kaggle.com。

㊁ 天池大数据平台：请参见 tianchi.aliyun.com。

不定期举办各类大数据竞赛，让参赛者设计算法解决各类社会或商业问题。在比赛期间，该平台会向参赛者提供开放数据和分布式计算资源，通过阿里云开放数据处理服务（Open Data Processing Service，ODPS）访问相关的计算服务。

此外，各政府部门、互联网企业均设有相关数据开放平台，为数据研究者提供真实的脱敏数据资源，推进前瞻性研究和成果转化。如图 2-1 所示，国家数据是国家统计局发布统计信息的网站，不仅包含各地区的居民消费价格指数、衣着类居民消费价格指数和居住类居民消费价格指数等，还包含各个国家的国际数据，主要包括人口、劳动力与就业、贫困与收入、教育、卫生、经济、贸易、货币、金融和旅游等。用户可以通过"搜索"的方式，方便快捷地查询到历年、季度、月度分地区、分专业的数据。除国家统计局之外，各级政府也建设了相应的数据平台，供公众查阅和获取。科研工作者可以联系平台部门，免费使用这些数据用于科学研究等非商业目的。

图 2-1 国家数据㊀

2.2 数据的检查与清洗

直接采集的原始数据通常包含大量无效或错误的信息，这些数据需要经过详细的检查和清洗之后，才能达到可供使用的质量。例如，在采集文本数据时，常常遇到空记录、仅含标点符号的数据等无效值，因此在分析前需过滤掉无效数据或使用某种规则对数据进行校正。

数据的质量问题一般分为 4 类 [2]，如图 2-2 所示。根据数据源形式，数据质量问题可分为单数据源问题和多数据源问题，这两类问题均可分为模式层和实例层两种。

㊀ 国家数据：data.stats.gov.cn。

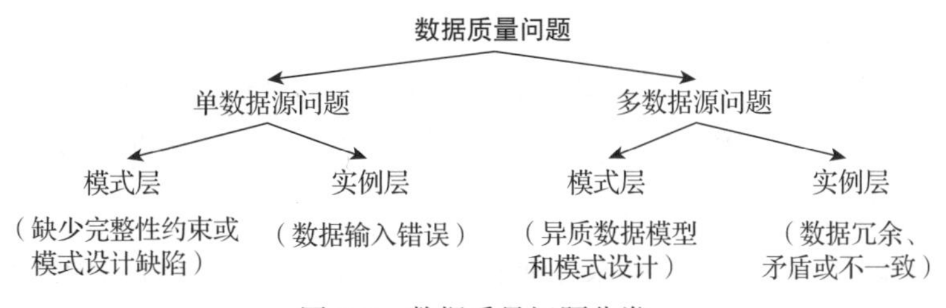

图 2-2 数据质量问题分类

单数据源的模式层可能出现缺少完整性约束的问题，即唯一性和参照完整性约束等模式设计的缺陷，比如引用属性与真实对象不相符就没有满足参照完整性约束；实例层可能出现数据输入错误的问题，比如记录重复或相似、值矛盾等。

多数据源的模式层可能出现异质的数据模型和模式设计的问题，比如命名冲突或结构冲突等，实例层则可能出现数据冗余、矛盾或不一致的问题，比如融合汇总不一致或时间不一致等。

目前已有多种数据清洗框架，下面介绍企业应用和研究中两具有代表性的清洗框架：Trillium 和 AJAX[3]。

Trillium㊀是全球领先的数据质量解决方案供应商 Syncsort 推出的数据清洗软件，该软件将数据清洗分为 5 个步骤，分别交由 5 个对应的模块。

1）转换模块（conversion workbench）进行数据审计、数据分析与数据重组；

2）处理模块（paner）提供数据解析、数据验证及数据标准化；

3）匹配模块（matcher）将数据按照设计准则连接和匹配，允许用户自由调整以满足业务需求；

4）地理编码模块（geocoder）对地理相关数据进行纠正和增强；

5）应用模块（utilties）对数据进行统计和可视化，提供选择、合并、格式化等数据重组能力。

AJAX 模型[4] 由 Helena Galhardas 提出，该模型是一种逻辑层模型，提出了数据清洗的 5 个步骤：

1）源数据映射；

2）匹配映射后的数据；

3）对记录做聚集操作；

4）合并数据聚集；

5）使用视图展示合并后的数据。

数据检查和清洗方法主要通过数据库操作、汇总统计等技术将数据转换为满足需求的高质量数据，可以分为人工处理、异常检测和视图分析三种。

人工处理是通过人工检查，让数据工作人员读取和检查数据集，发现其中的错误数据，并手动进行更改。这种方法在视频、财务审核方面应用较广，但成本较高、效

㊀ Trillium：www.trilliumsoftware.com。

率低下，同时检查遗漏的概率也偏高。

异常检测基于统计学，完成电话号码、地址等固定格式信息的异常记录检测或轨迹纠偏等，在现实生活中应用极为广泛，准确率较高，相关的数据格式也更为固定，适用于处理简单的清洗工作。

视图分析是利用可视化在直观展示数据上的优势，将大量数据用视觉元素表达，并提供交互的方法用以大幅提高数据清洗的处理效率。如图 2-3 所示，该折线图显示了美国“农场劳动者”人口普查数据 [5]，由于 1900 年左右的数据有所缺失，图中分别采用四种不同的可视化方法展示数据，从左到右分别是将缺失数据归 0、利用均值补充缺失数据、不予显示缺失数据和用不同的颜色标注缺失数据。其中前两种方法自动补充缺失数据，适用于数据趋势的整体分析；后两种方法则直观暴露缺失数据，更适用于异常检测。

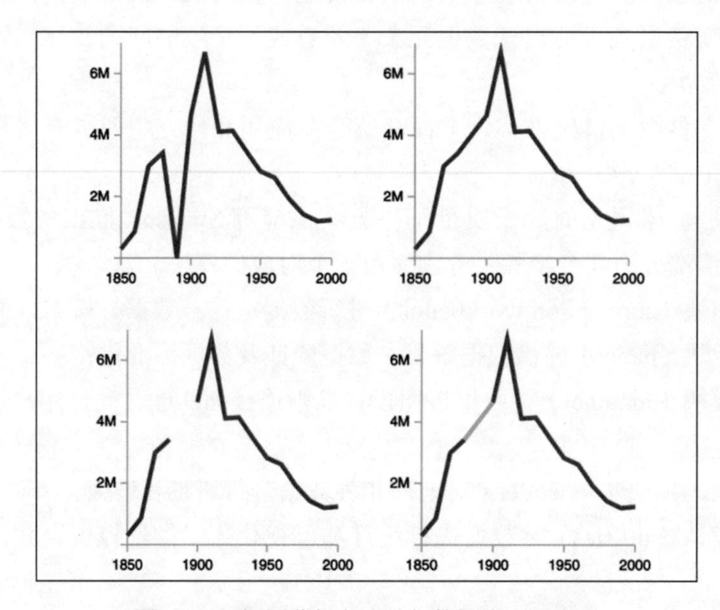

图 2-3 用视图分析方法进行数据检查和清洗

注：横轴为年份，纵轴为农场劳动者人口。

2.3 数据预处理

获取、检查和清洗数据之后，通常需要对其进行预处理，常见的数据预处理操作方式包括属性合并、聚类、降维和转换。

1. 属性合并

属性合并即将两个以上的属性或对象合并为一个属性或对象。属性合并能够有效简化数据，改变数据的尺度，减少数据的方差。

2. 聚类

聚类分析是根据数据的内在性质将数据对象分组为多个类或簇（Cluster），使在同一簇内的对象具有较高的相似度，而不同簇之间的对象差异较大。聚类分析应用于数据预处理过程中，可以发现数据项之间的依赖关系，从而去除或合并具有依赖关系的数据项。典型的聚类方法包括 K-Means、DBSCAN 和层次聚类等。

3. 降维

数据的维度越高，数据集在高维空间的分布越稀疏，从而越能够减弱数据集的密度和距离对于数据聚类和离群值检测等操作的影响。简单的理解是，维度太多将导致数据难以分析，甚至无法分析，相当于一种数据灾难。通过降维能够减少特征属性的个数并确保特征属性之间相互独立，为可视化提供更为有效的数据。常见的降维方法有主成分分析、奇异值分解、线性判断分析、ISOMAP 等。

4. 转换

转换将数据某个属性的所有可能值逐一映射到另一个空间，主要包括数据的规范化处理和离散化处理。规范化处理将数据按比例缩放，使之落入一个特定区间解决数据间差别过大的问题，便于进一步的综合分析。常见的规范化处理包括对数变换、最大－最小标准化和 Z-Score 标准化。例如，如图 2-4a 所示，将 2020 年 10 月 13 日世界各国新冠肺炎确诊病例与死亡病例数据直接绘制为散点图，数据点会由于分布不均而发生聚集现象，难以观察出二者之间的关联，但将数据进行对数变换后再绘制成散点图则可以明显观察出二者之间的线性关系，如图 2-4b 所示。离散化处理将连续的数据进行分段，使之变为离散的数据段区间。常用的离散化处理方法包括等频法、等宽法和聚类法。

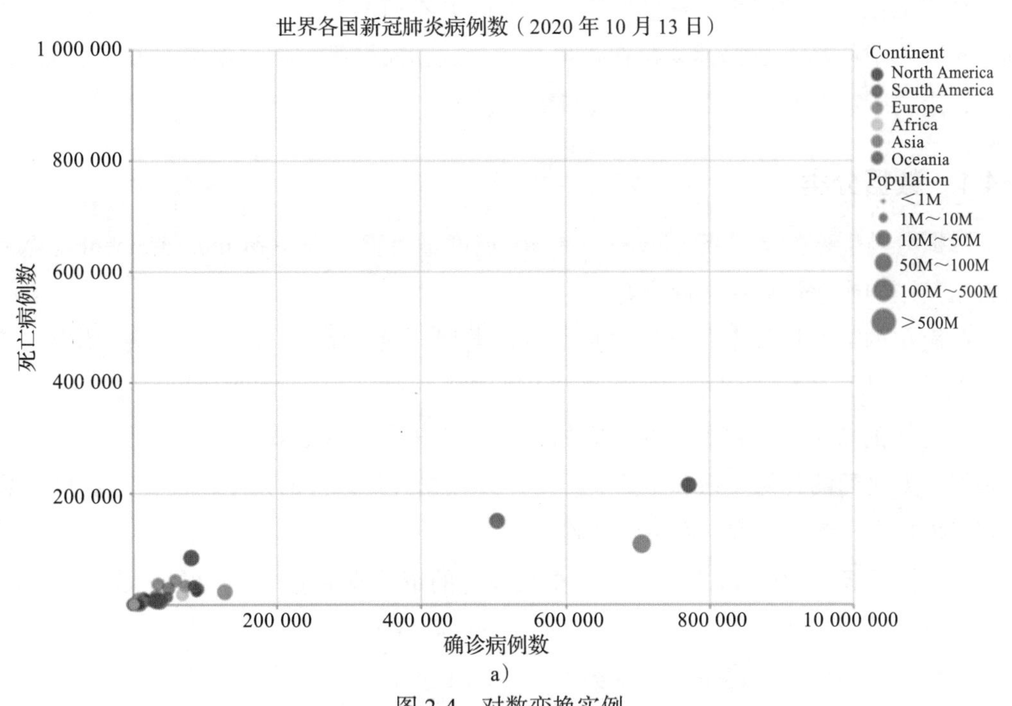

a）

图 2-4　对数变换实例

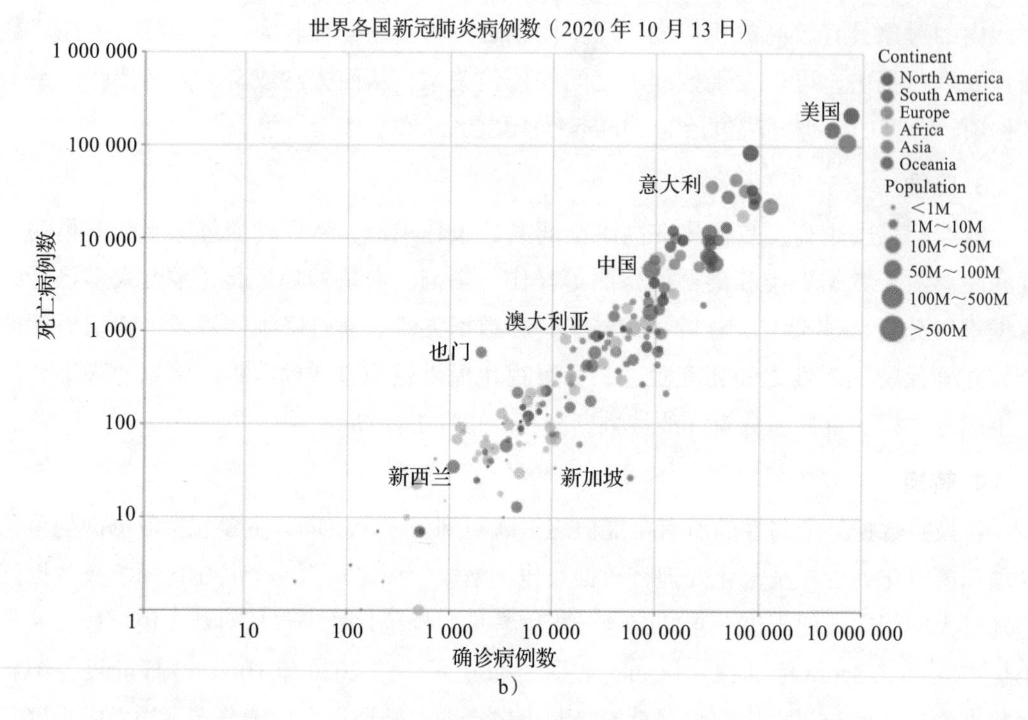

b）

图 2-4 对数变换实例（续）

2.4 数据抽象

数据抽象是从数据中抽取共同特性，忽略非本质的细节，对这些特性精确地加以描述，并形成模型。数据抽象包括数据分类、数据属性类型、数据集类型和语义性等方面，定义了数据的基本类型、结构和组织形式。

2.4.1 数据分类

数据分类也称数据层级（level of data）或度量尺度（scale of measurement）。数据可根据其结构或数学解释进行分类。

在简单的数据层级上，有五种基本数据类型：项、属性、连接、网格、位置。项是离散的实体，比如表格中的一行或者网络中的一个节点；属性是一些能够被观察、度量和记录的特性；连接是实体之间的关系，尤其指网络中节点间的关系；网格指定了根据单元之间的几何关系和拓扑关系对连续数据进行采样的策略；位置是空间数据，指定了数据在二维或三维空间中的位置。

在属性层级（attribute level）上，根据属性的定性或定量特征，可将数据类型分为文本数据、类别数据、有序数据、比值数据和区间数据，详见 2.4.2 节。

在数据集层级，上述基本数据类型组合成更大的结构，形成四种数据集类型，即表格数据集、关系与层次数据集、地理数据集、场数据集，详见 2.4.3 节。

2.4.2 数据属性类型

根据数据的定性或定量特征，将数据类型分为以下五类：文本数据、类别数据、有序数据、比值数据以及区间数据。其中前三种是定性数据，数值计算没有意义；后两种是可以统称为数值型数据的定量数据。

1. 文本数据（Textual Data）

文本数据是定性数据，一般表现为非结构化的文字流，比如商品信息描述。以原始形式展现的文本数据含有巨大的潜能，但很难直接从中获取和挖掘信息。在可视分析语境里，文本数据需要特定的自然语言处理技术来提取分类、语义、量化属性以及关联特征。

2. 类别数据（Nominal/Categorical Data）

类别数据是定性离散数据，以类别形式存在，用于区分物体，但无法提供对象的定量信息。例如，根据性别可将人分为男性和女性，却无从知晓男女比例、年龄等信息。变量的不同取值仅仅代表了不同类别的事物，定性变量之间很可能有层级关系，例如国家和城市。意识到这种关系有助于决定分析角度，以及选择什么视图来展示数据。

此外，类别数据并非总是基于文本，也可能是数字形式，但这种数字不能进行有效的算术操作，且不存在对比性。例如，三个足球运动员的 T 恤编号分别为 1 号、2 号、3 号，此时 1+2≠3，这样的计算也没有意义，而且号码之间并不具备对比性。

3. 有序数据（Ordinal Data）

有序数据本质上也是定性的，与类别数据相同，有序数据也无法进行有效的算术操作；但不同于无序的类别数据，有序数据能表示对象之间的顺序关系。例如，跑步运动员的成绩排名，虽然知道第 1 名比第 2 名跑得快，却不知道具体快多少。

4. 比值数据（Ratio Data）

比值数据是最为常见的定量数据，可精确定义比例关系。例如，体重为 60kg 的父亲比体重为 20kg 的孩子重两倍。大多数比值数据都基于线性尺度，但也有少数非线性刻度变量，比如声音强度分贝、地震震级等。

5. 区间数据（Interval Data）

区间数据是一种不太常见但也很重要的定量数据，相比有序数据，它提供了详细的定量比较。区间数据基于任意起始点，变量值之间可以比较大小，两个值的相对差别有实际意义，但是这类数据不能定义对象的绝对值。例如，10℃ 和 20℃ 之间的差别与 0℃ 和 10℃ 之间的差别是一致的，但温度计显示 0℃不代表没有任何温度。

特别地，衡量温度时，若以 K（开）为单位，温度数据就是比值数据而不是区间数据，因为开氏温度以绝对零度作为计算起点。

2.4.3 数据集类型

数据集是以分析为目标的信息集合，四种基本的数据集类型是表格数据集、关系与层次数据集、地理数据集和场数据集。

1. 表格数据集

简单的表格由行和列组成，行表示实体，列表示属性，其交点是代表行列组合值的单元格。多维表格有更复杂的结构来索引一个单元格，比如三维的数据立方体。

2. 关系与层次数据集

多个实体之间的关系适合以网络形式进行描述。网络由若干节点和连接这些节点的边构成，其中节点代表实体，边代表实体间的关系。特别地，具有层级结构的网络被称为树，树没有环路，能够表示实体之间的层次关系。

3. 地理数据集

地理数据是一种空间数据，定义在真实人类世界的三维空间中，具有位置信息。现今的地理数据集大多来自广泛使用的移动设备和传感器。按照不同维度，地理数据可分为点数据、线数据和区域数据。点数据描述地理空间中离散的点，有经纬度信息，比如地图上的公交车站点；线数据指连接多个点的路径，具有长度信息，比如公交车驶过两个站点的路径；区域数据是一个封闭的二维空间，具有面积信息，比如地图上的国家、省市。

4. 场数据集

不同于上述两种离散型数据，场数据集定义在连续域上。按照多元结构的标准，场可进一步分为标量场、向量场、张量场。标量场中每个单元仅有一个属性，向量场有两个属性，而张量场中每个单元有多个属性。常见的标量场有温度场、密度场；向量场有风场、电磁场；张量场有压力场。场数据集在科学可视化领域中具有广泛的应用。

2.4.4 语义性

数据的语义指其在现实世界的意义。例如，一个数字可以代表年龄、体重、身高或邮编等，一个文本字符串可以表示人名、水果名或地名等。数据的类型和语义有时能简单地通过观察数据文件的句法规则或变量名称得知，但有时知道数据类型也无法知道其语义。为了正确诠释数据，其具体数据类型和语义需与数据集一同提供。

在表格数据集和场数据集中，区分键值属性很重要。通常将无重复值的键属性作为索引来查找值属性。简单表格仅有一个键，其中每一行表示一项，可以有多个值属性；多维表格由多个键来索引一个项。表格中的键是离散的定性属性，而在场中，由空间位置充当连续定量的键。场数据的多元结构依赖于值属性的数量，而多维结构依赖于键的数量。如果给定的场数据在每个点上都有多个测量值，却没有进一步的语义信息，就无法确定它的结构。例如，5个值可以有多种含义——5个单独的标量场、多个向量场和标量场的混合或者一个张量场，可见数据集语义的重要性。

此外，当时间是键之一时，这个数据集具有时序语义。时间键属性通常被看作定量类型，若不关心事件之间的时间间隔，也可视作有序数据。关于时间的数据处理起来很复杂，因为需要使用复杂的层次结构（时/分/秒、年/月/日）来推断时间，还有可能形成周期结构，且时序数据集中的时间值不总是具有均匀的时间间隔。典型的时间序列分析任务包括在多个时间尺度（如小时、日、周和季节）中发现趋势、相关性和变化。还有一些动态数据集会随时间的改变而变化。

2.5 小结

本章介绍了数据的基本概念，常见的数据获取方式、数据处理方式以及数据抽象等内容。数据是可视化的素材与基础，对数据的全面了解有助于更好地发挥可视化的作用，加强对数据的表达并提升用户对数据的理解。

2.6 参考文献

[1] OECD.OECD glossary of statistical terms[G]. Paris: Organisation for Economic Co-operation and Development, 2008.

[2] 郭志懋，周傲英. 数据质量和数据清洗研究综述 [J]. 软件学报，2002, 13(11): 2076-2082.

[3] 王曰芬，章成志，张蓓蓓，等. 数据清洗研究综述 [J]. 现代图书情报技术，2007(12): 50-56.

[4] GALHARDAS H. Data cleaning and transformation using the AJAX framework[C]//International Summer School on Generative and Transformational Techniques in Software Engineering, 2005: 327-343.

[5] KANDEL S, HEER J, PLAISANT C, et al. Research directions in data wrangling: visualizations and transformations for usable and credible data[J]. Information Visualization, 2011, 10(4): 271-288.

2.7 习题

1. 整理并列举常见的数据获取途径，并给出网址或引用。
2. 简要阐述为什么需要对数据进行检查与清洗。
3. 常见的数据预处理方式有哪些？举例说明每种处理方式的使用场景。
4. 定性数据与定量数据有哪些区别？
5. 常见数据集类型包括哪些？请举例说明不同数据集类型的常见应用场景。

第 3 章

可视化任务

对于可视化设计人员来说，可视化任务与用户提供的数据同样重要。

本章主要介绍可视化任务是什么，以及如何定义自己的可视化任务。首先介绍任务的基本概念，帮助读者理解可视分析为什么需要定义可视化任务。为了能够自主地定义具体准确的可视化任务，这里提出了一种可视化任务定义常用的框架——基于数据的任务抽象。

3.1 任务的基本概念

任务在可视化中可以定义为完成可视化目标所需要完成的工作。同时，可视化任务也是可视化系统所需实现的功能，是视觉编码设计和交互设计的前提。可视化任务的定义十分重要，同一数据集在面向不同任务时，视觉编码设计会有较大差异。例如，图 3-1 与图 3-2 均为 COVID-19 在不同时间下各个洲的新增确诊病例情况。前者使用堆叠柱状图，用于同时展示全球信息；后者使用折线图，用于比较各个洲的数据。

3.1.1 可视化目标

在定义准确、具体的可视化任务之前，读者需要了解可视化目标是什么。从本质上来讲，可视化目标就是可视化设计人员想要通过可视化方法揭露的数据背后蕴含的知识。从应用的角度来看，可视化目标有呈现数据特征、揭示数据规律、监控和发现数据异常、辅助理解事务概念和过程、促进沟通合作和预测未来趋势等几类。根据 Ben Shneiderman[1] 描述的数据分析方法的目标阶段，可以将可视化目标概括为以下三类。

- 描述性目标：描述事务属性，解释已有发展过程。

❑ 预测性目标：对未知事物及其发展进行预测。

❑ 指导性目标：提出应对未来事物发展的指导性方针。

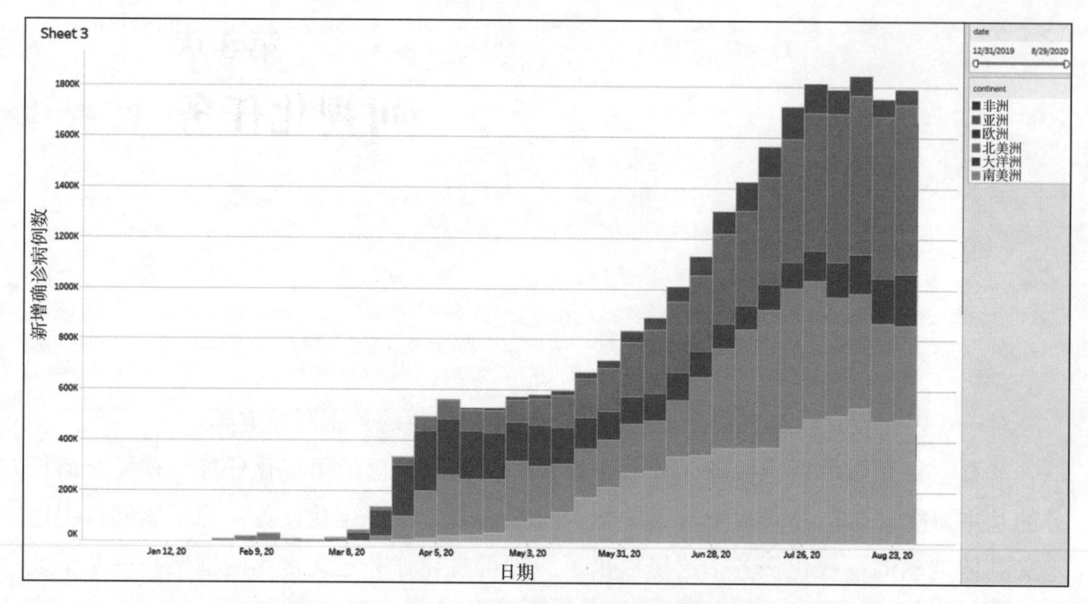

图 3-1　COVID-19 各个洲新增确诊病例情况堆叠柱状图

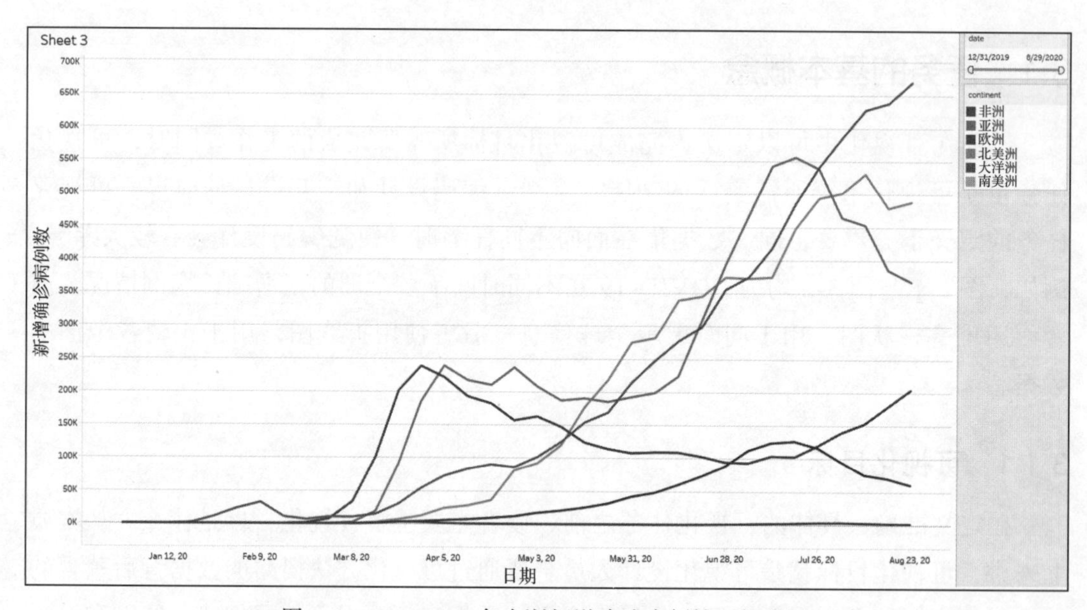

图 3-2　COVID-19 各个洲新增确诊病例情况折线图

可视化设计人员可以基于已获得的数据以及待解决的问题，参考上述三个可视化目标的类别，定义出符合实际应用场景的具体目标。例如，在短视频行业的应用场景下，已获得的数据是各个短视频平台活跃用户人数、短视频内容构成、用户个人信息和用户评论，那么三类可视化目标的具体定义如下：

- 描述性目标：各平台用户分布情况如何，目前用户倾向于何种内容的短视频。
- 预测性目标：预测未来哪类平台会获得最多的市场份额。
- 指导性目标：为了应对市场走势，某平台需要做出哪些战略改变。

可视化目标代表用户的真实需求，贯穿整个可视化进程，其目的在于辅助设计人员更好地提炼具体的可视化任务，值得仔细推敲。

3.1.2　可视化任务概述

可视化任务是在已有可视化目标的基础上确定选用的数据集、明确具体分析对象和对其执行的操作。一个可视化目标可以分解为利于提炼任务的多个子目标，例如，分析各平台用户分布的描述性目标可以分解为分析各平台活跃用户分布、用户地域分布、用户性别比例、用户在线时间分布等子目标，其中用户地域分布选用的数据集是用户信息数据集，分析对象为用户数据的地理位置属性，对其执行的操作是展示其分布，接下来就可以直接对其进行可视化编码，逻辑十分清晰。

在可视化目标和可用数据集已知的情况下，数据集的选用是相对容易的。但即使针对同一个数据集，由于分析对象和执行操作的多样性，可视化任务也可能完全不同。分析对象指的是用户对数据集的哪一部分最感兴趣，总体上可以抽象为四类：整体、属性、关联和空间结构。整体指的是总览整个数据集，以宏观视角分析数据的趋势、离群点和个体特征等；属性则是以微观视角分析数据的一个或多个属性，对一个属性可以分析其分布和最值，对多个属性可以分析其依赖性、相关性和相似性；网络数据用连接表示节点间的关联关系，关联的分析对象可以是网络拓扑结构，也可以是连接两个节点的一条或多条路径；对于空间数据，其几何学形状也是常见的分析对象。

需要执行的操作是可视化任务的核心，与实际的应用场景密切相关，例如检测异常值、锁定文档中错别字的位置、比较两种投资产品的价格趋势、展示会场内人员流动情况、总结社交网络特征等。基于以上对可视化任务三个要素的分析，我们可以定义明确的可视化任务，表 3-1 给出了一些实际的例子。

表 3-1　可视化任务实例

数据集	分析对象	执行操作
微博用户信息数据集	好友关联	展示某个用户及其好友社交网络关系
交易所事务数据集	每月盈余量属性	探索交易所发展模式
气象局降水量观测数据集	整体趋势	比较随纬度变化，海洋和陆地降水量变化趋势的差异
会场监控传感器数据集	离群点	检测会场异常人员流动
股票价格数据集	价格属性	展示股票价格波动情况
二手房信息数据集	二手房个体	确定符合选购需求的二手房源

3.2 基于数据的任务抽象

上述可视化任务的例子都是在具体的应用场景下定义的，它们看起来有很强的专业性和差异性，但这种差异性可能存在误导性，一旦剥去表面语言上的差异，很多具体的可视化任务都有不少的共同之处。例如，一个地理学家希望分析全球降水量数据，他定义的可视化任务是“分析随纬度变化，海洋和陆地降水量的变化情况”，而一个金融相关从业人员想要分析股票市场，他定义的任务是“对比两只股票价格日线的差异”，即使你清楚这两个领域的专业术语，也很难看出这两个任务描述之间的相似性。但如果你用相同的术语解释这两个任务，可以发现它们的本质都是“比较两组二维数据的整体变化趋势”，二者可以在可视化方法和交互设计方面相互借鉴，在研究学习的过程中具有很强的共通性。

为了解决这种专业领域不同带来的差异性问题，本书参考 Tamara Munzner 的 What-Why-How 可视化框架[2]，为读者介绍一个基于数据进行任务抽象的方法。该方法提供一套统一的术语框架来系统地抽象可视化任务，旨在帮助读者仅从数据的角度发掘和提炼有效的易于编码的可视化任务，防止受到专业领域信息的影响，同时可以从不同领域的可视化成果中借鉴有效的可视化和交互设计。另外，此框架还将任务拆解成一系列子任务，这些子任务根据语义层次的不同分为高层任务、中层任务和底层任务三种。高层任务接近人的知识理解，利于人们从可视化目标直接提炼准确的高层可视化任务；底层任务更方便计算机进行可视化和交互设计；中层任务起衔接作用，帮助设计人员将高层任务转化为底层任务。三个层次环环相扣，相互依赖，构成整个基于数据的任务抽象框架。框架的总体结构如表 3-2 所示。

表 3-2　基于数据的任务抽象框架结构

任务抽象框架		
分析任务（高层）	搜索任务（中层）	查询任务（底层）
展示	查找	确认
发现	定位	比较
注解	浏览	总结
记录	探索	
推导		

3.2.1 分析任务

分析任务作为最高层次的子任务，与可视化目标密切相关。将可视化任务抽象为分析任务通常是任务抽象过程的第一步。分析任务的抽象需要考虑如何使用获取到的数据，而根据数据的使用方式，可以将分析任务分为两大类。

直接使用原始数据的分析任务

这是最常见的应用实例，通常将原始数据存储为便于计算的格式化数据，并直接作为分析任务的输入数据。针对这类输入数据，设计人员需要考虑可视化目标，决定是将用户熟知的信息展示给第三方，还是让用户从数据中分析暂不确定的信息来发现新知识，本可视化框架将这两类目标相应的分析任务分别定义为**展示**和**发现**。

从原始数据中产生新数据的分析任务

除直接使用原始数据之外，还可以从原始数据中挖掘出新的数据，这一类分析任务的输出就是这些新的数据。新数据为可视化设计提供了新的原材料，一般会立即作为另一个子任务的输入，比如展示任务或发现任务。但有时，用户倾向于将这些数据用在某些可视化之外的用途上，例如使用非可视化工具进行下游数据分析。本可视化框架将这类产生新数据的分析任务定义为**注解**、**记录**和**推导**。

下面将对可视化框架所定义的展示、发现、注解、记录、推导展开详细的介绍，并举出相应的实例，以帮助读者深入理解其内涵。

1. 展示

展示任务是指使用可视化来展示已知的知识，用于进行简洁的信息交流，用数据来讲述一个故事或通过一系列认知操作引导受众。可视化展示应用于宣传、总结、决策、计划和教学等过程中，其关键点在于用可视化向受众传递具体已知信息。根据展示方式不同，可以将展示分为以下两类。

静态信息展示

静态信息展示是最常见的展示方式，利用静态的视图向受众传递信息，例如数据新闻、报纸、推送、书籍中的各类统计图表。另外，一些网站和 App 做的数据分析图也是生活中常见的静态信息可视化，例如支付宝的月账单分析，如图 3-3 所示。

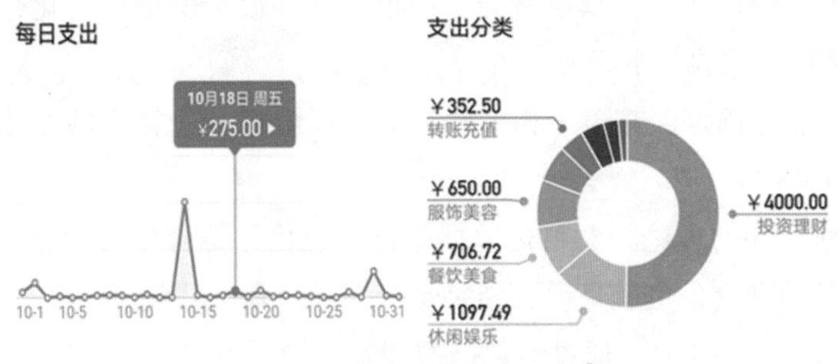

图 3-3　支付宝月账单分析[㊀]

动态信息展示

动态信息展示包括交互和动画。交互是指可视化系统允许展示者以交互的方式向

㊀ 图片来源：https://www.alipay.com/。

受众动态地展示信息，交互通常仅适用于展示者和受众在同一地点的场景；动画是展示者将可视化成果制作成动画形式或者将动态的数据实时展示出来，受众以直接观看的方式获取信息。实时信息可视化的一个生动的例子就是地图导航实时显示用户的位置信息，如图 3-4 所示。

图 3-4　百度地图实时显示位置信息[㊀]

展示任务还有一个重要方面就是所传达的知识是展示者预先确认过的，有时展示者在使用可视化工具之前就已经知道所要展示的是什么，使用可视化仅仅是为了交流和讨论。在其他场景下，展示者可能先基于可视化的发现任务对数据进行分析后发现了新知识，再将其作为展示目标的输入进一步进行可视化展示。发现任务的输出成为展示任务的输入，这体现了任务抽象的传递性。

2. 发现

发现任务是用可视化工具发现未知的新知识，它源于意外现象的偶然观察，而不是基于已存在的理论和模型进行有目的性的探究，二者有本质区别。设计人员因为预先不知道用户想看到什么，所以通常会采用很多交互设计辅助可视化，因此发现任务被认为是复杂交互模式的一个经典动机。

发现任务通常与科学探究模型相关联，但不局限于某个特定的专业领域，应用场景主要有以下两种。

- 发现全新未知的理论：对目标数据进行可视化，结合相关专业知识，从中发现一个全新的理论，也就是说，结果是产生一个新的假设。
- 验证已知假设的真伪：通过对数据的理论分析，可以提出一些未经检验的假设，使用可视化工具判断假设的真伪，其结果是验证一个已存在的假设。

目前很多可视分析系统都主要被用于完成发现任务，系统将多维数据用可视化方法转化为视图，允许用户频繁使用交互，观察相应的视图联动，从而发现一些全新的知识。

㊀ 图片来源：https://map.baidu.com/。

3. 注解

注解是指添加一个或多个与已存在的可视化元素相关联的图形或文本注释，帮助用户了解细节信息和发现异常情况。注解应该包括以下三个要素：

- 目标对象：已经存在的可视化元素，即注解信息的载体。
- 连接方式：包括连线、箭头或者悬浮窗等方式，将注解内容与目标对象关联起来。
- 注解内容：为可视化元素附加的信息内容，可以是图形或者文字。

当一个注解与目标对象相关联时，可以将该注解看作目标对象的一个新属性。例如，用户可以对同一个聚类中的所有数据点使用一个文本标签进行注解；用户还可以对某个数据元素的细节信息进行注解，如图 3-5 所示，将 EOS 历史价格曲线图中的某一个数据点所代表的开盘价、收盘价、最高价、最低价及相应时间用悬浮窗的形式注解出来。

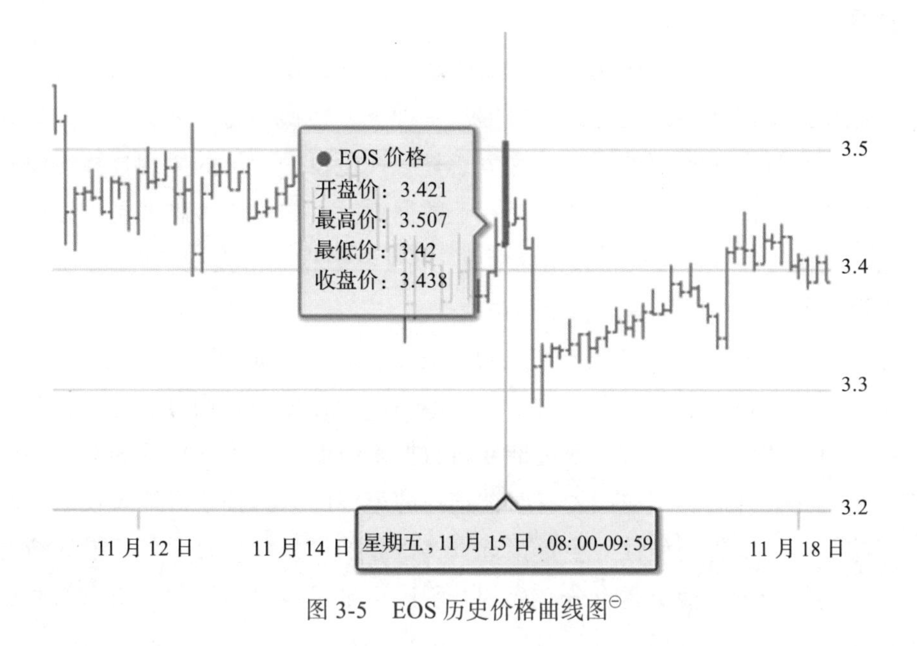

图 3-5　EOS 历史价格曲线图[㊀]

4. 记录

记录任务的目的是保存和抓取某些可视化元素的历史状态作为持续存在的工件，这些工件包括屏幕截图、元素和位置的标记列表、参数设置、交互日志和注解。记录任务是持续的，是贯穿整个用户操作过程的，而注解是将信息暂时地贴在已存在的元素上，用户的注解也可以被记录。很多可视分析工具会在用户使用过程中将用户的历史操作记录下来，例如，图 3-6 所示的 Tableau 会将用户分析数据过程中产生的视

㊀ 图片来源：https://bloks.io/。

图、修改参数等操作保存后，以近期状态截图的方式展示在记录子视图中，用于展示用户使用可视化工具的整个交互过程中发生了什么，留下分析过程中的记录，允许用户重新访问近期状态和参数设置。

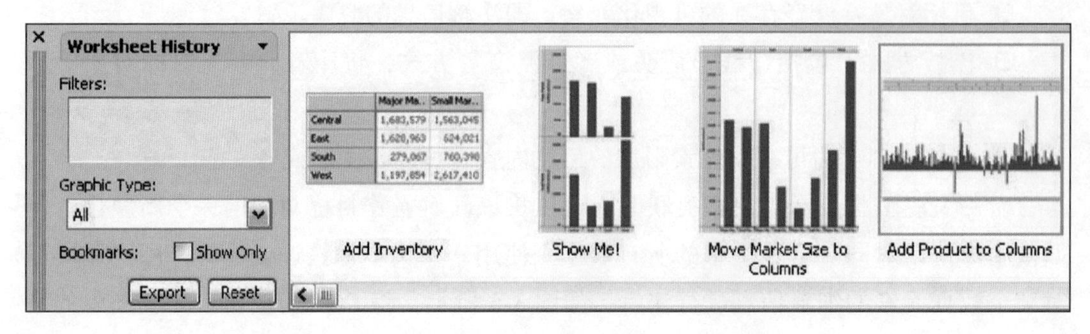

图 3-6 Tableau 在分析过程中的图形化历史操作记录[⊖]

5. 推导

推导任务指基于已有数据元素产生新的数据元素，设计人员可以从现有属性包含的信息中派生出新的属性，也可以将数据从一种类型转换为另一种类型。推导新的数据是可视化设计进程中重要的一环，这虽然是可视化设计人员的主观选择，但它也是由用户需求来推动的。设计人员在面对一个数据集时，首先应该思考是直接使用数据还是将它转换成另外一种形式，数据的形式（属性和数据集的类型）在一定程度上决定了用哪种可视化方法可以最有效地展示该数据。

推导任务对推进可视化进程及实现可视化的最终效果起到很多积极作用。首先，作为一个设计者，在面对复杂数据时不应该不知所措，因为数据可以转换成对实现可视化目标更有用的形式。其次，通过推导新数据来改变数据集的形式和类型还可以很好地扩展可视化设计的发挥空间，有时被选择的最终的数据抽象可能仅仅来自原始类型的数据集，但如果想要设计一个更接近真实世界的可视化工具，基于推导新的属性和数据类型的复杂数据抽象是十分必要的。所以尽量不要只使用用户给出的原始数据进行可视化，应该基于可视化目标对原始数据集进行一系列转换后再进行设计，这是设计人员的选择而不是用户的命令，这个过程也体现了设计人员的可视分析能力。类似地，在思考一个已存在的可视分析系统的设计时，理解设计者如何选择转换原始数据的方式是进行深入分析的基础。

推导任务按新数据产生方法的不同可以分为以下四类。

单一属性的类型转换

对于数据的单一属性来说，不同的数据类型可以服务于不同的任务。例如，温度

⊖ 图片来源：https://www.tableau.com/。

是一个常见的量化型数据，可以用浮点数直接表示，如35.8℃。但当你在咖啡店点一杯咖啡的时候，自然地会将表示温度的数值数据转化为热、常温、冰等分类数据；在测定耐高温材料是否合格的场景中，为了描述实验结果，实验材料可耐受的最高温度这一属性可能仅仅被转化为通过测试或者未通过测试这类二值型数据，可以用0和1表示，但这种表示方式是有损的。

借用外部映射产生新的属性

在特定情况下，创建新的属性需要借助数据集外的映射方法。例如，原始数据是比特币的交易数据，数据属性有交易时间、交易量、卖家ID、买家ID等，这里的ID都是匿名的，但是比特币交易所会公布自己的ID，从而形成从ID到交易所名称的映射，借用这种映射可以将交易所参与的交易与只有客户参与的交易区分开，便于单独对交易所的交易行为进行分析。在城市气候的分析过程中，为了便于进行地理气候方面的计算，需要将城市名称转化成经度和纬度两个数值型数据，这也是借用外部映射的例子。

通过计算得出新属性

新的推导属性可以由原始属性经过算法、模型、逻辑和统计等操作之后得出。最简单的例子就是两个数值型属性相减得到新的属性，例如原始数据是某企业一周内的销售额及成本，要求分析企业经营效益的变化。在图3-7中，左图中仅仅将原始数据用折线图进行可视化，并不能很好地发现企业盈利的变化情况，而右图用销售额减去成本计算出每天的利润，绘制成折线图后就可以明显看出一周内企业盈利情况的变化。

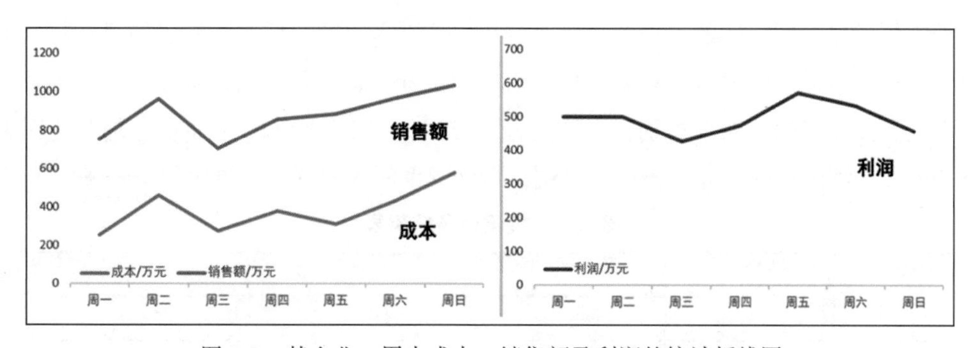

图3-7　某企业一周内成本、销售额及利润的统计折线图

还有一些相对复杂的情况，需要对多个属性进行全局计算或者建立模型和公式来推导一个新属性。例如，任务目标是找出适合自己的工作岗位，用匹配度来表示工作岗位与自己的适合程度，它与工作内容、薪酬、工作地点、公司类别等因素相关，然后将这些因素所代表的不同类型的数据进行形式的统一，通过建立数学模型推导出匹配度的值作为后续可视化任务的输入。

数据集的类型转换

数据集的类型转换是指为了满足某个可视化目标需要将整个数据集转换成另一个类型。一个典型的实例就是通过多阶段的推导将结构化的数据表转换成网络数据，例如《哈利·波特》这本书的数据类型是文本，为了分析其中主要角色的人物关系，设计人员将出现在同一段文字或同一个故事中的人物间用曲线进行连接，形成了用来展示角色之间人物关系的网络拓扑图，如图 3-8 所示。

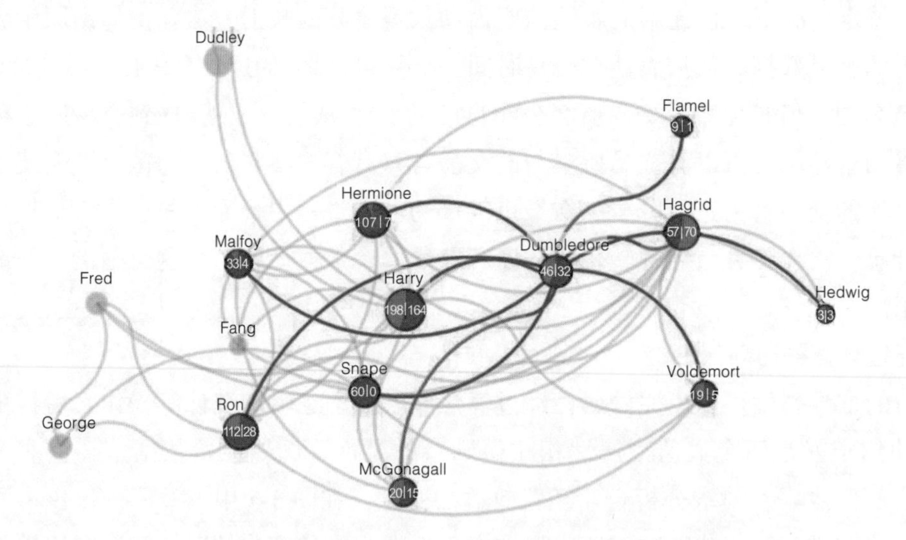

图 3-8 《哈利·波特》人物关系网络拓扑图 [3]

3.2.2 搜索任务

搜索任务是中间层次的子任务，所有分析任务都需要搜索任务所确定的目标对象来提供内容支持。本框架根据目标对象的身份信息和位置信息是否已知，将搜索任务定义为查找、定位、浏览、探索四个类别，具体的分类方法如表 3-3 所示。下面将分别对这四类搜索任务展开详细的描述，并举出相应实例，帮助读者深入理解中间层次的子任务。

表 3-3 搜索任务框架表

位置	身份	
	已知	未知
已知	查找	浏览
未知	定位	探索

1. 查找

查找任务是指在用户已经确定目标元素且知道其位置信息的前提下，找出目标数据元素并对其进行可视化。例如，用户想搜索一篇文献，他知道文献发表的期刊及发表时间（位置信息），也知道文献的研究内容及贡献（身份信息），根据对文献位置信息和作者身份信息的描述可以很快确定到具体某一篇文献。

2. 定位

如果目标对象的身份信息已知而位置信息未知，用户需要搜索到具体对象的位置，这类搜索任务称为定位任务。图 3-9 展示了历史上一个非常经典的可视化实例，1854 年，伦敦霍乱盛行，人们普遍认为霍乱是空气传播的，英国医生 John Snow 绘制了一张布拉德街区（Broad Street）的地图，将霍乱患者的位置标记在图中，发现病例的住所几乎都出现在布拉德街区的水泵附近，于是提出饮用水传播霍乱的假设。结合其他资料验证饮用水传播的结论后，人们最终通过移掉水泵把手的方式成功控制住霍乱的蔓延。在这个案例中，目标对象是霍乱的传染源头，而目标位置是预先不知道的，所以这显然是一个定位任务。

图 3-9　伦敦霍乱死亡病例分布与水管图[⊖]

3. 浏览

相反，目标的身份可能预先未知，用户不知道自己要查找什么，仅仅知道目标的位置，这种查找方式就是浏览。例如，有一个展示多家公司过去几个月的股票价格的折线图，用户想要找出 6 月 15 日股票价格最高的公司，用户仅仅知道自己需要关注 6 月 15 日这一天的股价数据，但由于并不清楚股价最高的是哪一家公司，因此这时的搜索任务就属于浏览任务。

4. 探索

当用户既不确定位置也不确定目标身份的时候，这类搜索任务叫作探索任务。因

⊖ 图片来源：http://www.datavis.ca/gallery/historical.php。

为用户需要在不知道位置信息的情况下搜索目标，所以设计人员通常会使用一个全局的视角用于完成探索任务，比如在散点图中寻找离群点、在时间序列折线图中发现异常或周期性的模式，以及在行动轨迹实时监控中找出存在异常行为的工作人员等。

3.2.3 查询任务

查询任务是本可视化框架的最后一环，也是最接近可视化编码的一环。一旦确定了搜索任务的目标集合，最低层次的子任务就是用以下三种视角去查询上述目标：确认、比较、总结。三者是递进关系，这是根据查询的任务对象个数（一个、多个或全部）决定的。确认针对单个目标，比较针对多个目标，而总结的任务对象是所有目标的集合。

这里结合具体的可视化实例，帮助读者深入理解三类查询任务的含义以及它们之间的关系。Zak Geis 在 2020 年对 NBA 投篮位置进行可视化，如图 3-10 所示，图中呈现了 LeBron James 在 2009 年 NBA 比赛中的投篮情况。该作品以篮球场地面为背景，用六边形表示不同位置的投篮情况，其中六边形的面积编码其所在区域投篮数量，而六边形的颜色编码投篮命中率是否高于该位置其他球员的平均水平（红色表示高于，蓝色表示低于）。

1. 确认

确认的对象仅有一个实体，如果一个搜索任务通过查找和定位确定了目标是什么，那么确认后可以获得目标的特性。例如，想要确认 James 在篮板前方中心位置的投篮情况，可点击目标位置的六边形来确认具体信息，如图 3-11 所示。目标位置的六边形被高亮显示，悬浮框中呈现视觉编码的具体数值，可以看出 James 在该位置的投篮次数为 10 次，命中率 60%，比平均水平高出 13.27%。

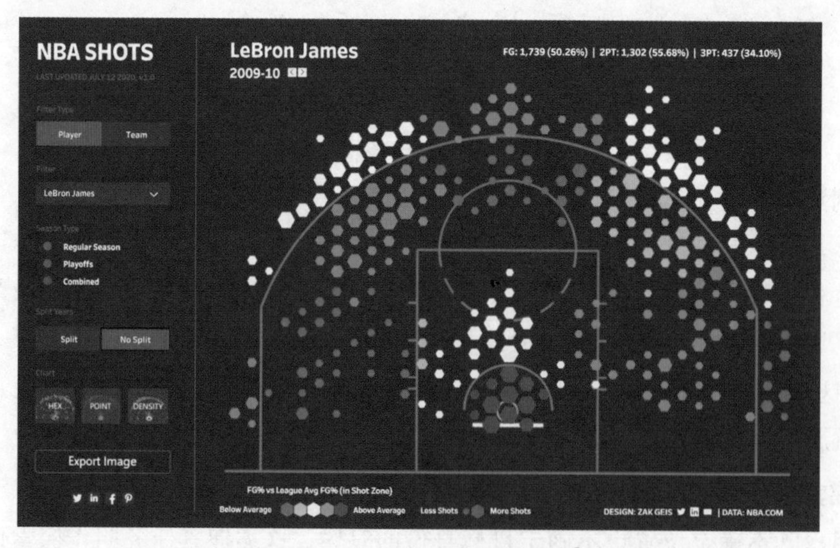

图 3-10 NBA 投篮位置可视化[⊖]

⊖ 图片来源：https://public.tableau.com/zh-cn/gallery/mapping-nba-shot-locations。

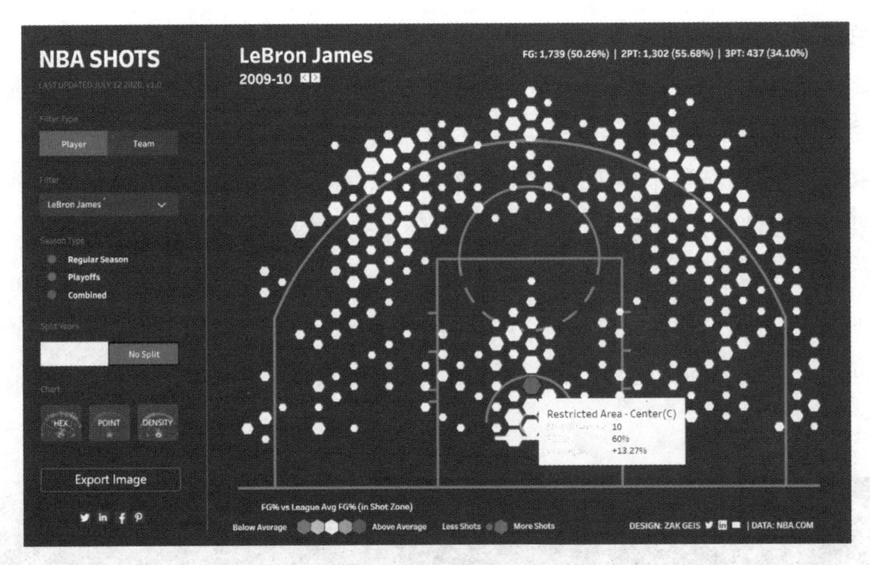

图 3-11　NBA 投篮位置可视化—确认任务㊀

相反，如果搜索任务通过浏览和探索仅仅知道了目标匹配的某些特性，通过确认可以得到目标具体的实例。例如，用户想知道 James 更擅长哪个区域的投篮，从图 3-10 中能够确认篮板附近的六边形为深红色且面积较大，表示 James 在该区域投篮次数更多且命中率高于平均水平。

2. 比较

比较任务针对多个任务对象，比确认任务明显困难许多，它需要更多、更复杂的数据项去支持用户分析，可以比较不同数据项之间的差异，也可以比较一个数据项不同属性之间的差异。图 3-12 呈现了 2010 年 Kobe Bryant（左）和 LeBron James（右）的投篮分布对比情况。通过比较分析，能够清晰地发现 Kobe 擅长的投篮区域主要分布在篮板的中长距离内，篮板周围较弱，而 James 的擅长的投篮区域主要在篮板附近和右半部分球场。

图 3-12　Kobe Bryant 和 LeBron James 投篮分布对比图㊀

㊀ 图片来源：https://public.tableau.com/zh-cn/gallery/mapping-nba-shot-locations。

3. 总结

总结任务是提供一个综合全面的概览，对所有展示的信息做一个总结，是针对所有可能的目标集合的查询任务。在可视化中提供一个总体视图是极其常见的。图 3-13 中将 LeBron James 在各个年份的投篮分布情况用网格布局同时可视化出来，通过概览整个视图，可以清晰地发现 James 投篮区域分布随时间的变化情况，如 2003～2008 年视图中的蓝色和白色较多，而 2009 年之后红色与橙色区域明显增加，表明 James 的投篮水平在逐年提高，2009 年后更是有了阶段性的提升。从红色和橙色所在位置随时间的变化也能看出，James 起初主要擅长在篮板附近投篮，随后其他位置的投篮水平也逐渐超过了平均水平。

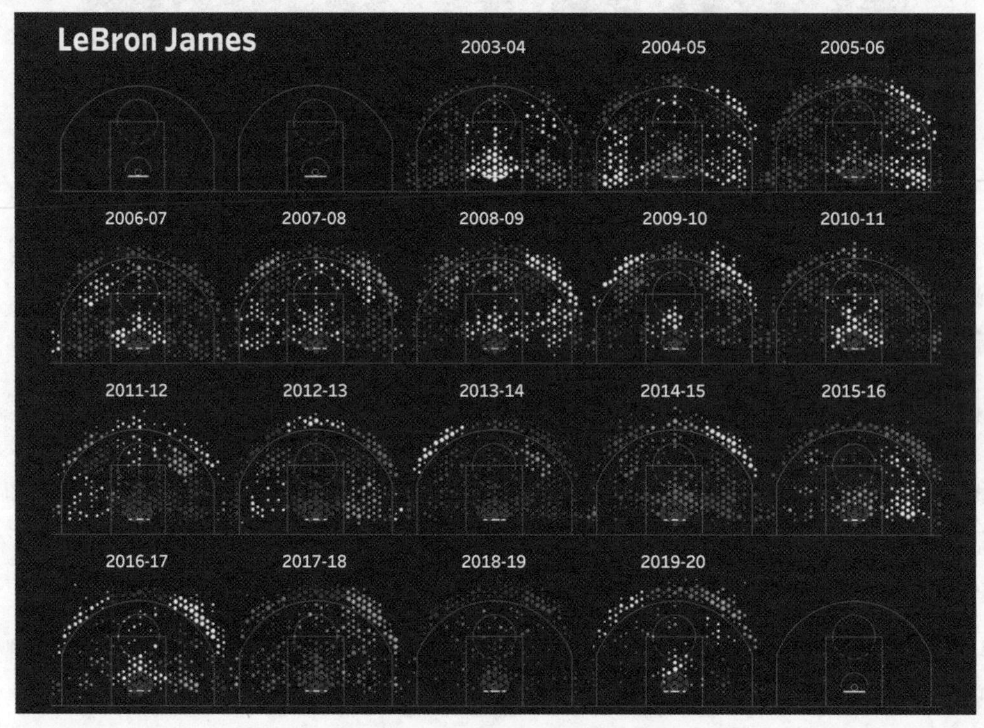

图 3-13 LeBron James 各年投篮分布情况总结[⊖]

3.3 小结

可视化任务是完成可视化目标所需要做的工作，不同应用场景可以定义多种多样的可视化任务，但这些可视化任务之间存在相似性，因此，本章对可视化任务三个层次的抽象进行了系统介绍。通过学习本章内容，读者可以对可视化任务有一个全面的了解，为后续学习视觉编码和交互设计打下基础。

⊖ 图片来源：https://public.tableau.com/zh-cn/gallery/mapping-nba-shot-locations。

3.4 参考文献

[1] SHNEIDERMAN B. The eyes have it: a task by data type taxonomy for information visuali-zations[M]. San Francisco: Margan Kaufmann, 2003.

[2] MUNZNER T. Visualization analysis and design[M]. Boca Raton: CRC Press, 2014.

[3] JOHN M, BAUMANN M, SCHUETZ D, et al. A visual approach for the comparative analysis of character networks in narrative texts[C]// 2019 IEEE Pacific Visualization Symposium (PacificVis). New York: IEEE, 2019: 247-256.

3.5 习题

1. 可视化任务和可视化目标之间存在怎样的关系？
2. 为什么要对可视化任务进行抽象？请举例说明。
3. 可视化任务抽象的三个层级有哪些？请具体说明其含义。
4. 自行选定案例，分析其中可视化任务抽象所属的层级。

第 4 章
视觉编码设计

在定义可视化任务之后，可视化设计人员需要针对具体的分析任务进行视觉编码设计，这一环节在整个可视化流程中极其重要。

本章主要介绍视觉编码设计的理论基础和应用场景。首先从生理学角度介绍视觉感知与认知理论，并从心理学角度介绍格式塔理论；然后介绍可视化编码的基础——标记与视觉通道，以及两个重要的视觉编码原则——表达性和有效性；最后结合应用场景阐述视觉编码如何形成视图。

4.1 视觉感知与认知

视觉感知与认知理论是可视化分析的基础，科学的理论支撑能帮助可视化设计者更有效地呈现数据。良好的可视化设计应该保证视觉感知准确、直观、易懂，并寻求视觉认知的最大化。本节介绍感知与认知理论，以及视觉可视化设计的基本原则——格式塔原则。

4.1.1 感知与认知

感知是指客观事物通过人的感觉器官在大脑中形成的直接反映，认知则是把感知到的信息加以理解和赋予意义的过程，感知是认知的基础和前提。

人的感觉器官包括眼、耳、鼻、嘴及遍布全身的神经末梢等，相应的感知能力分别称为视觉、听觉、嗅觉、味觉、触觉等。其中，视觉系统是大脑的高带宽通道，人脑大部分的功能用于视觉信息的处理。通过视觉器官，人能感知到外界事物的形状、大小、明暗、颜色、动静等信息，人有 80% 以上的外界信息是经视觉获得的。

心理学家帕维奥提出的双重编码理论认为[1]，人类同时存在两个相互联系的认知系统，即表象系统和语义系统，前者用于非语言事物的表征与处理，后者则用于语言信息的加工。为了验证人类对表象信息和语义信息的记忆力差别，帕维奥设计了一个简单且有效的实验：让受试者快速地浏览一系列图像和文字，并回忆所记住的内容。结果显示受试者们记住的图像数远大于文字的数量。该实验表明相比文字语义信息，人脑对视觉表象信息有更好的记忆效果和更快的记忆速度。

通过视觉感知到的图形信息更易理解。图 4-1 展示了一个图形化计算奇数和的例子，通过正方形边框和内部线条布局能使人们加深对奇数和的理解和记忆。此外，视觉图像还能直观地表现模糊的心理认知。图 4-2 展示了量化的生命格子，其中一个小格子表示一个月，假设一个 20 岁的青年能活 75 岁，在 30×30 的表格里涂掉他已度过的时间，可直观地发现时间的珍贵。

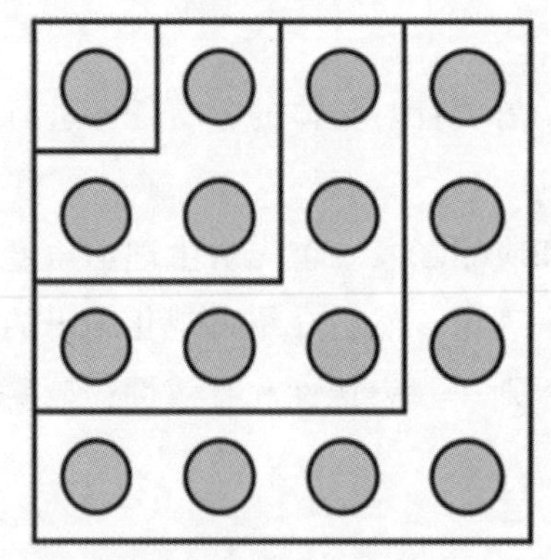

图 4-1 奇数和的可视化（$1+3+5+7=4\times4=16$）

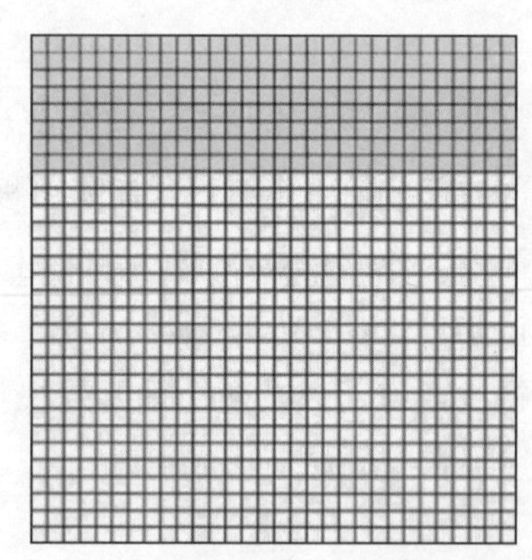

图 4-2 20 岁青年的生命格子

4.1.2 格式塔理论

Gestalt（格式塔）的中文含义是“完形”，格式塔心理学诞生于 1912 年，是西方现代心理学的主要学派之一，它强调经验和行为的整体性，认为完整的表象不能被分割成简单的元素，其特性也不表征于任何一个元素中。简单来说，可将格式塔理论理解为人们通过视觉感知到的事物大于眼睛所看到的事物，并且倾向于用一些简单、协调的形式来整体地解释事物。图 4-3 展示了使用格式塔理论设计的 GESTALT 包含的七个字母。格式塔理论主要包括下列八项原则。

1. 接近（Proximity）原则

进行可视化设计时，不同元素之间的位置信息很重要。接近原则指人们观察事物时会把空间距离相近的元素视为一个整体。如图 4-4 所示，左图上方 9 个分散的方块很难被归为一组，而下方的 9 个方块很自然地被当作一个整体；右图是联合利华的 LOGO[㊀]，由一些紧凑的小图标组成一个醒目的大写字母 U。

㊀ 图片来源：https://www.unilever.com.cn/about/who-we-are/our-logo/。

图 4-3　格式塔原则概览[㊀]

图 4-4　接近原则示例

2. 相似（Similarity）原则

相似原则强调元素的色彩、大小、形状等特征，人们通常将具有相似特征的元素归为一类。如图 4-5 所示，观看者会根据颜色将左图的圆点进行分组，根据形状特征将右图[㊁]的小人儿进行分组。

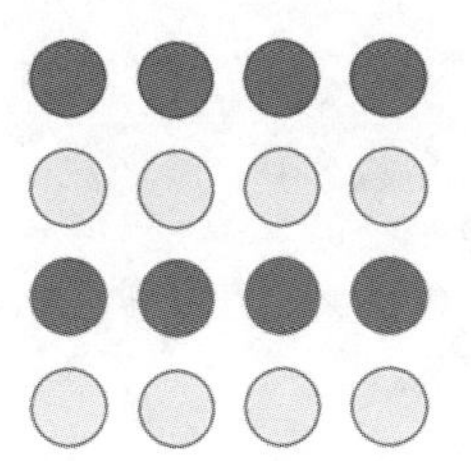

图 4-5　相似原则示例

3. 闭合（Closure）原则

对于不完整或没有闭合的图形，只要其足以表征物体本身，人们就会在心理上忽略缺口，形成完整的心理表征，缺失的部分还能给观看者留下想象空间。如图 4-6 所

㊀ 图片来源：https://www.usertesting.com/blog/design-psychology-ux。

㊁ 图片来源：https://www.slideshare.net/christiangleph/gestalt-psychology-15849804。

示：左图是一个不完整的图形，但观看者能看出中央的三角形；右图是世界自然基金会的 LOGO㊀，一只未闭合的熊猫图像。

图 4-6　闭合原则示例

4. 连续（Continuity）原则

连续原则指人会自然地沿着物体的边界，在心理上产生连续的知觉。如图 4-7 所示，左图中即使有颜色的干扰，离散的点仍会被视作连续的直线和曲线；右图的字母 S㊁虽然被遮挡，也能直观地展现出来。

图 4-7　连续原则示例

5. 共势（Common Fate）原则

若一组物体具有相似的运动趋势或排列模式，人眼会将它们归为一类，这就是共势原则。如图 4-8 所示，图中有序排列的句子“ Hello, look at me, read me!”在一堆凌乱字母中凸显。

图 4-8　共势原则示例

6. 经验（Past Experience）原则

经验原则指人的视觉感知与个体过去的经验有关。如图 4-9 所示，由于语境的不同，中间的元素横着看是字母 B，竖着看是数字 13。

㊀　图片来源：https://www.worldwildlife.org/。

㊁　图片来源：https://medium.com/ringcentral-ux/gestalt-principles-learn-how-to-influence-perception-83112932d0bc。

7. 图底（Figure-Ground）原则

图底原则指根据颜色、对比度、大小等视觉通道的不同，人们会本能地把图形和背景分离开来；使用不同视角将元素置于前景或背景中，会产生不同的视觉效果。图4-10所示的三个图形，调整不同的视角都能看到不同的事物，如在中间的图中能看到一棵树或两个动物的头部。

图4-9 经验原则示例㊀

图4-10 图底原则示例㊁

8. 对称（Symmetry）原则

对称原则指人的意识倾向于将物体识别为按点或轴对称的形状，并将对称的部分看成一个整体。对称给人带来协调而平衡的美感，如图4-11所示：左图中对称的括号更容易被视为一个整体；右图是极具对称美的太极图。

{] { }

图4-11 对称原则示例

4.2 标记与视觉通道

在人类的生物系统中，视觉感知系统具有最大的处理带宽，人眼对可视化元素的理解记忆能力要远高于对文本和数字信息的识别能力。信息可视化的核心在于采用一种或多种技术手段，将数据表示成图表上可见的可视化元素，这样的技术统称为可视化编码（visual encoding）。视觉感知系统是人类已知的具有最高处理带宽的生物系统，人眼对文本和数字信息的识别能力要远低于对可视化元素的观察与理解，数据中携带的信息可由视觉通道进行编码并转换为标记呈现的形态，从而完成可视化编码。

㊀ 图片来源：http://obreveverbo.blogspot.com/2008/08/nmeros-e-palavras.html。

㊁ 图片来源：https://medium.com/@ubuntufm/gestalt-switch-2b61f074b8ec。

要想真正了解可视化编码，就必须对标记与视觉通道两个重要概念了如指掌。实际上，任何一种可视化方法的优劣都取决于对标记和视觉通道的选择与结合应用，好的可视化方法力求做到直观地表达数据，方便人们观察与理解。本节将介绍标记与视觉通道的类型及其结合方式。

4.2.1　标记类型

通常，我们将图表上的图形元素（graphical element）称为标记，一个标记可能是一个点、一条线或一个面，而视觉通道决定了标记的展现特征，从定量与定性的角度描述标记呈现的姿态。

如图 4-12 所示，按维度对标记进行分类，零维的点（point）、一维的线（line）、二维的面（area）以及三维的体（volume）都是可能被用到的标记。进行可视化设计时需要根据数据维度的不同，采用适合的标记，例如：在简单的表格数据集中，标记对应着一个属性值，如柱状图中的一个矩形条；在网络关系数据集中，标记可以是网络中的单一节点或节点之间的连接，如力导向图中的圆形节点和节点间的连接线。

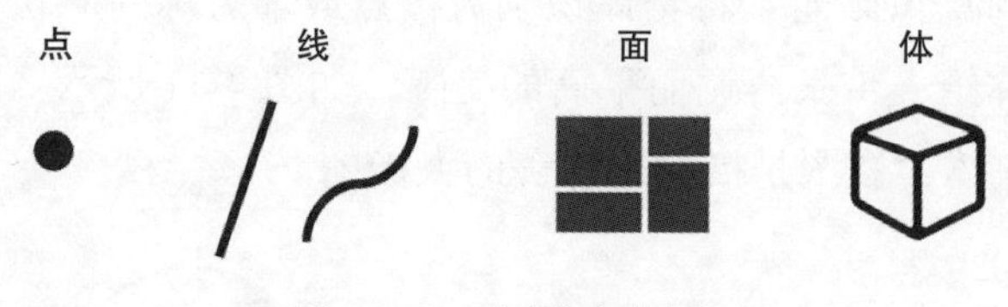

图 4-12　不同维度的标记

4.2.2　视觉通道类型

视觉通道具有两类性质：一种是定性性质或分类性质，另一种是定量性质或定序性质。第一种视觉通道通常用于决定呈现的标记是什么或在哪里，例如，人们在识别标记的形状时会自然地将它们分辨为圆、线条或多边形，从而识别出数据对象的类别，而不会认为形状表示的是数值大小，因为圆、线条和多边形之间无数值上的可比性。第二种视觉通道描述的是数据对象在某一属性上的数值信息或顺序，人们在识别出标记的形状后，会习惯于使用圆的半径大小或线条的长度来分辨同一类别数据间的顺序，而很少将大圆或小圆识别为两种不同的类别。

如图 4-13 所示，常用定量性质的视觉通道数量要比分类性质多，例如长度、面积、颜色的饱和度等，而形状、空间位置、颜色的色调等则属于分类性质的视觉通道。尽管如此，两种性质的视觉通道间并没有严格的区分，例如，将空间内两点间的距离用于编码数值信息时，空间位置就具有编码定量信息的性质。

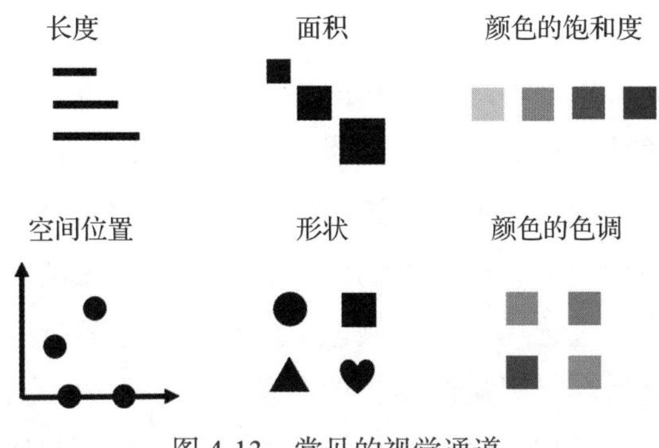

图 4-13　常见的视觉通道

4.2.3　标记与视觉通道的结合

视觉通道描述标记的呈现形态，且独立于标记的空间维度数，空间维度数越低的标记可使用的视觉通道越多。视觉通道具有定性和定量两种性质，因此视觉通道不仅描述标记形态，还包含数据的分类或定量信息编码。通常情况下，一个视觉通道用于编码一个数据属性，多个视觉通道也可同时编码一个数据属性，此种方式有利有弊：它的优点在于能够使被编码属性更易于理解，但缺点是会迅速减少剩余可用的视觉编码，无法对其他数据属性进行编码。

图 4-14 所示是一个标记与视觉通道结合的可视化编码示例。图 4-14a 用简单的柱状图表示不同国家的人口总数，矩形高度编码人口总数大小，矩形位置编码不同的国家；图 4-14b 增加了色调这一视觉通道来编码国家，使国家属性更加直观且易于理解。当我们想对不同国家的男女人口数量进行对比分析时，可通过如图 4-14c 所示的二维散点图来进行可视化展示，其中色调编码国家，横纵坐标轴分别编码男女总数属性，圆形标记在二维平面上的位置精确定位了两个属性的值。若我们还关心国家的国土面积这一属性，可引入面积这一视觉通道，通过改变圆形标记的大小来编码国土面积，如图 4-14d 所示。

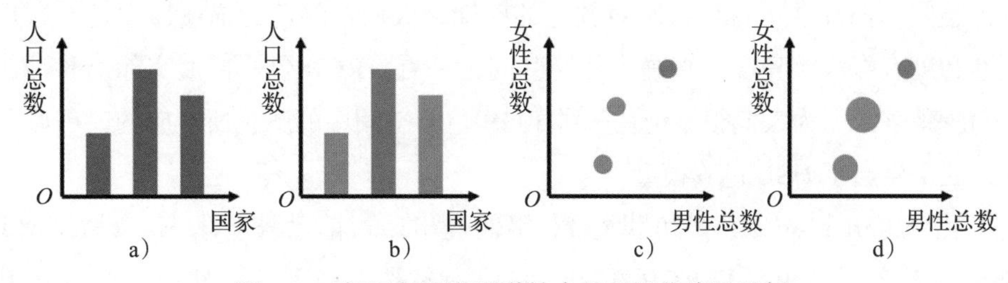

图 4-14　标记与视觉通道结合的可视化编码示例

标记的选择基于人们对事物的直观理解，人类的视网膜在观察到标记的视觉通道后，会将捕获到的视觉信息经由感知系统输送至大脑并解码其中蕴含的信息。不同视觉通道表达定性或定量信息的能力与特性各不相同，人们对不同视觉编码的理解程度也各不相同，例如人们可以轻松地对柱状图中的柱形长度进行比较，却很难区分饼图中扇形面积的大小。此外，视觉通道间可能会存在相互影响从而导致不能有效地表述编码信息的现象。要想充分发挥视觉通道的威力，可视化编码人员就必须充分了解与掌握每一种视觉通道的特性与表达信息的能力，熟知不同视觉通道的特点。例如，若想编码数据的定性属性，应选择形状、颜色中的色调等具有分类作用的视觉通道，而要表达数据属性的数值信息，则应使用长度、角度、面积大小及颜色中的亮度等具有定量作用的视觉通道。不仅如此，可视化设计人员应掌握不同作用类型下的视觉通道各自具有的可用数量，熟悉同一类型的视觉通道在表达信息能力上的排序，且在使用多种视觉通道时将相互之间的影响降至最低。只有充分掌握标记与视觉通道的概念才能设计出具有解释性的可视化方法。

4.2.4　颜色

颜色是最常用也是最容易被错误使用的视觉通道，它很少被单独使用，而是与其他视觉通道搭配使用。在可视化领域中，颜色被划分为色调、饱和度与亮度三个独立的视觉通道，其中饱和度与亮度是定量性质的视觉通道，而色调是分类性质的视觉通道。我们日常在提到颜色时，实际上是指三者的结合，因此颜色既是定量的也是定性的视觉通道。

1. 色彩空间

人类的视觉系统所能感知到的色彩空间（也称色彩模型）通常是三维的，这与人眼视网膜上存在三种不同类型的锥状细胞相对应。人眼在观测物体时，三种不同类型的锥状细胞分别受到相应波长光信号的刺激，并最终合成颜色感知。色彩空间通常由三根独立的坐标轴构成，例如，RGB 色彩模型使用笛卡儿坐标系定义颜色，坐标系中相互垂直的三根坐标轴分别对应红色、绿色与蓝色三种原色，坐标原点表示黑色，空间中每一点对应的颜色都可以由该点至原点的向量表示。尽管 RGB 在计算机图形领域中是最常用的颜色空间，但却并不符合人眼对颜色的感知，人们对颜色的描述通常是：这是什么颜色？饱和度有多高？亮度有多高？从这些问题来看，RGB 色彩模型实际上并不那么容易被人们所理解，因为人们很难记住一种 RGB 色彩空间中的颜色所对应的三种原色分量值，因此便衍生出了 HSL 色彩模型。

HSL 由 Albert Munsell 于 20 世纪 80 年代提出，目前已被艺术家、设计师以及可视化研究学者广泛采用。与 RGB 相比，它更容易被人们理解与使用。在 HSL 中，H 指色调（Hue），S 指饱和度（Saturation），L 指亮度（Lightness）。HSL 色彩空间由圆柱体坐标轴表示，如图 4-15 所示，角度表示色调，0°～360° 分别表示不同的色调，当我们想要使用不同颜色对可视化元素进行分类时，实际上是使用不同的色调进行分类，所以色调属于分类性质的视觉通道。纵轴由下至上表示亮度，值为 0～1，亮度越高等同于向当前颜色加入更多白色，反之等同于加入更多黑色。由里向外的横轴表示色调的饱和度，饱和度越高越能反映真实的颜色，降低饱和度则相当于向当前颜色里加入灰色。饱和度与亮度均可以用于映射数值大小，因此它们属于定量性质的视觉编码。与 HSL 类似的还有 HSV 模型，其中 V 指明度（Value），降低明度等同于向当前颜色中加入黑色。HSL 与 HSV 是两种不同的色彩模型，在此不做详细阐述。

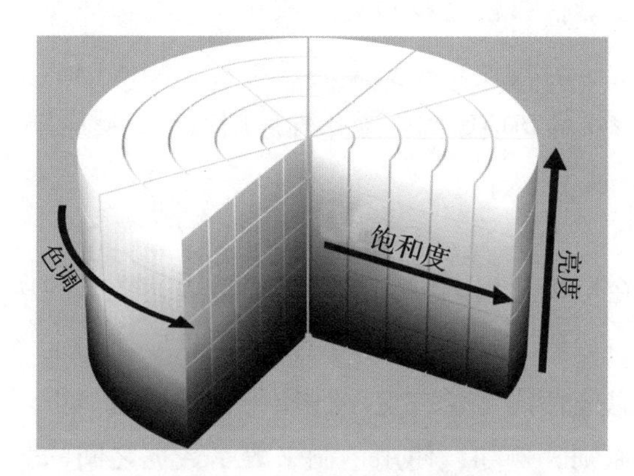

图 4-15 HSL 色彩空间[㊀]

2. 色调

色调十分适合用于编码无序分类信息，并且常常能达到分组的效果。在分类性质的视觉通道中，色调的表现力仅次于空间位置，在实践中也被广泛采用。

然而，当将色调与尺寸视觉通道搭配使用时同样会存在强烈的相互影响。例如，在小尺寸区域与小型标记中，人们很难识别不同的色调，在不连续区域中的色调也难以被准确比较与区分，这一点与亮度和饱和度相似。尽管如此，色调具有的可分辨度与可区分层次比饱和度和亮度更高，在不连续区域的情况下，人眼可以分辨多达 12 种色调，而在小型区域内人类可分辨的色调种类略少。

3. 饱和度与亮度

饱和度适用于编码有序与数值信息，但受对比度的影响，饱和度具有的可分辨度较低。另外，饱和度与尺寸之间具有很强的相互影响，在小区域上区分不同的饱和度值要远比在大区域上困难得多。在大区域内填充背景色，正确的做法是使用低饱和度的颜色进行填充；对于小区域则需要使用更亮且饱和度更高的填充色。点和线是典型的小型标记，要想对此类标记使用饱和度编码信息，较为安全的做法是不使用饱合度或最多使用两组不同的饱和度，对于面积这类大型标记，可使用的饱和度层次较多。

亮度是另一种定量性质的颜色视觉通道。与饱和度类似，亮度在不连续区域内的

㊀ 图片来源：https://upload.wikimedia.org/wikipedia/commons/6/6b/HSL_color_solid_cylinder_saturation_gray.png。

可分辨度较低，因此在可视化编码中应使用少于 6 种亮度值。此外，由于人类的感知系统基于相对性判断，对亮度的感知缺乏精确性，因此在使用颜色视觉通道对小型标记进行填充时通常将色调与饱和度搭配使用。

4.3 视觉编码原则

人通过视觉通道来完成对可视化视图的感知，不合理的视觉编码会导致视觉假象和数据理解误差。因此，合理使用视觉编码是可视化编码中最重要的部分，本节介绍这一环节中必须严格遵守的两项原则：表达性原则与有效性原则。

4.3.1 表达性原则

表达性原则要求在可视化编码中完整并准确地表达数据的所有属性。视觉通道的选择尤其需要遵循这一原则，分类且无序的数据信息应使用定性或分类性质的视觉通道，而有序或数值信息应使用定量或定序性质的视觉通道。很多可视化初学者常犯的错误就是违反表达性原则，例如，使用色调来表示数据之间的大小顺序或用长度对数据进行分类，色调上的不同不能被我们有效地识别为顺序信息，也很少有人将长线与短线认为是两类数据对象，因为长线与短线均是直线。

人类感知系统对不同视觉通道的识别能力与精度不同，这间接反映了视觉通道表现力的高低，有经验的可视化设计人员会尝试使用高表现力的视觉通道编码数据中相对重要的数据属性，这会缩短用户对可视化结果的理解与记忆时间。例如，在编码数值信息时，使用面积这一视觉通道往往不如使用长度视觉通道有效，因为人类感知系统对面积的识别能力要弱于对长度的识别能力。常见的柱状图与散点图就是很好的对比例子，用户在观察柱状图时可较快、较准确地对比出柱子间的高低差值，而在观察散点图时却无法在短时间内判断点之间的面积差距，本质原因在于两种视觉通道的表现力不同。图 4-16 所示是可视化领域专家总结出的常见视觉通道表现力排序 [2]。可以看到图中将视觉通道按照 4.2.2 节所述内容划分为两大类，左边是描述定序属性的定量通道，右边是描述类别属性的定性通道，由上至下表示视觉通道的表现力从高到低。

4.3.2 有效性原则

不同的视觉通道具有不同的表现力，有效性原则要求数据属性的重要程度必须与视觉通道的表现力相匹配，换句话说就是用高表现力的视觉通道编码最重要的数据属性，使用表现力稍低一些的视觉通道来编码次一级重要的数据属性，这样才能够让用户更快、更精准地捕获数据中相对重要的信息，也有助于提高可视化结果的有效性。

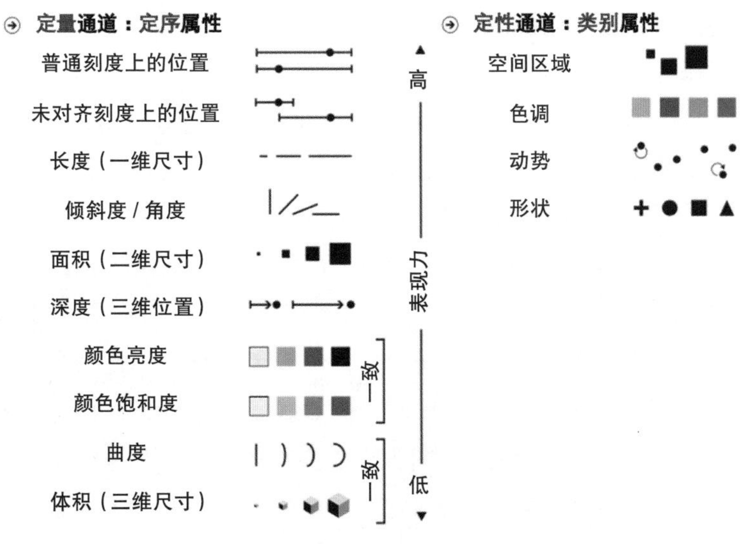

图 4-16　视觉通道表现力排序

为了更好地分析可视化编码设计空间中潜在的所有可能性，每一位可视化研究学者都必须了解与掌握视觉通道的特性。在可视化编码中仍有许多问题需要我们去刨根问底，例如：哪些视觉通道是值得优先考虑的？每一种视觉通道可以编码何种信息？为什么视觉通道间存在优劣？哪些视觉通道搭配在一起使用会产生相互作用？有多少可用的视觉通道？为了解答这些问题，就必须从准确度、可区分性、可分离性以及产生视觉突出的能力等角度对视觉通道进行分析。

1. 准确度（Accuracy）

准确度指人类感知系统对可视化的感知判断结果与原始数据之间的吻合度，是衡量视觉通道有效性的重要标准之一。心理物理学领域的史蒂文斯定律（Stevens' Law）[3] 指出心理量是物理量的幂函数，数学公式描述如式（4-1）所示。其中，S 代表表示心理感知强度，I 表示物理刺激强度，指数 n 因不同的感知而异，表 4-1 列举了六种感觉通道对应的 n 值。当 $n=1$ 时，心理感知强度与客观物理刺激量呈线性关系；当 $n<1$ 时，感知强度被压缩；当 $n>1$ 时，感知强度被放大。

$$S = I^n \tag{4-1}$$

根据史蒂文斯定律，视觉通道的准确度不同，例如人对长度的感知是完全准确的，而对面积的感知被压缩、对饱和度的感知被放大。为了保证人的感知与原始数据信息的吻合，在进行视觉编码选择时，应尽量选择准确度高的视觉通道。

表 4-1　史蒂文斯定律中不同感觉通道对应的 n 值

感觉通道	亮度	深度	面积	长度	饱和度	电击
n 值	0.5	0.67	0.7	1	1.7	3.5

2. 可区分性（Discriminability）

可区分性指人类对同一视觉通道不同取值的分辨能力。当使用某种视觉通道进行编码时应考虑一个问题：如何取值才能使人类感知系统迅速分辨出多组值之间的不同？这个问题等同于应根据每一种视觉通道具有的可分辨层数来选择合适的取值，只有这样才能够让人们自然地将视觉通道值区分开来。

视觉通道的可区分性不仅取决于视觉通道的类别，也取决于标记的空间分布及数值的基数。如图 4-17 所示，当标记在空间上有序排列时，可区分性明显大于乱序排列，但实际应用中使用有序排列的情况较少，仍需考虑其他因素来提高视觉通道的可区分性。部分视觉通道的可分辨层数较低，例如线条的宽度，人们并不能够轻易地区分不同宽度的线条，图 4-18a 所示的弦图产生了视觉混淆，因为数值基数较大从而使用了多种宽度的线条编码数值。解决视觉混淆的方法之一是交互过滤，如图 4-18b 所示，减少线条数量的同时降低了视觉混淆。原则上，当数据属性的值域较大时，正确的做法是将数据属性值划分为相对较少的类别，划分的类别数不应超过所使用的视觉通道的可分辨层次，也可考虑使用具有更大可分辨层数的视觉通道。

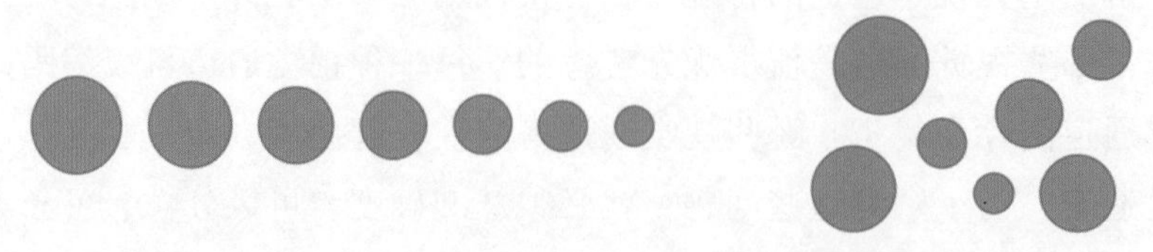

图 4-17　空间分布影响视觉通道的可区分性

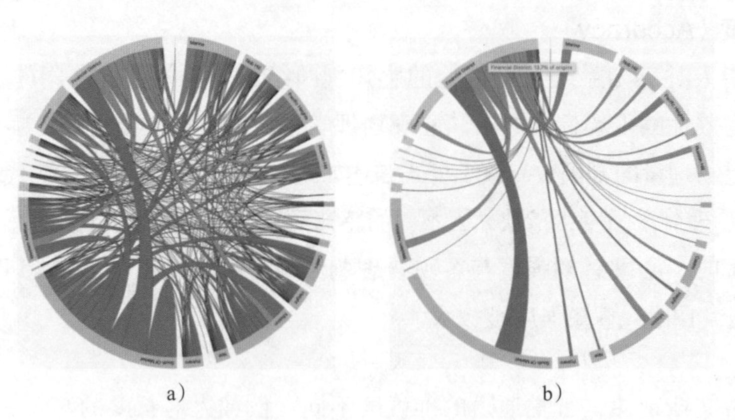

a)　　　　　　　　b)

图 4-18　数据基数影响视觉通道的可区分性[⊖]

3. 可分离性（Separability）

可分离性描述了由于不同视觉通道的组合使用而产生的视觉干扰现象。单一的视觉通道不会产生可分离性问题，但在实际应用中人们通常会采用多种视觉通道以表示

⊖ 图片来源：https://bost.ocks.org/mike/uberdata/。

数据的不同属性，多个视觉通道的干扰现象会在某些情况下被放大，导致人们对视觉通道的感知不可分离，影响可视化视图的信息传播效果。

散点图通常使用多视觉通道来编码多变量数据集。如图4-19a所示，使用位置和颜色编码数据时，两个视觉通道完全可分离，若再增加尺寸这个视觉通道（图4-19b），尺寸和颜色会产生干扰，可分离性和感知效果都明显降低。因此，使用视觉编码进行可视化设计时，应在保证数据的不同属性得到展现的同时，尽量选择可分离性强的视觉通道。

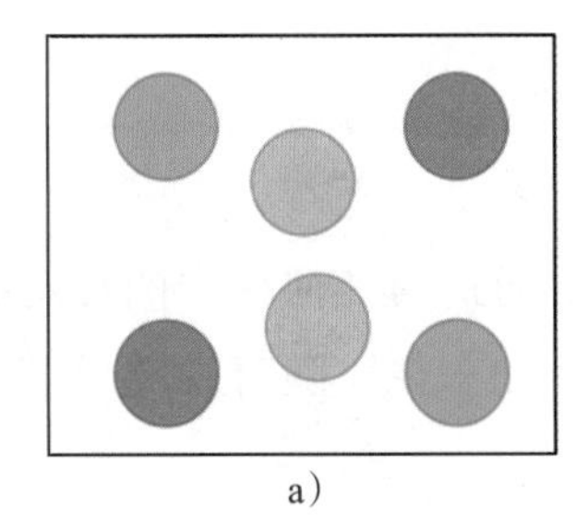

a)

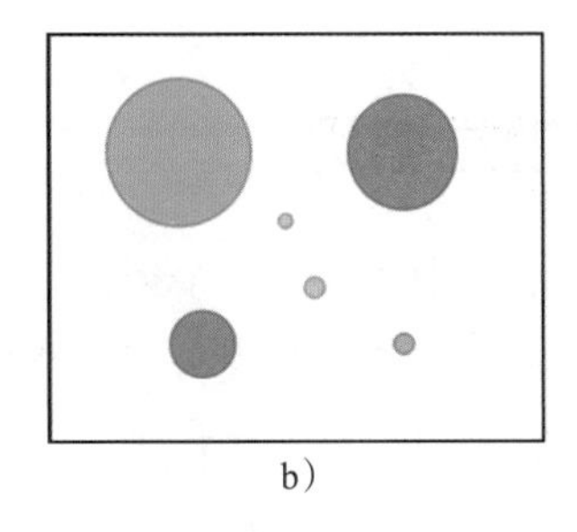

b)

图4-19　视觉通道的可分离性

4. 突出（Popout）

视觉突出指人们可以本能地通过前注意力机制从一系列目标中快速找出最突出的那个。不同视觉通道的突出效果不同，颜色是最常用于表示视觉突出的视觉通道。如图4-20所示，人们能迅速在左图的一系列蓝色圆形中发现一个橙色圆形，也能在中图的一系列蓝色圆形中发现一个蓝色方形，但感知速度明显小于左图；而右图中橙色的圆形却难以被突出感知。因此，在进行可视化设计时，应尽量使用色调来区别和突出目标。

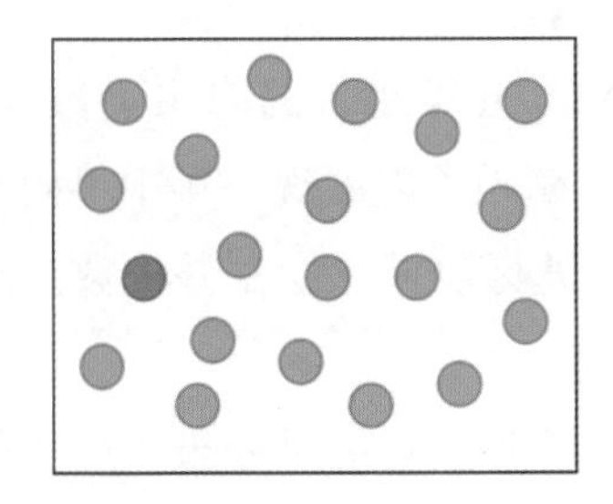

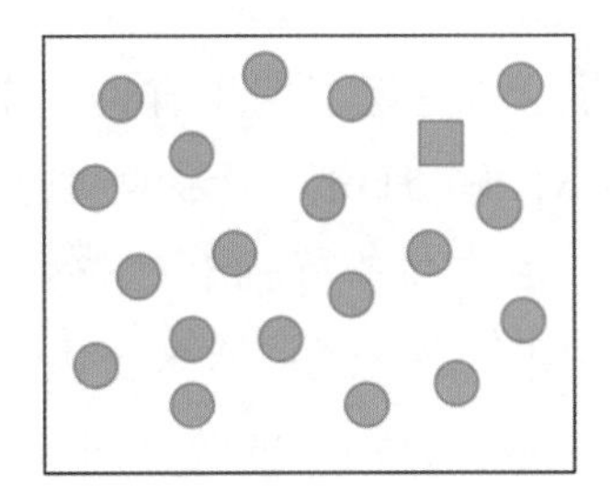

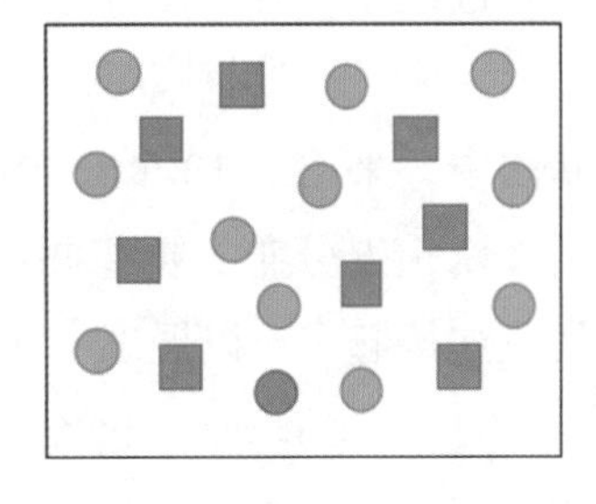

图4-20　视觉突出示例

5. 组合（Grouping）

组合指人们能将感知到的可视化元素归类。分类数据可通过以下三种方式实现可视化元素的组合：面积包含；线条连接；空间、色调或运动趋势相近。前两种方法如图4-21所示，左图两个灰色的大圆突出了两个类，右图用直线连接而成的两个闭合回路也展示了两组元素。第三种方法可对应4.1.2节格式塔理论中的接近原则和相似原则。

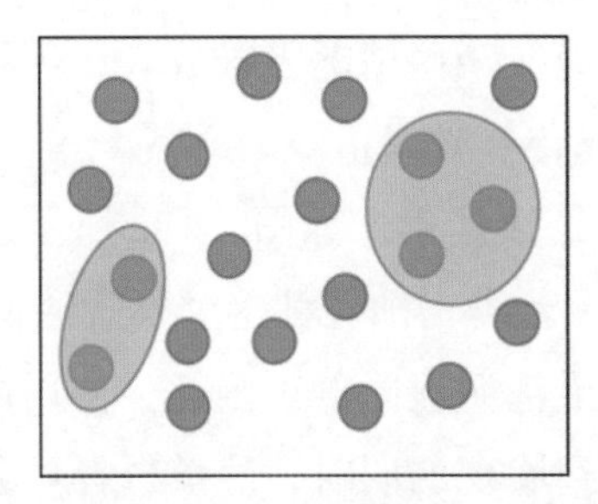
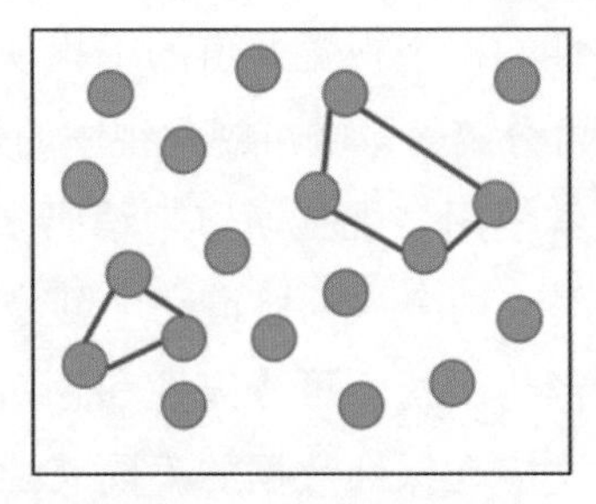

图 4-21　面积包含和线条连接

4.4　视图与视觉编码

在可视化领域，视图是指一个或多个视觉通道与几何标记的特定编码组合，该组合能够有效回应一个或多个可视分析任务。一般来说，随着视觉通道和几何标记的叠加，视图可表达的内容也会愈加丰富。

本节首先将基于实例说明简单和复杂的视图在视觉编码上的区别，接着展现在视觉编码不断叠加的过程中，视觉通道和几何标记的使用、配合、重复编码及其对可视分析任务的回应。

4.4.1　什么是可视化视图

作为数据分析与视觉感知的交叉学科，可视化领域最早应用的视图之一就是简单的统计图表，如柱状图、折线图、散点图、饼图、等值线等。初期的统计图表使用较为单一的几何标记（如坐标轴、折线或柱形），可以直观呈现因变量对自变量的变化趋势或频数统计，有效回应分析任务。

图 4-22 分别用柱状图和折线图呈现了四川省遂宁市 2016 年逐月的降水量数据。柱状图中，采用了 12 个长方形对每个月份降水量的值进行编码，以展现一年中不同月份的降水情况分布。折线图中，在二维坐标轴上对降水量进行数据点绘制并把数据点用线段连接起来，以展现一年中不同月份的降水量变化趋势。

针对上述的降水量这类二维数据，简单的统计图表已经能够满足对分布或趋势的分析需要。但随着数据维度的增加和分析任务的复杂化，由少量视觉编码组合而成的简单视图已不能满足分析人员的需要。为了同时展示多个维度的数据，解决更复杂的任务，设计人员需要采用多视图联动的可视分析系统，或结合扩展更多的视觉通道和几何标记来组成新视图。

如图 4-23 所示，《休斯敦邮报》在 2012 年 1 月刊登了得克萨斯州在 2011 年的气象数据变化图。从简单图形元素的组合来看，该视图的上部融合了折线图、柱形范围图等基本视图，并辅以标注解释。视图中，颜色、上下两条折线、柱形范围图的上下端高度、总长度、左右位置、三角形标注、文字标注分别编码了温度网格、历史平均高值和低值、当日的最大 / 最小温度、温差、日序、是否出现了历史极值以及当日情况的解释。再加上降水量的柱状图和热力地图，该视图成为时空协同可视分析的典型案例。可以看到，由于数据维度的扩展，需要叠加更多的视觉通道和几何标记。但在叠加的过程中，要根据可视分析任务选取合适的视觉通道，并且注意几何标记组合过程中可能存在的遮挡、重复编码、对象选取等问题。

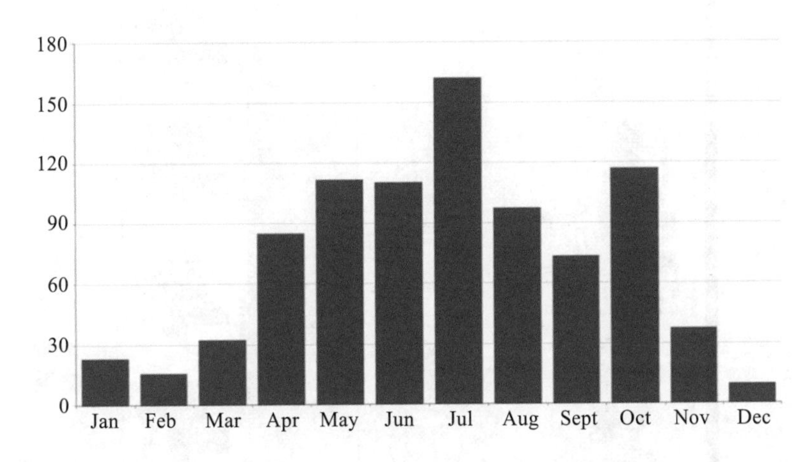

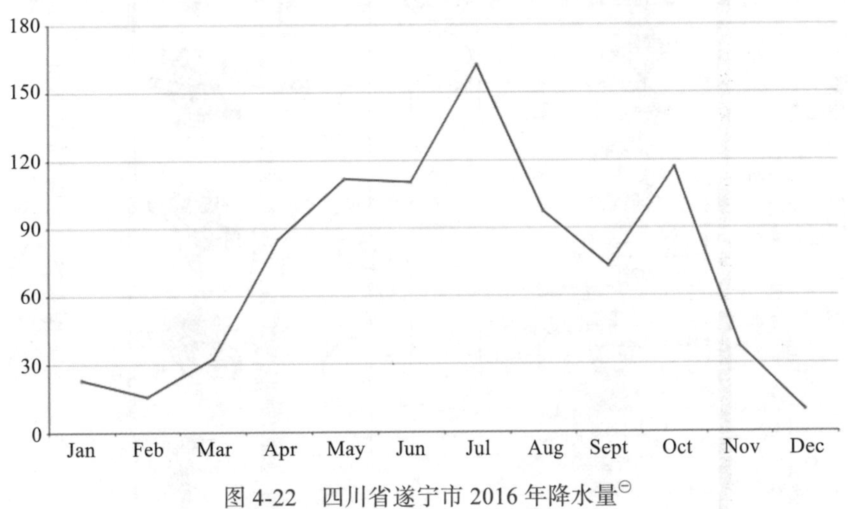

图 4-22　四川省遂宁市 2016 年降水量[⊖]

4.4.2　从视觉编码到独立视图

视觉编码是将数据映射为可视化视图的过程，可以将独立视图的设计过程看作视觉编码的叠加组合过程。下面通过四个具体的案例阐述如何通过组合和复用独立视觉编码，完成特定可视化任务的复杂视图。

⊖ 数据来源：http://data.cma.cn/analysis/year/books.html。

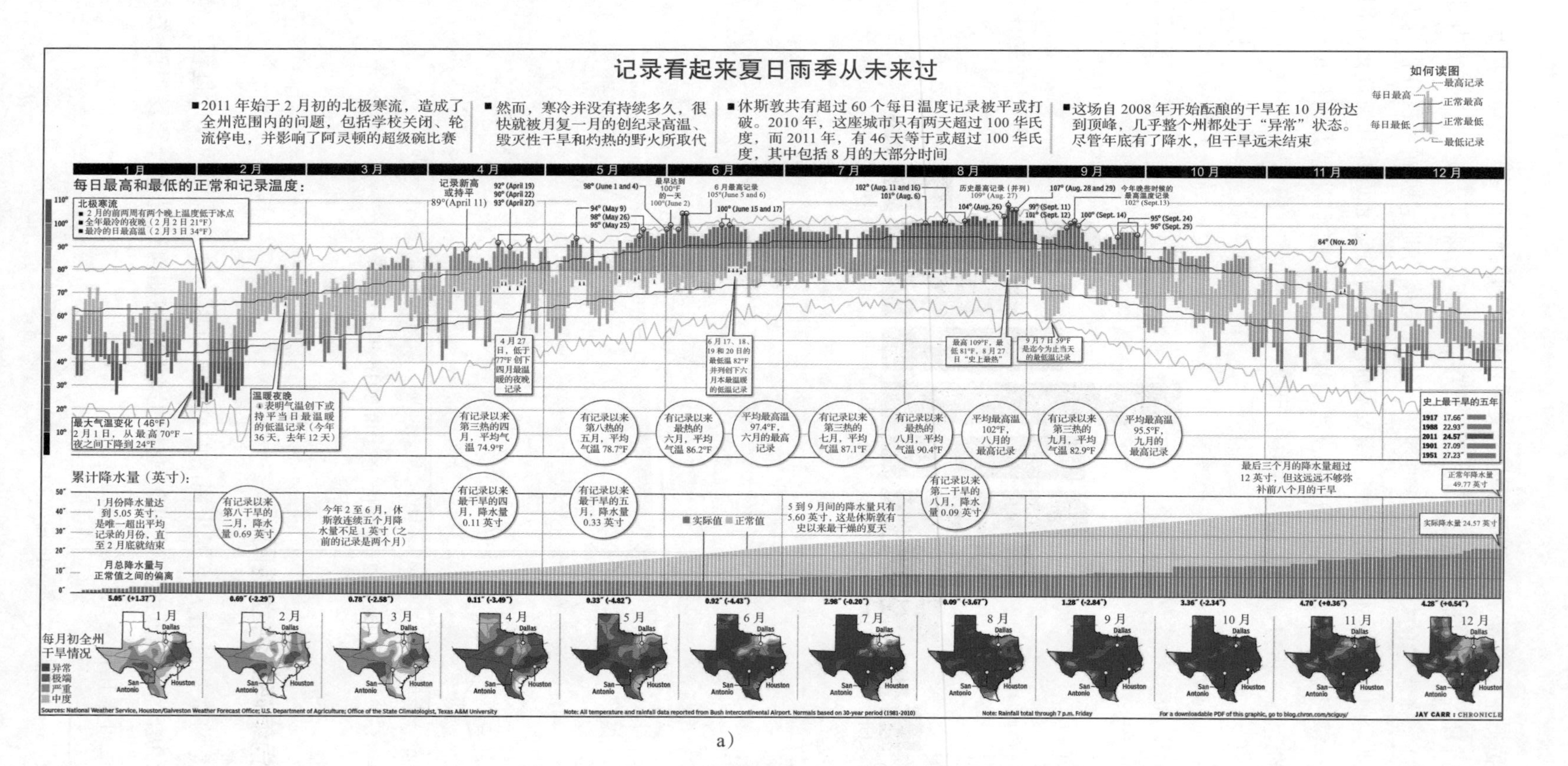

a）

图 4-23　美国得克萨斯州 2011 年气象数据可视化[㊀]

㊀ 图片来源：*Houston Chronicle*。

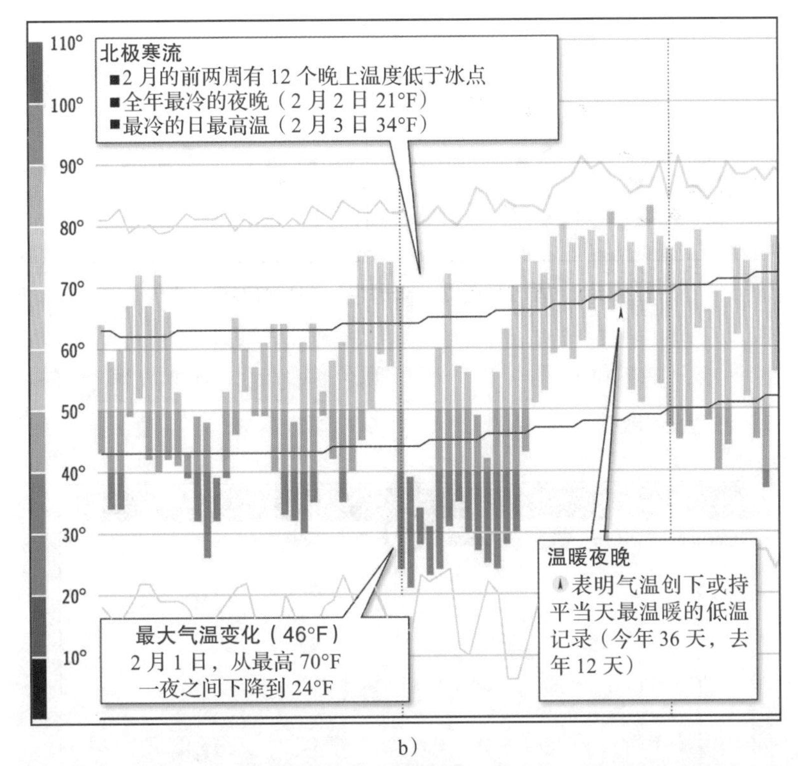

b）

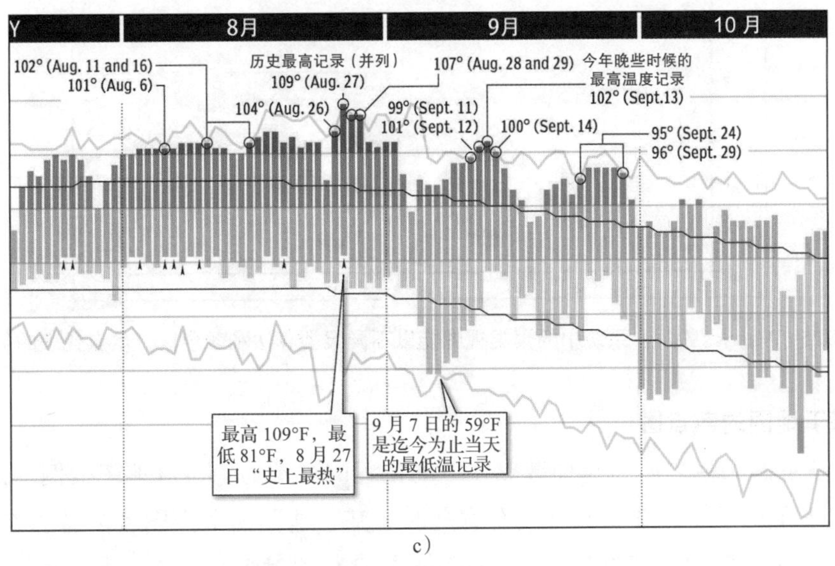

c）

图 4-23　美国得克萨斯州 2011 年气象数据可视化（续）

1. 基础散点图

散点的基本视觉通道有分布（空间位置坐标、密度）、颜色、大小等。如图 4-24 所示，可以对二维平面上基础散点的颜色进行编码，用以区分不同类的数据对象。该方法常常用来表示高维数据降维后的聚类结果，其中空间位置坐标是降维后的二维呈现，一般不对应实际度量值，视图中也未对散点的大小进行编码。

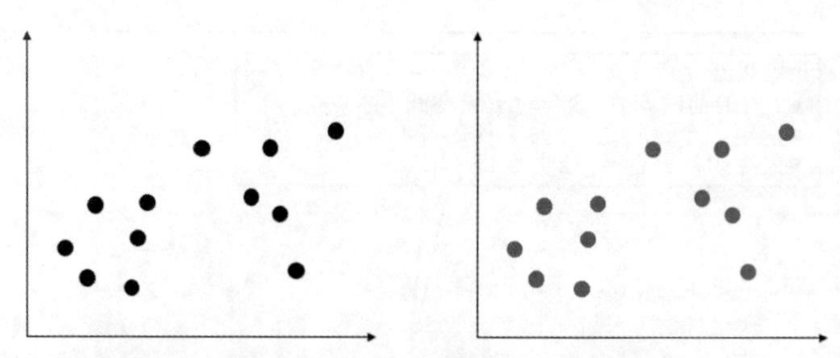

图 4-24 基础散点图：未着色（左）和着色（右）

如图 4-25 所示，基础散点图经过分区域颜色编码后，可被放置于多视图联动的分析系统中，作为细节视图或概览视图。

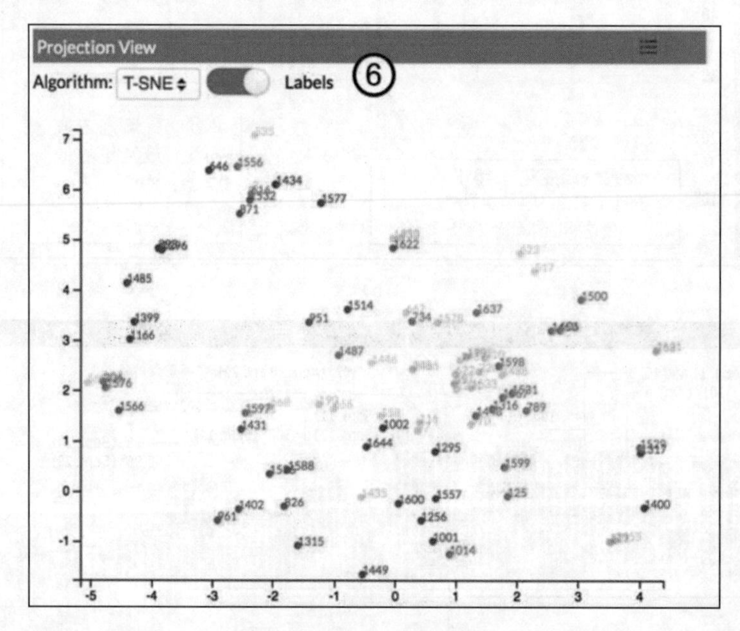

图 4-25 MetricsVis[4]：系统中的聚类视图能以不同聚类算法和颜色区分散点代表的员工

2. 基于地图的散点图

编码散点的颜色之后，添加散点在空间位置的视觉通道。以地图为例，当散点所代表的对象在实际地理空间分布上有意义时，基于地图的散点图就具备其空间意义。如图 4-26 所示，用中国西南五个省份公开的气象数据对该区域内 114 个气象站点进行聚类处理，并将站点及其聚类结果绘制在地图中。根据格式塔理论，对不同类的簇中散点绘制对应的颜色后，相同颜色的散点会形成集群。散点的空间位置对应站点在地理环境中的经纬度，地图中的省界则映射为曲线标记。

散点的大小等视觉通道同理，读者可以尝试将一段时间内的平均最高气温或平均年降水量映射为散点的大小，即可在站点气候分区的基础上着重分析某一气象因子的分布情况，回应更为复杂的分析任务。

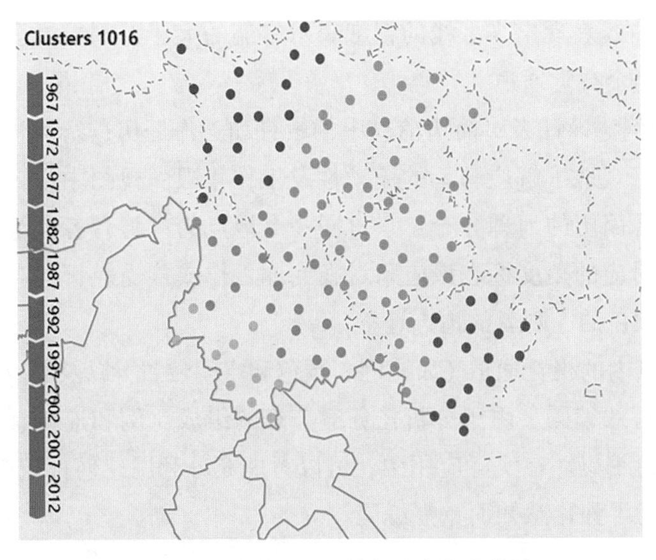

图 4-26　西南五省份气象站点聚类结果

3. 由点到饼

随着分析任务愈加复杂，散点原本的视觉通道已经不能满足映射需要，可通过融合更多几何标记的方法进行扩展。以散点图融合饼图为例，保留散点原本的大小、空间分布的视觉通道，将散点的几何形态更改为饼图，可以拓展饼图内部成分比例的视觉通道，相较于原本的颜色视觉通道可编码出更多信息。图 4-27 对公共交通数据进行可视分析，使用基于地图的饼图分布表示客流情况。在真实地理分布下，饼图代表区域公交站点数据在一定阈值下的聚合情况。在饼图中，红色表示流入的乘客数量，蓝色表示流出的乘客数量。此时，经历了由散点到饼图的几何标记更改，其视觉通道产生了扩充和重合，我们可以将一个饼图抽象为节点。

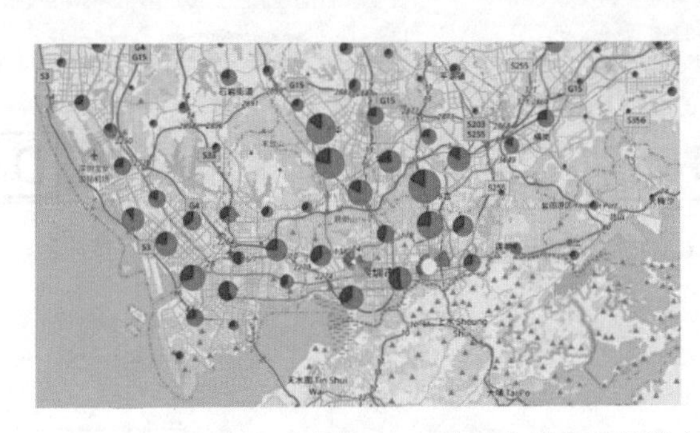

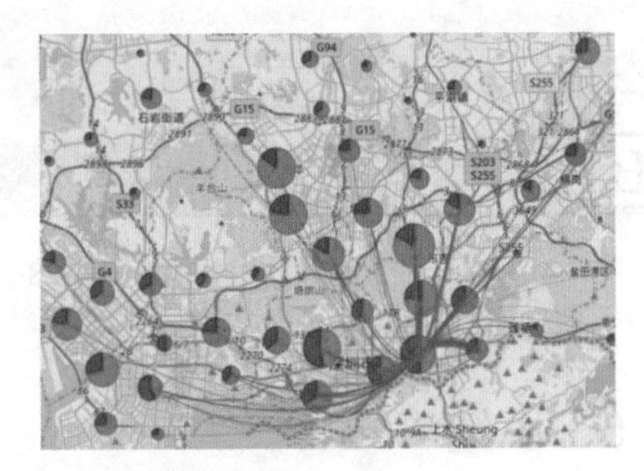

图 4-27　基于公共交通智能卡数据的可视化视图 [5]

4. 节点的连接

更进一步地，可以通过节点连接这一几何标记进一步扩展视觉通道，以展现节点之间多样的关联关系。如图 4-27 所示，点击图中任意区域节点，如果将节点之间的客流往来用贝塞尔曲线表现出来，线的粗细表示客流的大小，则扩展了节点间流量传送的方位和大小这两个视觉通道。

以图 4-28 为例，设计者对简历信息中的教育和工作经历进行可视分析，使人力资源部门可以更加直观地了解应聘者的流动性及工作年限。视图中用环形图代替饼图成为节点，表示来源简历的地理分布。来自同一个地点的应聘者各自编码了同一个环中的不同颜色，环对应的角度标志该应聘者在当地工作或接受教育的时间。环形图之间的连线表示对应颜色的应聘者的地点迁移。

在这里，节点内的视觉通道（如比例、颜色和空间位置）以及节点间连接的方向和颜色，都得到了有效编码。由于分析任务对节点的组成比例和连接有需要，因此没有对节点的大小进行编码。在实际应用中，可以考虑充分利用几何标记剩下的视觉通道，或放弃编码，或为了强化感知而重复编码。

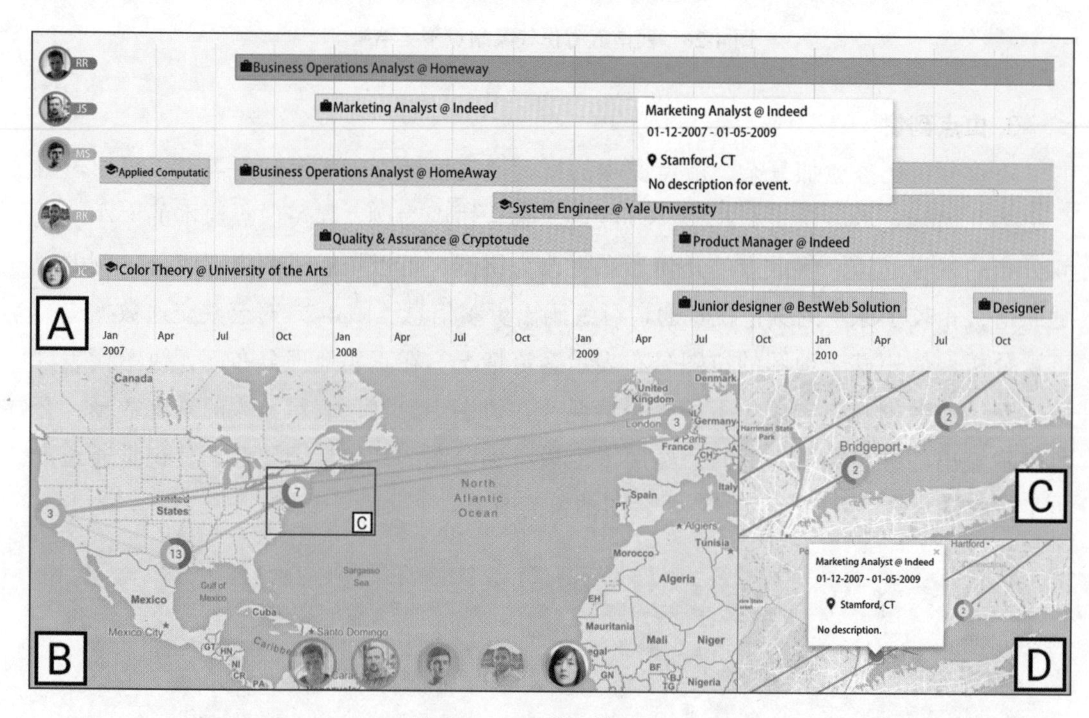

图 4-28　CV3[6]：简历对比

4.5　小结

本章介绍了视觉编码设计的理论基础和具体应用。由于人脑对视觉的处理能力强于其他感知能力，因此采用视觉图像传递信息直观有效。标记与视觉通道的选择与结合将影响可视化编码的质量，掌握格式塔理论和视觉编码原则能辅助我们设计出真实传达数据信息且易于理解的可视化视图。视觉通道和几何标记的配合使用能形成丰富的视图并回应先前定义的可视分析任务。通过本章内容，读者能全面了解视觉编码设计这一可视化核心流程，为学习后续的章节打下理论基础。

4.6 参考文献

[1] PAIVIO A. Mental representations: a dual coding approach[M]. New York: Oxford University Press, 1990.

[2] MUNZNER T. Visualization analysis and design[M]. Boca Raton: CRC Press, 2014.

[3] STEVENS S S. Psychophysics: introduction to its perceptual, neural and social prospects[M]. London: Routledge, 2017.

[4] ZHAO J, KARIMZADEH M, SNYDER L S, et al. Metricsvis: a visual analytics system for evaluating employee performance in public safety agencies[J]. IEEE Transactions on Visualization and Computer Graphics, 2020, 26(1): 1193-1203.

[5] 夏婷，牛颢，何丽坤，等 . 基于公共交通智能卡数据的可视化分析 [J]. 计算机应用研究，2020, 37(6): 156-160.

[6] FILIPOV1 V, ARLEO1 A, FEDERICO2 P, et al. CV3: visual exploration, assessment, and comparison of CVs[J]. Computer Graphics Forum, 2019, 38(3):107-118.

4.7 习题

1. 格式塔理论包括哪些原则？请具体说明其含义。
2. 尝试为每个格式塔原则提供一个新的示例。
3. 视觉通道有哪些类型？请为每种类型列举三个具体的视觉通道。
4. 视觉编码原则有哪些？请具体说明其含义。
5. 遵循视觉编码原则，尝试改进图 4-14 所示的案例，设计可视化编码同时表达国家、人口总数、男性数量、女性数量、国土面积五个数据属性。

第 5 章 交互设计

可视化系统由视觉呈现和交互两部分组成，且二者在实践中密不可分。面对大而复杂的数据集，在一个静态视图中一次性显示所有内容会导致严重的视觉混乱。随着时间的推移，改变视图是可视化设计中最流行和最灵活的选择。与印刷在纸上相比，计算机显示器上的视觉技术最根本的突破是人机交互的可能性：随着时间的推移而变化的视图可以动态地响应用户输入，而不是局限于静态的视觉编码。

本章将重点总结交互设计需要遵循的准则，从基本操作的分类出发介绍各类常见的交互技术，并阐述交互与多视图之间的协调关联应用，为更好地理解和使用各种交互技术构建理论基础。

5.1 交互设计的基本概念和准则

数据可视化以视觉信息表达数据，目的是让使用者有效理解自己感兴趣的数据。通过良好的交互设计，用户能够高效而自由地操纵可视化视图，探索数据。有许多不同的交互方式和选项可用于可视化视图，以展示更多数据细节，如鼠标悬停、单击、双击、缩放、调整视角等。Muzammil[1] 等人介绍了可视化的交互机制，该机制描述了在不同可视化阶段的人机交互模型，如图 5-1 所示。

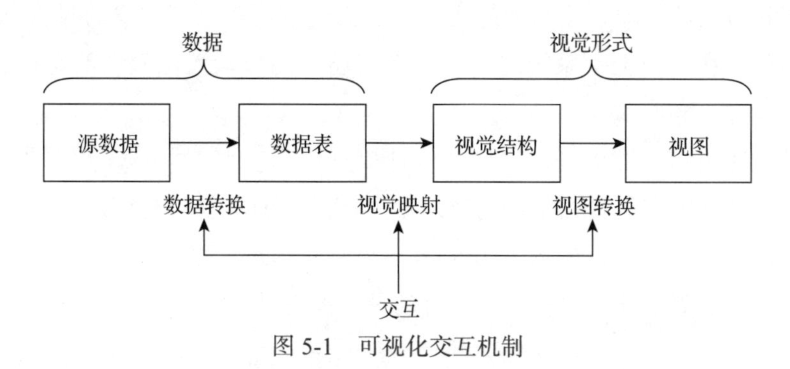

图 5-1 可视化交互机制

在进行各个阶段的具体交互设计之前，需要了解在各个交互设计领域通用的基本概念与需要遵循的基本准则，以创造更好的数据表达和用户体验。

5.1.1 目标导向

交互设计的最终目的是实现用户的目标，如何理解用户的目标并为之设计合适的交互行为是设计的关键问题。目标导向设计（goal-directed design）为此提出了下述一系列面向目标的设计方法和完整的设计过程。

1. 识别用户目标

任务与目标的概念常常被混为一谈，但其实二者相去甚远，目标是终结条件，任务用于辅助实现目标。从时限角度来看，目标是稳定的，受人的动机驱使，任务是短暂的，随着时间不断变化。例如，对于做传染病分析的用户来说，快速、可靠地找到病例分布的关系和规律是用户的目标，对于 1854 年的医生 John Snow 来说，他的任务是将伦敦的死亡病例徒手绘制在街道图上，而今天，我们可以利用各种算法描述数据的聚集程度，并利用地图应用进行标注。

通过识别目标，设计者可以利用技术移除不相关的任务，例如，以前用户想要欣赏一部想看的电影，需要出家门，到 DVD 出租店，租赁该电影的 DVD 碟片，然后回家使用家里的 DVD 播放机进行播放，而在今天只需要在视频网站上输入电影的名称，点击播放按钮后就可以马上开始看电影，甚至不需要下载该影片。

在设计交互行为时，任务分析很常见，但是完全基于任务可能会导致从过时的技术生成分析模型，因此需要在设计任务前分析用户目标，创造更合适并且令用户满意的设计。

2. 设计满足上下文中的目标

交互设计并非以让用户容易学习为目标，Brenda[2] 提出，设计目标实际依赖于具体的上下文——用户定位、用户行为、用户目标，好的设计需要遵循用户的目标和需求，而非凭空创建规则。

例如，对于一个移动打车订单分发系统，研发者最关注的是用户提交效率、完成分发的速度和易用性，即吞吐率和易用性，因为这直接影响到用户的吸收率和留存率。需要注意的是，在用户上手系统之后，若系统还让用户陷入低效率的等待，只会降低用户体验。

交互设计通用指导准则是通过好的设计提升用户效率，尤其针对那些以生产率为重心的系统，设计师应负责让用户高效地使用产品，而不仅仅是满足用户的期望任务，例如，如果任务是向数据库输入上万个名字和对应地址，虽然手动录入的电子表格也能够完成用户的期望任务，但表格分发自动录入的设计显然更能满足用户目标。

设计师的核心任务是在用户关注任务之外，识别重要用户及他们可能的目标。下面将描述整个设计过程，通过该过程，设计师能够系统地实现面向目标的设计解决方案。

3. 目标导向设计过程

目标导向设计融合了多种技术，包括社会学、市场调查、用户模型等，阐述业务和技术上的规则，同时也为满足用户需求和目标提供解决方案。这个过程大致分为五个阶段：调研、建模、需求定义、框架定义和优化。这些阶段遵循了 Cillian Cramption Smith 和 Philip Tabor[3] 指出的交互设计的五个子活动——理解、抽象、定义、结构化和优化。

（1）调研

调研阶段包括市场研究、相关技术回顾、竞争产品分析和人种学现场研究（ethnographic field study）技术。现场研究是与潜在用户和实际用户沟通，获得定性数据，并收集开发者、学科专家以及特定领域技术专家的访谈反馈。

现场研究和用户访谈的主要目的是得到一组使用模式，有助于对产品进行分类。这些模式内涵目标和动机映射不同的用户，促进了建模阶段人物角色的创建。市场研究一方面帮助产品选择有效的人物角色，另一方面建立产品目标和技术约束条件。

（2）建模

建模阶段是指在领域模型和用户模型中整合调研阶段得到的使用模式和工作流模式。领域模型包括信息流和工作流程图。用户模型是描述用户的综合合成原型，代表不同的行为模式、目标和动机。

设计中不同的用户区分基于其目标和与其他用户的相关程度，可能的用户模型类型包括：

- 首要用户——需求独特，需要特殊的界面接口和交互。
- 次要用户——通过略微调整主要界面即可满足需求。
- 补充人物角色——需求完全可由主要界面满足。
- 所服务的用户——不受产品及其使用的间接影响的非目标用户。
- 负面用户——表明产品不为此类用户设计。

（3）需求定义

分析每个用户模型的数据和功能需求（用“对象”“行为”和“上下文”表示）。根据用户目标、行为和与其他用户的交互，在不同的上下文中对数据的优先级进行排序。

这种分析通常是一个迭代优化上下文场景的过程，从用户的使用场景开始，描述高级产品接触点，然后继续定义深入的细节。随着迭代的发展，业务目标和技术约束也会被考虑，并将其与角色的目标和需求进行平衡。该过程的产品是需求定义，它平衡用户需求、业务需求和技术需求。

（4）框架定义

使用通用的交互设计原则和模式，将分析过的不同问题转化为设计元素，然后根据模式和原则将设计元素组织为设计草图和行为描述。这个过程的结果是一个交互式的框架定义——使用稳定的设计概念为后续的详细设计提供一个外部和逻辑的正式结构。随后的连续迭代集中于较窄的场景，并在优化阶段提供这些细节，这种方法提供了自顶向下（面向模式）和自底向上（面向原则）设计之间的折中。

（5）优化

优化阶段重点关注任务的一致性，这一阶段是对可能出现的各类场景制定对应的方法和模式，最后得到详细的设计文档和行为规范，文档的记录是书面文字或者交互媒体的形式，且严格参照上下文要求。

5.1.2 用户层级

用户在使用应用时都要经历从新手（beginner）到专家（expert）的过程，在交互设计中，如何使用相同的界面来满足不同层次的用户是长期存在的问题之一。有的设计会专门将二者区分开，这往往造成了更大的隔阂，没有用户会一直想停留在新手阶段，而新手模式和专家模式的难度差距太大，令人更加沮丧。

大多数用户既不是新手，也不是专家，而是中间用户（intermediate users），不同经验层次的人群分布遵循经典的正态分布曲线。因此交互设计的目标可以分为以下三个方面：让新手快速并且没有难度地成为中间用户；避免在从中间用户过渡到专家的过程中设置障碍；让长期的中间用户有较高的使用体验，因为他们通常稳定地停留在中间层。

一个新手必须迅速掌握交互的方法和范围，否则他会彻底放弃。一种策略是利用广为人知的交互方法，例如 Windows 系统中窗口右上角的三个按钮一般代表最小化 / 全屏 / 关闭；另一种做法是为用户提供额外帮助，然而一旦新手成为中间用户后，这种帮助也会阻碍用户，因此应可以设置关闭帮助。

专家则更关心他们经常使用的工具集或功能是否可以被快速访问到。在频繁的使用中，他们已经形成相对成熟的记忆，并且将继续主动地学习更多内容，也会更理解用户行为与系统行为的关联。专家们期待新颖、强大的功能，一旦他们熟悉程序后就不会受复杂性提升的干扰。

而中间用户需要能够访问的工具，工具提示越简单越好。他们还需要完整的参考资料，以便进行深入的学习和研究。中间用户会明确他们经常使用和很少使用的功能，常用功能需要易于寻找和记忆，高级功能虽然较少使用，但是需要中间用户感知其存在，让他们确信这个应用拥有强大的潜力。

在进行交互设计时，应用需要同时满足新手和专家可能遇到的各种情况，但更重要的是，设计和优化需要更多针对广大中间用户，为他们提供最佳的交互。

5.1.3 交互设计原则

可视化系统的交互设计在满足数据基本要求的同时，需要遵守人机交互中的一些普适准则并满足可视化交互的设计规则，以降低用户的交互成本，确保用户有效完成交互。

1. 基本原则

在交互设计领域中，普遍遵守的设计规则（由 Robert Reimann、Hugh Dubberly、Kim Goodwin、David Fore 和 Jonathan Korman 合作提出[4]）如下。

（1）遵循伦理道德的交互设计

产品的设计可能对用户的生活产生直接或间接的影响，因此需要面对伦理问题，符合伦理的交互设计应满足以下属性。

- 不伤害：在理想情况下，产品不应该伤害任何人，尤其不能伤害用户，可能的伤害类型包括人际伤害、心理伤害、物理伤害、环境伤害、社会和社会学伤害。
- 改善人类状况：交互可能有效改善的方向包括增强理解、增强个体和团体的效率、促进个体和组织之间的交流、缓解个体和组织之间的紧张关系、改善公平性、平衡社会的一致性和文化的多样性。

（2）注重实效的交互设计

对于需要在真实世界应用的产品，在设计过程中同时考虑业务目标和技术需要是非常重要的。在拥有详细的用户定性数据和掌握技术边界的前提下，平衡业务与工程的关系，帮助委托的组织实现它们的目标，使产品设计可行、产品可生存。

（3）优雅的交互设计

这里的优雅意为“科学精确、整洁和简洁”，在交互设计中，优雅的设计应当符合这些特征，并具备独特的美丽风格。

- 以最少实现最多：交互设计将这种正式的经济形式扩展到行为，在行为中，用户朴素的工具集就可以满足更多的工作。设计师应该在较少增加形式和行为的情况下解决设计问题，并符合用户模型。
- 内部一致性：产品的所有部分都应平衡而协调，设计具备内部的整体性和一致性。以目标为导向的设计过程提供了内部一致的设计过程的定量创造，在这个过程中，产品概念作为一个整体在高抽象层次上被理解，然后被迭代优化为详细的细节。
- 包容情感：用户本身对产品有各类期望，期望可能产生较为狭窄的感情，在交互设计中需要用户无论在什么场景下，都受到情感上的刺激或支持。

2. 可视化交互准则

（1）交互感知

交互感知是指用户对可视交互的视觉感知效果。在任务主导的可视交互过程中，可视化一般为次要任务[5]，例如在汽车驾驶、视频观看界面中使用可视交互时，用户通常专注于单一任务，仅在需要时才偶尔使用可视化。在这种情况下，必须在不妨碍用户完成主要任务的情况下传递感知信息。有许多人类视觉的感知机制可以提高交互感知的效果，这里主要介绍前注意机制和视觉过渡。

前注意机制是人类视觉系统中一种备受关注的功能[6]，它是指某些视觉信息（颜色、闭合、密度）可以在很短的时间（大约 200ms）内被感知，而无须进行串行搜索。即使只看了一秒图像，人们也能分辨出图像中物体的位置以及大概有多少个物体。在交互中合理利用这些易感知视觉信息可以让用户在短时间内留下印象，减少用户停留时间。例如，采用不同高度、颜色的柱形可以让用户快速比较不同元素。

“变化失明”是可视交互中面临的常见问题。如果交互生硬突然，在交互之后，用户无法分辨屏幕上发生了什么变化，可能不得不重复几次交互。克服“变化失明”的有效方法是在变化的两个视图间设置视觉过渡[7]。过渡可以通过多种方法实现（如透明度或框线变化），以创建“非对称”效果，这样即使对于静态帧（如屏幕截图），也能知道哪些对象消失了、哪些对象是新出现的。

（2）交互延时

交互时延是指从可视交互发生到被用户感知所花费的时间，是交互有效性的重要衡量标准。数十年来的心理学研究已经证明不同的思维过程运转速度不同[8]。Newell 等人[9]提供了一个框架，概述了人类认知的不同阶段和相应的交互时间要求。根据这些框架，Card 等人[10]讨论了信息可视化的交互延时尺度[11]。在此主要介绍几种典型的交互延时要求。

感知融合（perceptual fusion）是指用户感知系统交互的过程，例如视觉追踪系统的动画、用户感知系统的交互。此种交互不需要用户操作，因此需要在极快的时间内完成，时间上限为 100ms。

即时反应（unprepared response）是指用户与视图间的即时交互，例如用户点击、刷新视图的元素或切换可视化视图，系统需要保证这类交互的时长不超过 1s。

单元任务（unit task）是指用户通过可视交互完成一个基本的分析任务，例如在地图上筛选满足某个条件的数据，相比于即时反应，这类交互的时间更为充足，最长时长为 10s。

5.2 多视图融合的概念与方法

在可视化系统设计中，单一视图往往难以满足复杂的分析任务，多视图融合方法应运而生，即在同一空间中融合两个或多个视图。如何对视图进行融合，即多视图融合设计，也是需要关注的一个重要方面。

5.2.1 什么是多视图融合

面对复杂的可视化任务时，既要分析对象之间的关系，又要观察它们在时间上的变化趋势，还要进行趋势比较，虽然设计新的单一视图仍然有可能满足这些分析任务，但是很明显，设计全新的视觉表现已经变得越来越困难。一般来说，对于给定的数据集和分析任务，不同的视图都有优点和缺点。将两个或多个可视化视图在同一设计空间内进行组合，有助于多个视图之间的优劣互补，并且这些已有视图的相互融合可以创造更多新颖的视图，能解决范围更广、更加复杂的可视分析任务。图 5-2 展示了 Trajrank 可视化系统，该系统将地图、轨迹图、柱状图、桑基图等不同的视图融合应用于车辆行驶轨迹排名的可视分析任务中。

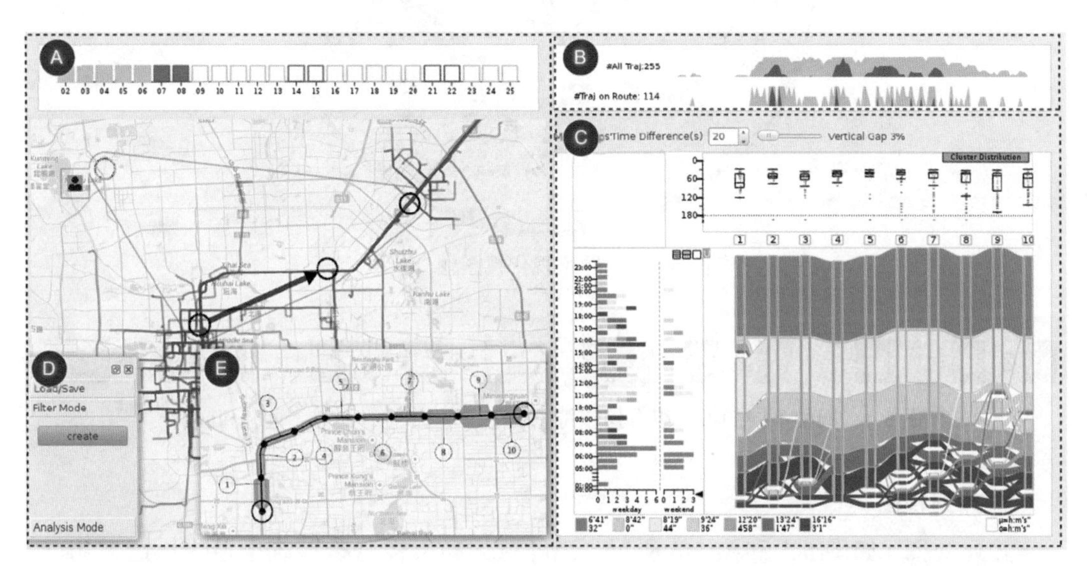

图 5-2 Trajrank[12] 根据轨迹排名探索用户的路线行为，采用了多种视图融合的方法进行分析

5.2.2 多视图融合设计

在同一空间内组合两个或多个可视化视图的方法有很多，常见的方法是多视图协调 [13]（Multiple Coordinated Views，MCV），该方法将多个可视化视图在相同的空间中并列，不同的视图展示数据的不同维度，视图间采用某种形式链接，进行交互联动操作多个视图，从而发现数据更深层次的模式和特征。

除了 MCV 的并列方法外，还有很多其他方法融合多个可视化视图。例如，将不同视图（如饼图）与节点连接图融合，饼图作为节点，用边进行连接，简洁地表达中间节点的组成。如图 5-3 所示，谷歌、微软、雅虎三家公司的社交媒体话题形成节点网络，其中一些话题和不同的公司有关联，用饼图表达其关联组成。Shneiderman[14] 则连接了不同视图中的节点，实现了不同视图的协调。本节根据 Javed[15] 的分类方法（如图 5-4 所示）将多视图融合分为四种通用的设计模式：并列视图、叠加视图、重载视图和嵌套视图。接下来将分别介绍每种设计模式并举例说明。

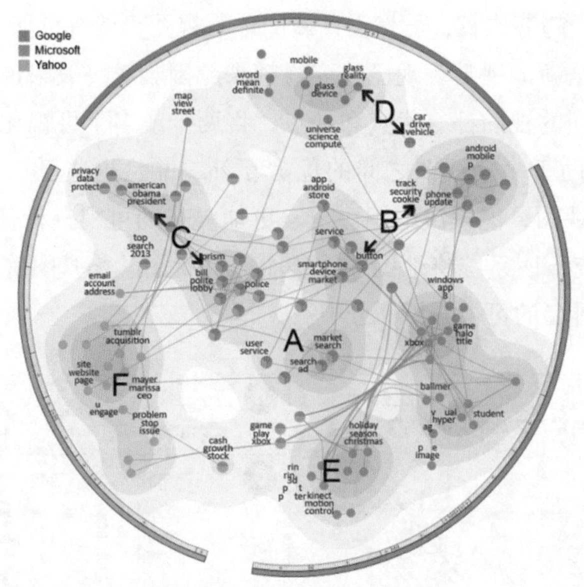

图 5-3 话题可视化视图融合 [16]

$A \otimes_{jux} B = AB$ $A \otimes_{sup} B = AB$ $A \otimes_{ovl} B = AB$ $A \otimes_{nst} B = AB$

图 5-4 四种不同的可视组合操作符（从左起）：并列、叠加、重载和嵌套

1. 并列视图

并列视图（如图 5-5 和图 5-6 所示）是可视化和可视分析系统中最为广泛采用的，也是最灵活、最容易实现的设计模式。并列视图是指将多个可视化视图采用布局并列摆放在同一空间的方法，视图之间的所有连接方式都是隐式的，不直接进行视觉呈现，需要通过交互进行显式表现，例如刷选、悬浮和滚动。下面介绍两个并列视图在自动可视化领域的应用，并加以说明。

Voyager2 系统 [17] 可以对数据的不同维度进行可视化并在同一个空间中并列，用户可以协调多个视图来研究复杂的数据集，如图 5-5 所示，用户以散点图作为主要视图进行分析，并且并列展示了气泡图、柱状图等推荐视图，用户还可以通过手动的方式将其加入分析区域，下方空间的两个视图展示了对数据分类后的可视化结果，也采用并列视图进行展示。该系统混合了自动分析和手动分析，可自动根据数据集推荐视图，用户也可自己选择视图，进行开放式的探索和集中分析。

Data2Vis 为用户提供了更多种类的视图，这些视图涵盖多种分析维度，系统经过数据语法训练后可以为用户输入的数据自动生成合适的可视化图表，并在设计空间内并列展示，让用户进行联合和比较分析。用户可以在其中自由筛选和过滤数据，图表也会进行相应的改变。如图 5-6 所示，Data2Vis 为用户输入的某多维数据推荐了 12 种不同的视图，包括折线图、柱状图、堆叠柱状图、面积图等，用户可进行并列观察，并可选择视图进行重点选择和分析。

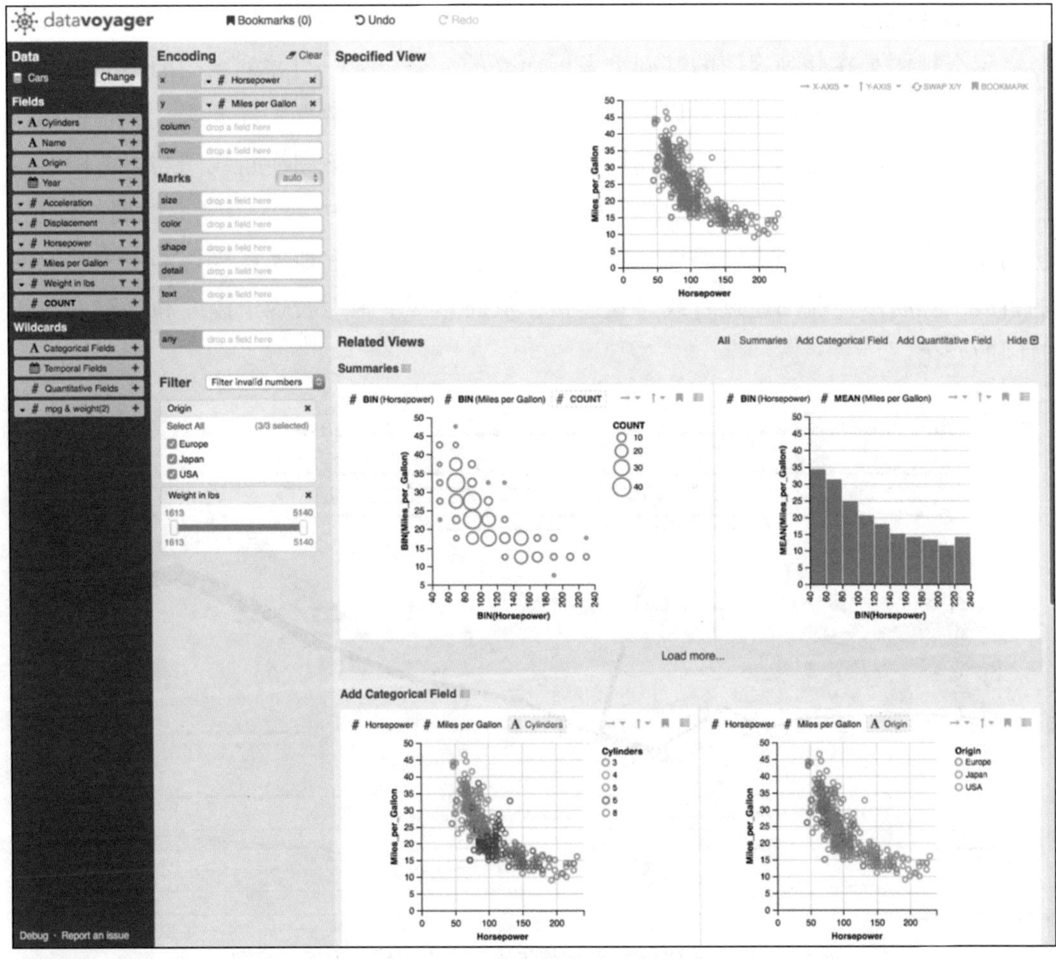

图 5-5　Voyager2[17] 用户界面

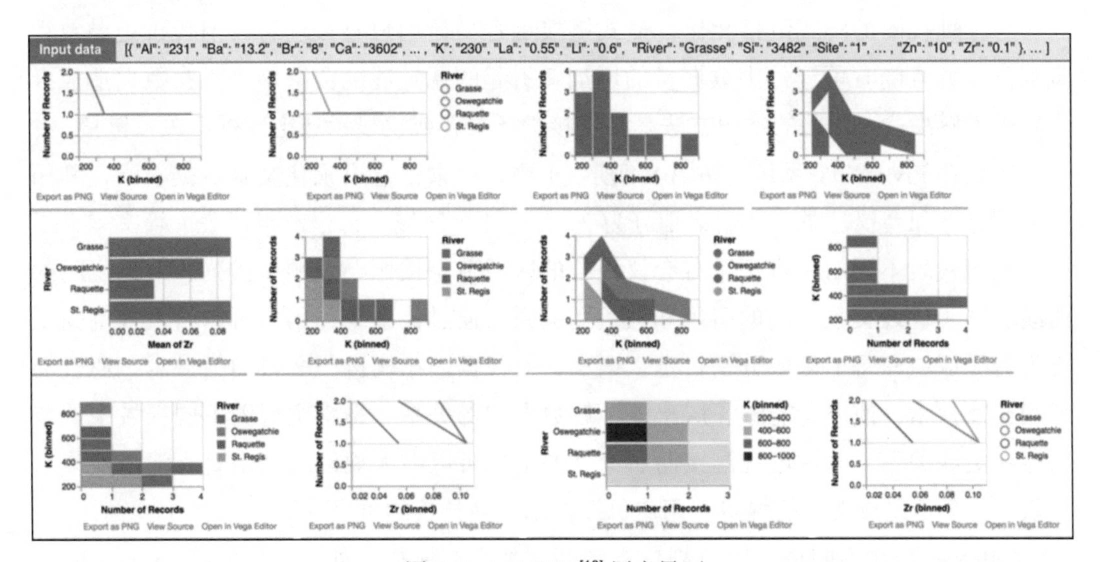

图 5-6　Data2Vis[18] 用户界面

2. 聚合视图

聚合视图是在并列视图的基础上发展而来的。聚合视图与并列视图的不同之处在于视图之间的显式连接，通常以图形形式将不同视图中的数据关联起来。聚合视图最广为人知的一个例子是拿破仑在莫斯科的行军可视化图，该图将折线图与河流图连接聚合，展现在同一空间中进行可视化，如图 5-7 所示，图中展示了多个维度的信息，包括军队存活人数、距离、温度、经纬度、移动方向、时－地关系等，其中表示温度的折线图和行军河流图通过直线显式连接，从而非常清晰地表现了温度和行军人数随时间的变化。

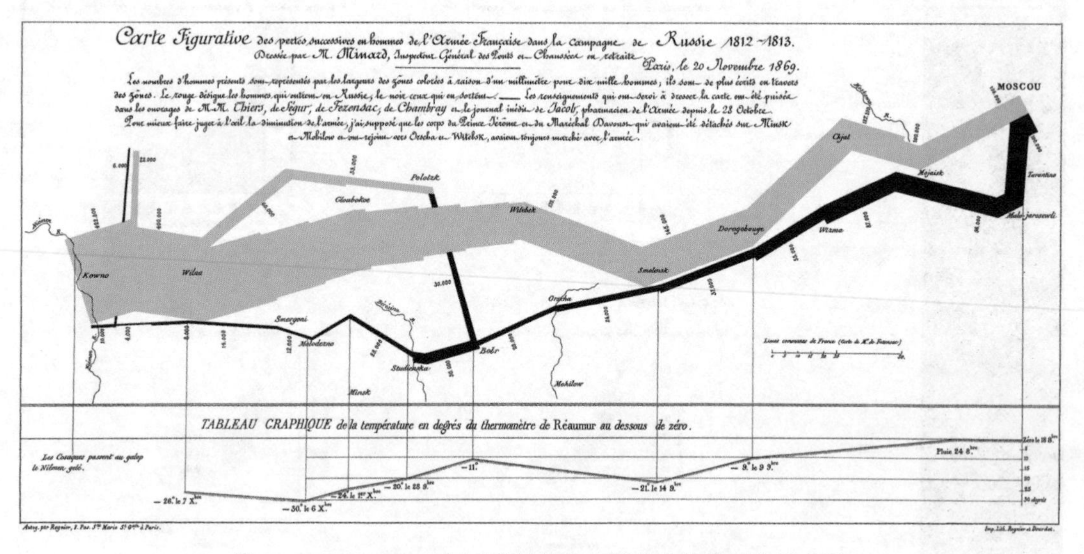

图 5-7　1812—1813 年对俄战争中法军人力持续损失示意图

与并列视图的隐式链接相比，显式链接更容易让用户直接理解，但代价是导致视觉混乱，并且随着可视化中数据量的增加，引起的视觉混乱会给用户观察数据造成极大障碍。解决这一问题的常用方法是将链接进行聚合或仅显示选定数据的关系链接。

例如在 PivotSlice 系统（如图 5-8 所示）中，探索信息可视化文献数据集时，利用关键词过滤和会议过滤将数据集划分为 2×2 的 4 个区域，每个节点代表一篇文献，不同的区域代表不同的集合，在有会议集合的区域节点按照会议顺序排列，节点之间的曲线和箭头代表文献之间的引用和被引用关系。通过该系统，用户可以将可视空间划分为若干区域，每个区域分别自定义语义，对数据的结构进行多方面的展示，通过动画和交互探索，使用者能够深层次地了解数据中的关系。系统主视图不同区域中的节点存在关联关系，通过可视链接而非交互的手段可以在大规模数据中直观清晰地展示关联，为了不造成视觉的混淆，用户可以控制切换链接的可见性。

Caleydo 则在不同种类的可视化视图间添加可视链接。如图 5-9 所示，Caleydo 由

Bucket 视图、平行坐标视图、层次热力视图和元数据视图组成。中央视图（Bucket 视图）由 5 个不同的视图组成，每个视图都布局在一个独立的二维平面上，再用显式的线条表现不同的平面视图之间的关系链接，这些线条将一个平面上的视觉标记与另一个平面上的相应标记连接起来，并且这些视图是可交互的，用户可以在视图中重新定位数据以探索关系。

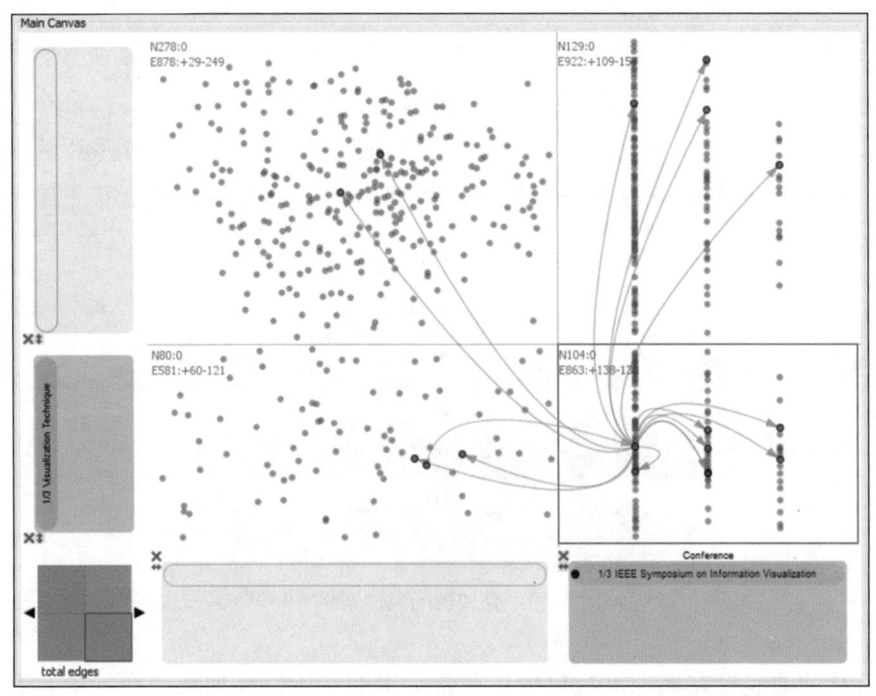

图 5-8　PivotSlice[19] 用于探索信息可视化文献数据集

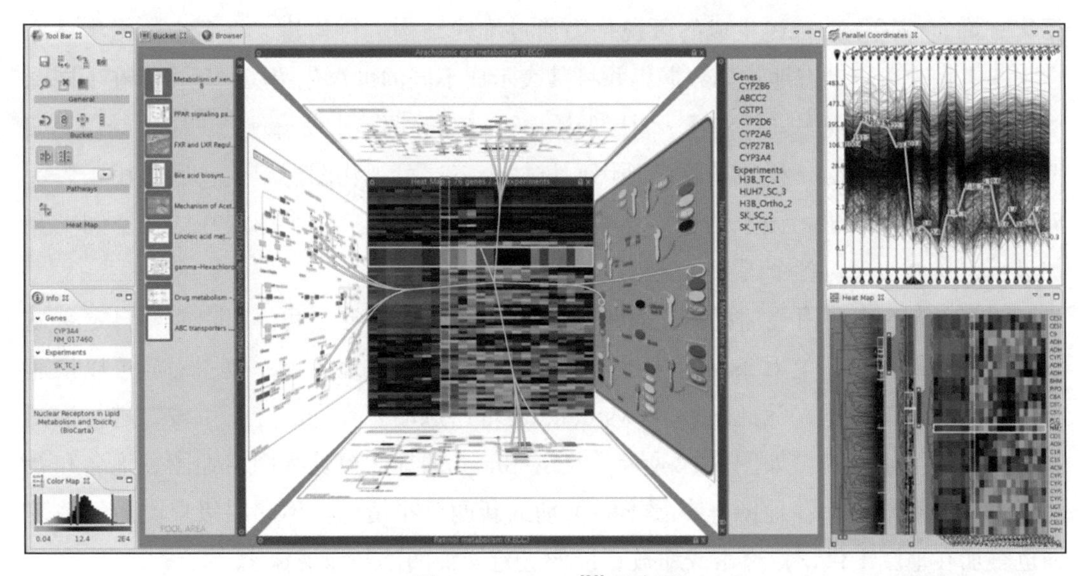

图 5-9　Caleydo[20] 示意图

3. 叠加视图

叠加视图是指将两个或两个以上的可视空间叠加在一起，以多个可视化组件共同表示结果，通常通过透明度来识别叠加的组件。叠加视图常用于突出融合可视化视图的空间特性，这些视图中的空间链接是一对一的，也就是说所有的叠加可视化视图共享同一个底层视觉空间。图 5-10 是多个数据集的面积图的叠加过程，同一时间尺度下多个面积图先按透明度叠加成一个视图，再进行交叉处理突出结构形成最终的视图，这是叠加视图的一个典型案例。由此看出，叠加视图的一个优点是可以让用户在不分散注意力的情况下，对比不同数据集的可视化视图。此外，堆叠的每个视图的使用空间都是全部的可视空间。然而，由于可视化的组件都是简单地上下堆叠，因此可能导致可视化视图之间的相互遮挡，如何解决视觉混乱就变得非常重要。

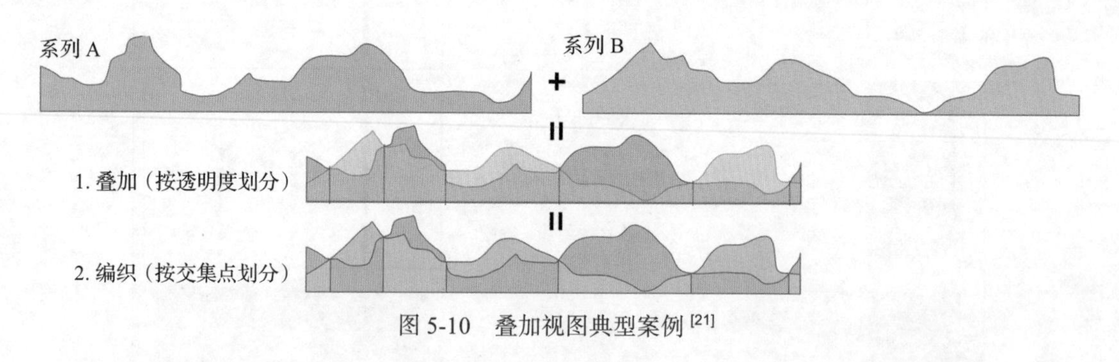

图 5-10　叠加视图典型案例 [21]

空间特性的表现在地理可视化中是非常关键的，所以叠加视图在其中有着较为广泛的应用。Mapgets 是一个地理可视化系统，用户可以交互地进行地图编辑和地理数据集查询。使用 Mapgets 生成的可视化图通过堆栈结构进行构建，将多个数据集叠加在一起。用户可以动态地选择数据集并将其表示成不同的可视化图层，还可以在不同图层里独立地与关联视图进行交互。图层的顺序可以交互调整来获得理想的映射结果。如图 5-11 所示为 Mapgets 生成的欧洲地图，堆栈由三层可视化图层组成：底层用于表示河流，中间层用于显示国家的边界，最顶层则是国家标签。三个图层在同一空间中叠加显示，从而实现对各个国家河流情况的精准分析。

NewsStand 则利用叠加视图交互地探索更加复杂的视觉空间。用户能够自定义显示的新闻地理范围，上万条新闻经过分层聚类叠加显示在地图上，地图缩放可以快速查看不同层级的数据，除此之外 NewsStand 还可通过动态查询的交互手段，进行模糊同义查找或类别筛选。如图 5-12 所示，NewsStand 的地图概览视图由地图、地名和新闻层组成，用户可以在地图上查看不同类别的新闻分布情况。不同层级聚类后的关键词也叠加在地图上供用户点击或缩放，以便进行详细阅读和深层探索。

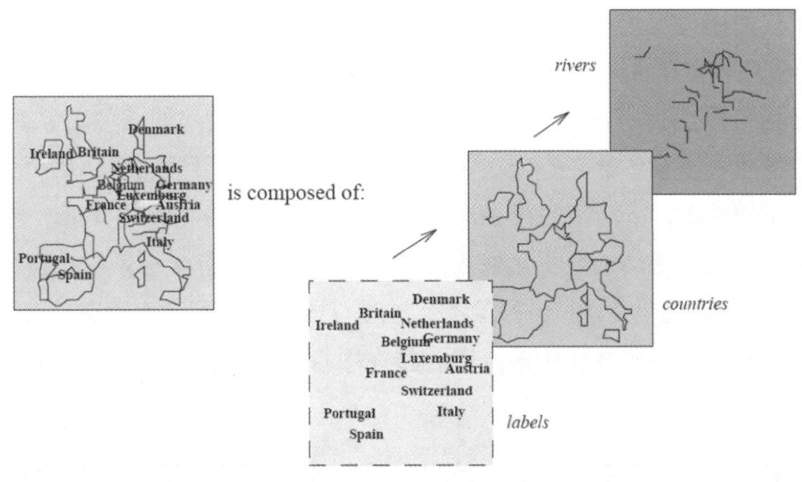

图 5-11　Mapgets[22] 生成的欧洲地图

图 5-12　NewsStand[23] 的地图概览视图

4. 重载视图

重载视图由两个可视化视图组成，一个称为客户端视图，另一个称为主机视图，主机视图一般表现整个数据集，一部分数据通过客户端视图在主机视图上重载。重载视图与叠加视图有相似之处，客户端视图直接覆盖在主机视图上。二者的区别在于，重载视图的两个可视化视图之间不存在严格的一对一空间映射。前面提到的三种设计模式都是对不同的视图进行组合，但是重载视图需要对数据结构进行重载和操作。换句话说，仅仅使用可视化布局将视图进行组合不能实现重载视图，必须通过修改可视化结构本身来实现，下面举例说明。

平行坐标可以通过不同的可视化方式表示两个属性之间的相关关系，Zhou[24] 在平行坐标可视化上重载了 p-flat（多维数据中的平面）的索引散点图，从而为局部属性的负相关和正相关提供了清晰的视觉信号，并可支持大型数据集的分析。如图 5-13 所示，将白葡萄酒质量评估的数据集输入重载有散点图的平行坐标系统，在平行坐标上重载散点图。中间的散点采用 KNN 聚类，并进行向量分析和平面适应，表示每两个相邻属性的相关性。关联属性采用散点图直接在平行坐标中重载，用户可通过交互手段轻松分析大量多维数据。

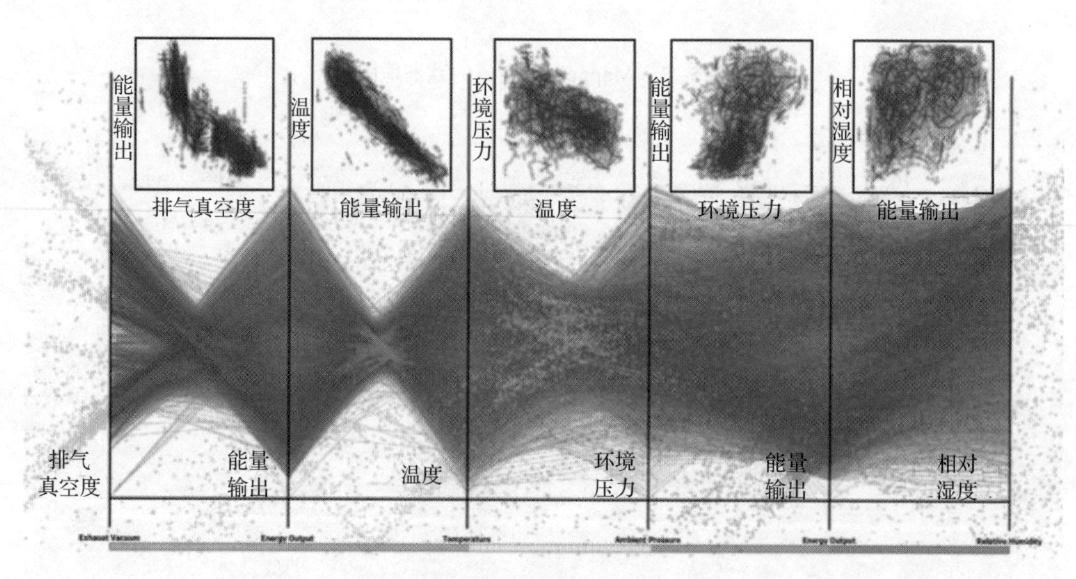

图 5-13　在平行坐标上重载散点图

Ahmed[25] 为了研究世界杯比赛中各个球队的关系，采用了环形布局、径向布局等可视化视图对球队的联盟和强弱关系进行展示，并在其上重载节点链接图以展示具体的比赛结果，从而可以直观地进行全局分析。这是重载的一个典型例子，图形链接在面积图上以节点作为锚点，重载节点链接图，并将其嵌入面积图的可视结构中。如图 5-14 所示，使用节点链接图重载的面积图对 2002 年世界杯的比赛情况可视化。节点代表国家，按照历史比赛结果计算出的强弱值排列成四个层次，节点大小代表本次比赛中的表现情况，不同颜色的面积图代表不同的足联，面积图展示了不同球队在本次比赛中的表现，在其上重载节点链接图可以直观看出该国对阵的球队及结果，从而进行直观的全局分析。

5. 嵌套视图

嵌套视图也是基于主机视图和客户端视图的概念。然而与重载视图不同的是，嵌套视图是指一个或多个客户端视图嵌套在主机视图的标记中，通常通过将主机视图中的可视标记替换为客户端视图的实例来实现。嵌套视图和重载视图的主要区别是嵌套只是用客户端视图的结构替换主机视图的标记，而重载则需要主机视图和客户端视图保留原本的结构，更加完整地组合在一起。

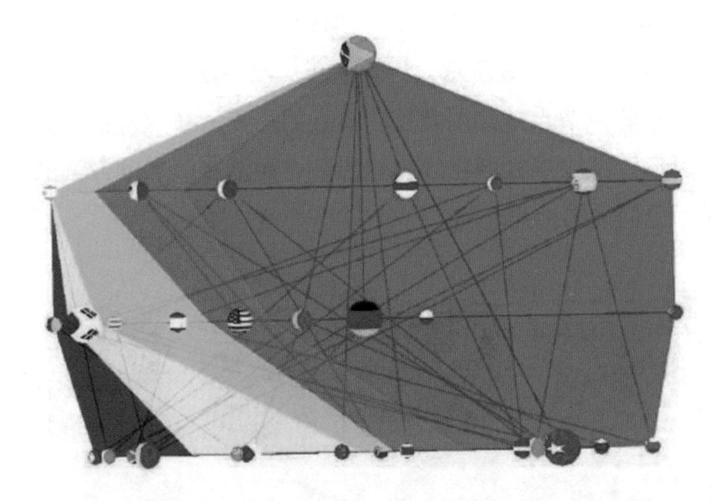

图 5-14　使用节点链接图重载的面积图对 2002 年世界杯的比赛情况进行可视化

嵌套视图模式中客户端视图中的数据和主机视图中的数据相互联系，用户不需要将他们的注意力分散在多个视图中。主机视图可以使用全部的可视空间，然而由于客户端视图嵌套在主机视图的标记中，客户端视图的设计空间只有可视空间的一小部分，这可能需要缩放和移动才能看到细节，所以嵌套视图通常需要更细节化的设计。

在网络社区的探索中，Vehlow[26] 开发了一种在不同模糊级别研究网络社区的方法。用户可以从社区网络开始，不断深入到单个节点的网络，最后分析感兴趣节点的分布。该方法基于原始数据的节点链接图，通过将同一社区的节点嵌套入大节点的方法，对网络进行不同级别的模糊，设计不同细节级别的网络社区分析。如图 5-15 所示，使用模糊社区的方法探索《悲惨世界》中的 77 个人物关系。从左到右依次是完全模糊、部分模糊和原始视图。在完全模糊图中，每个“星星”嵌套了一个原始视图中的社区和若干不确定隶属社区的节点，不确定性映射为“星星”抖动深度。在部分模糊图中，不确定节点单独展示，每个节点只嵌套确定的社区。

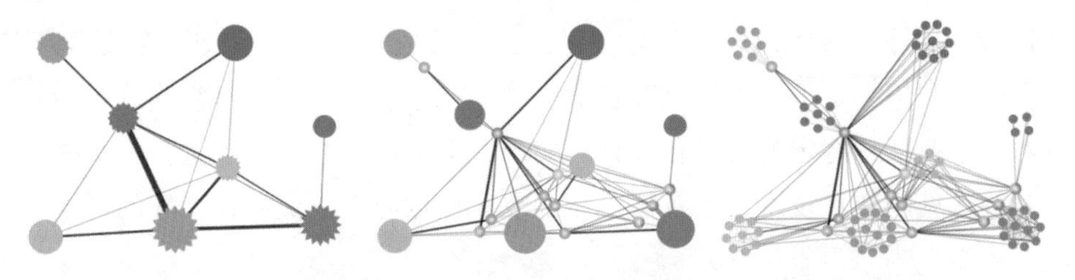

图 5-15　使用模糊社区的方法探索《悲惨世界》中的 77 个人物关系

另一种方法是将社区用矩阵嵌套入节点链接图，表现局部密集的派系矩阵，避免交互带来的比较困难等问题，然而这会带来一个节点属于多个社区的情况，于是Henry[27]将节点进行复制并对复制后的边进行视觉抽象处理。通过研究文献合作网络，频繁合作的作者社区采用矩阵图进行表示，和外部作者合作则采用节点链接图。将矩阵视图嵌套入节点链接图更好地利用了二者的优势，并且利用节点复制的方法解决了边过多导致的视觉混淆。如图 5-16 所示，将文献合作网络用不同的视图表达，从左到右依次为节点链接图、矩阵 – 节点链接图及复制节点的矩阵 – 节点链接图。矩阵 – 节点链接图采用矩阵表达社区，减少了社区内的表达混乱，而复制节点的方法减少了不必要的边链接，并且采用了更简洁的抽象表达。

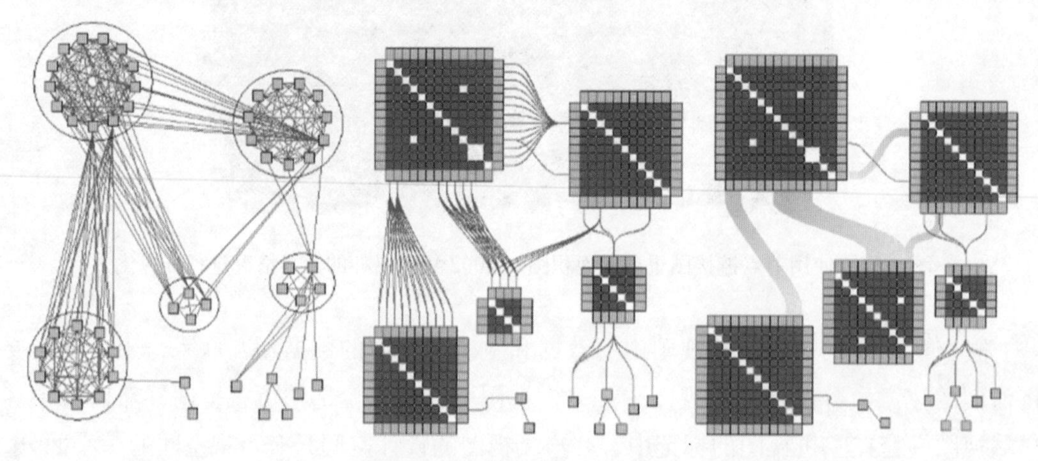

图 5-16 文献合作网络可视化

5.3 交互方法的选择与设计

对于可视化来说，交互方法的选择一定程度上能提高视图的表现力。本节将介绍常见的交互方法以及它们的特点，同时对交互与多视图联动进行介绍。

5.3.1 常见的交互方法

交互在计算机中意指参与活动的双方可以相互交流和互动，比如当计算机在执行某一操作程序时，编程人员可以通过指令控制该程序的执行流程，而不是任由程序单方面地执行，程序会接收用户的指令并做出相应反应。这一过程及行为被称为交互。交互技术则是利用一定手段达到交互目的。交互技术有多种，而可视化领域中常见的交互技术通常指某种特定的可视化设计与实现。本节将按顺序讲解选择与高亮、导航和过滤三种常见的交互技术，以及概览与细节、焦点与上下文两种特殊的可视化交互模式。

1. 选择与高亮

选择交互是指可视化工具允许用户在视图中选择一个或多个感兴趣的元素，是一项最基本的鼠标交互操作。选择操作的输出通常是后续操作的输入，视图的变化也通常取决于先前的选择结果。

选择交互的基本设计选择是定义哪些数据元素可以作为选择的目标。对于网络数据，最常见的元素是数据项，另一个元素是链接。在某些可视化工具中，数据属性也是可选的选择元素。通常可以在属性内按值进行选择；也就是说，可以选择所有共享该属性唯一值的目标元素。

另一个设计选择是选择集中可以包含多少个元素。以选择集元素的数目为划分标准，可以将选择操作分为最常见的点选和刷选。对于某些任务，一次只能选择一项，这意味着新选择的元素将替换旧元素，常见的实现方式即为鼠标点选。在这种情况下，选择通常被实现为切换，比如单击某个元素可以在选择和取消选择之间切换元素状态；对其他某些任务，一次选择多个元素是有意义的，因此必须有添加元素、删除元素和清除选择集的操作，常见的实现方式即为鼠标刷选。例如，一个可视化工具可能允许用户以鼠标框选的方式选择一系列感兴趣的元素，对元素进行分组，并进一步更改组中元素的颜色。如图 5-17 所示，俞凌云等人[28]提出了三种交互式上下文感知选择技术，SpaceCast、TraceCast 和 PointCast。SpaceCast（如图 5-17a 所示）根据套索形状通过用套索将它们包围来选择粒子簇；TraceCast（如图 5-17b 所示）不需要准确的套索；PointCast（如图 5-17c 所示）允许用户只需单击或触摸即可从较多噪点的环境中选择微小的群集。该研究提出一种新的上下文感知算法，提高了点云空间选择的可用性和速度，用于分析大型 3D 粒子数据集。上述交互式上下文感知选择技术能够从手势输入中推断出用户微妙的选择意图，能够处理一些复杂的情况，如部分遮挡的点簇或多个簇层，并且都可以在选择交互完成后进行微调。

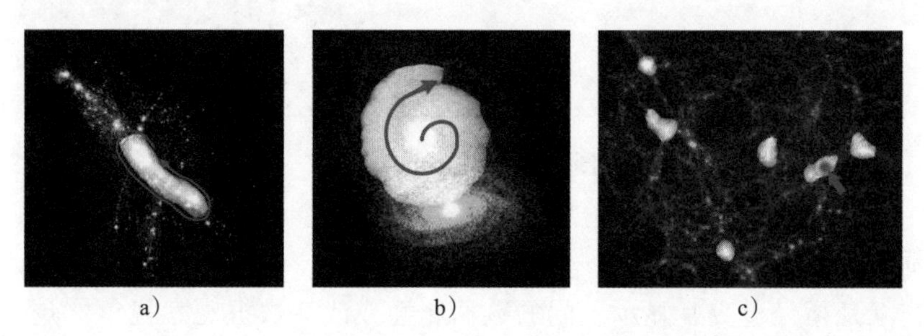

a)　　b)　　c)

图 5-17　CAST：用于 3D 粒子云中上下文感知选择的有效和高效的用户交互

与选择交互紧密相关的另一个操作为高亮，也被称为突出显示，是以某种方式更改数据项外观来指示所选择的数据元素。选择操作应触发突出显示，以便为用户提供即时的视觉反馈，以确认其操作结果符合意图。

对于数据元素，任意视觉通道的更改几乎都可以用于突出显示。例如，常见的设计选择是通过更改所选元素的颜色来突出显示该元素。需要注意的是，突出显示的颜色会覆盖原有数据项颜色所编码的信息。对于某些抽象任务来讲，这会成为一个主要的限制。保留颜色编码的另一种设计选择是突出元素的轮廓。可以在所选对象周围添加轮廓标记，也可以将元素现有轮廓的颜色更改为突出显示颜色。

然而，当标记较小时，更改元素颜色或添加轮廓可能无法为用户提供足够的视觉显著性。因此，有的设计选择使用尺寸这一通道，例如通过增加元素的宽高或链接的线宽来突出选择元素。对于链接，通常也可以通过将实线更改为虚线来突出显示形状这一视觉通道。

将多种高亮方式结合起来可以更好地提高元素的视觉显著性，例如，在增加数据元素尺寸的同时更改元素的颜色。

如图 5-18 所示，Glyphboard 是一个可缩放的用户界面，它将维数缩减和基于符号的可视化等方法结合在一个新颖、无缝集成的工具中。在两个不同的降维图中选择其中一个感兴趣的区域，两边对应的项目会根据它们的 ID 高亮显示，以便比较不同降维图中的集群。

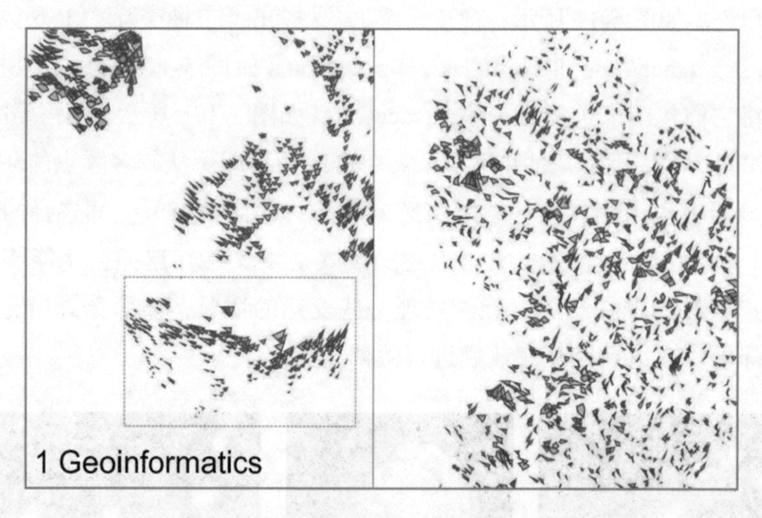

图 5-18 Glyphboard[29]

2. 导航

导航交互是指经过交互显示不同的数据属性或改变数据观察视角，允许用户探索不同的数据子集、克服显示区域大小的限制，让用户主动选择感兴趣的数据部分。导航一词潜在的隐喻是位于特定地点并对准特定方向的虚拟摄像机。当该相机视点改变时，相机框中可见的数据项也会改变。

导航交互可以按视觉变化效果分为三类，即平移、旋转和缩放。

- 平移（panning）：使视图沿着某个平面上下或左右移动。
- 旋转（rotating）：使观察视角围绕某个虚拟轴旋转。旋转交互在 3D 运动中更为重要，在二维导航中很少见。
- 缩放（zooming）：使观测点靠近或远离某个平面。放大交互将显示更少的元素，使数据项看起来更大。缩小交互将显示更多的元素，使数据项显得更小。

由于更改视点会更改可见数据项集，因此导航的结果可能是过滤和聚合的某种组合。可以将放大或平移操作看作数据项的过滤操作；缩小可以充当创建数据项概览的聚合操作。如图 5-19 所示，Lonni Besançon 等人提出了一种新颖的使用有形触觉交互来实现 3D 数据可视化空间的平移、旋转以及缩放操作。

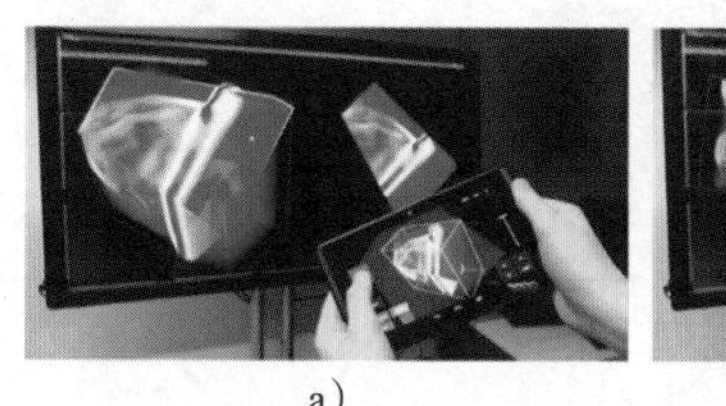
a）

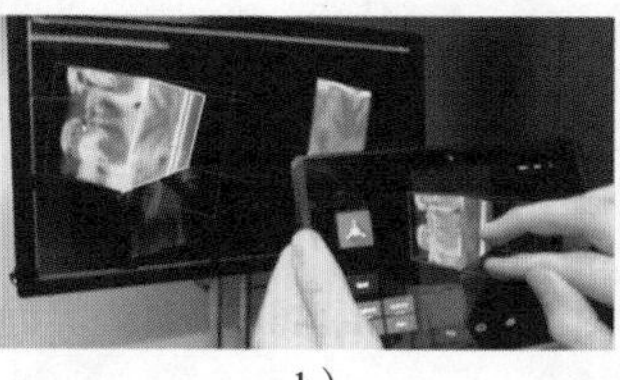
b）

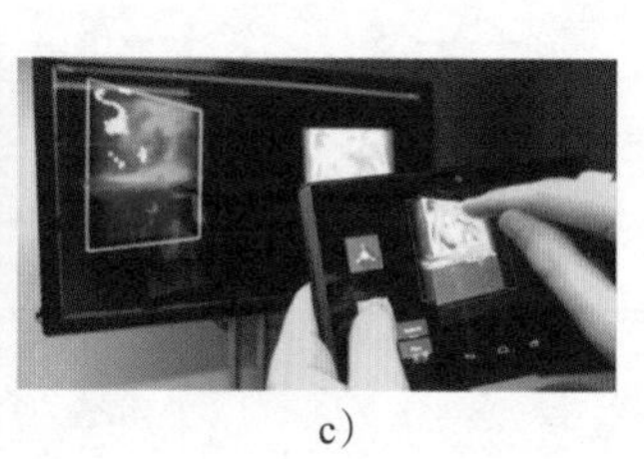
c）

图 5-19　一种新颖的 3D 有形触觉的可视化交互方式[30]

3. 过滤

过滤是指允许用户指定数据的查找范围，通过设置约束条件实现数据查询，帮助用户选择感兴趣的部分。

过滤可以应用于数据元素和属性。元素过滤的目标是根据数据项相对于特定属性的值来消除项目。显示的数据项变少，但是显示的属性数量没有改变。属性过滤的目标是消除属性而不是数据项。也就是说，显示相同数量的数据项，但每个数据项的属性变少。元素过滤和属性过滤可以结合使用，以显示较少的数据项和属性。一种直接的过滤方法是允许用户在一个或多个元素中选择一个或多个感兴趣的范围，该范围可能意味着显示什么或忽略什么。

在交互式可视环境中，过滤通常是通过动态查询来完成的，其中动态编码和交互之间存在紧密耦合的循环，因此用户可以立即看到干预的结果。在此设计选择中，数据集可视编码的显示与支持直接交互的控件一起使用，以便在用户更改设置时立即更新显示。这些控件通常是标准的图形用户界面小部件，例如滑块、按钮、组合框和文本字段。如图 5-20 所示，RuleMatrix[31] 是一个帮助缺乏机器学习专业知识的用户理解、探索和验证预测模型的交互式可视化技术，通过控制面板提供两方面的过滤交互：规则过滤，通过减少显示规则的数量来减轻认知负担；数据过滤，用于探索数据和规则之间的关系。

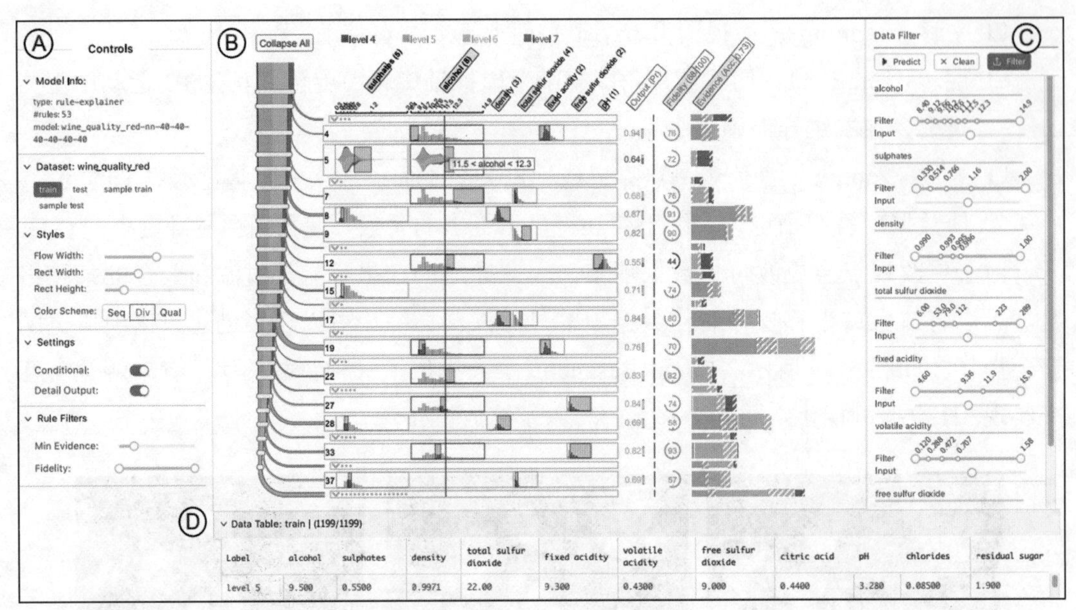

图 5-20 RuleMatrix 系统界面

4. 概览与细节

在实现大规模数据集的可视化时，用户往往希望保持对全局的感知，但同时也希望缩小关注范围。概览 + 细节（Overview+Detail）可以帮助用户找到感兴趣的关注点，为用户提供高层次概览以及获取局部区域详细信息的交互操作，使用户不必一次查看所有数据点的所有可用详细信息。

多视图是概览 + 细节的常见实现方式，将概览视图与细节视图分离，并且关联同一批数据。其中一个视图将显示关于整个数据集的信息，提供对整个信息空间的概述；一个或多个附加视图显示用户从更大的视图中所描述的数据集中选择的数据子集的详细信息。用户可以分别与不同的视图进行交互，一个视图中的交互操作通常会立即影响到另一个视图的展示。

在选择总共使用多少视图时，有几种标准方法。一种常见的选择是只有两个视图，一个用于概览，一个用于细节。但当数据集具有离散尺度上的多层次结构时，多个细节视图可能更适合显示这些不同层次上的结构。用户可以通过一系列选择交互将数据缩小到连续更小的子集，而其他视图则作为他们所选区域的简明视觉历史，可以一目了然地访问。相比之下，使用更改设计选择，用户更有可能失去对其位置的跟踪，因为他们没有脚手架来增加自己的内部记忆。

概览 + 细节视图的第一个例子出现在 20 世纪 80 年代早期的计算机游戏中，在屏幕底部为游戏信息空间提供广泛概述。此外，交互式在线地理地图是一种广泛用法，它结合了地理数据的共享编码和概览细节选项，一个大的地图探索视图由一个小的鸟瞰视图增强，提供了方向性的概览，如图 5-21 所示，高德地图有一个小的、插入的概览区域，其中包括一个交互式的矩形子区域，该子区域与详细视图中显示的区域相对应。细节视图中的平移操作会立即反映在概览区域中。然而，全景中的平移动作与细节区域的耦合不那么紧密；只有当用户通过释放鼠标完成平移活动时，细节视图才会更新，以匹配概览中的操作。这种轻微的解耦允许用户在不改变细节视图中显示的信息的情况下探索概述，同时减少计算和网络负载。

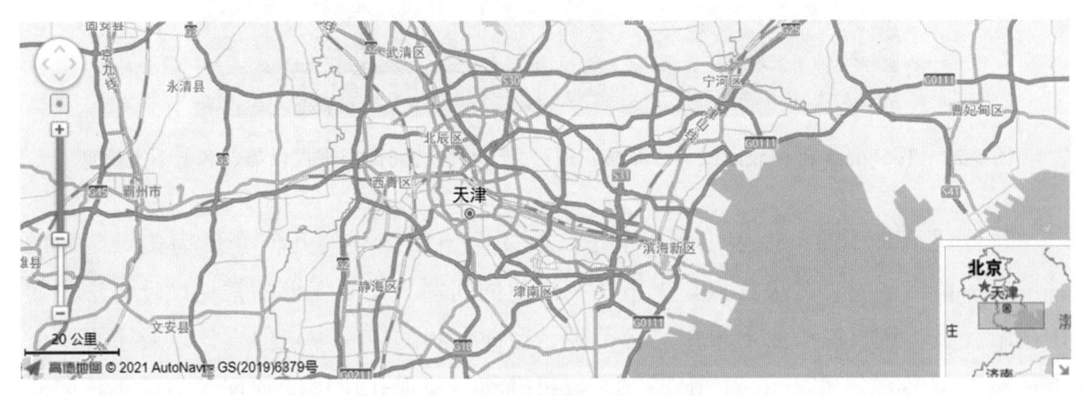

图 5-21　地理地图的概览 + 细节示例[⊖]

5. 焦点与上下文

焦点 + 上下文（Focus+Context）技术是指将用户所选定集合（即焦点）的详细信息嵌入一个视图中，且该视图还包含更多相关数据（即上下文）的概述信息，将焦点和上下文两类信息以可视化的形式融合在一个单独的视图中来呈现。焦点 + 上下文技术使用户在分析焦点信息的同时，保持对信息空间全局视图的感知，这一点在探索大规模数据的可视化时显得尤为重要。

叠加图层和几何变形是焦点 + 上下文的两种常见的实现方式。叠加图层，使焦点信息的局部区域可以相对于上下文信息的背景层移动；几何变形指扭曲几何形状，压缩上下文区域以便为放大的焦点区域腾出空间。这两种方式都可以实现选择单个或多个焦点区域。此外，几何变形还可以定义区域形状、区域范围和交互隐喻。

叠加图层使焦点层被限制在一个局部区域，不会延伸到整个视图而覆盖整个信息空间。如图 5-22 所示的 Toolglass 和 Magic Lenses 系统 [32] 使用一个透明镜头在前景层显示颜色编码的高斯曲率，在背景层之上构成 3D 场景的其余部分。透镜挡住了其下层的视图区域，在透镜中显示焦点的细节信息，而视图其余未改变的部分提供焦点的上下文信息。该 Toolglass 和 Magic Lenses 系统以不同的视觉编码处理不同类型的数

⊖ 图片来源：https://lbs.amap.com/api/javascript-api/guide/overlays/toolbar。

据，展示了3D空间数据。曲率透镜显示，标准计算机图形技术渲染出的看似完美的球体实际上是由多个补丁组成的多面物体。

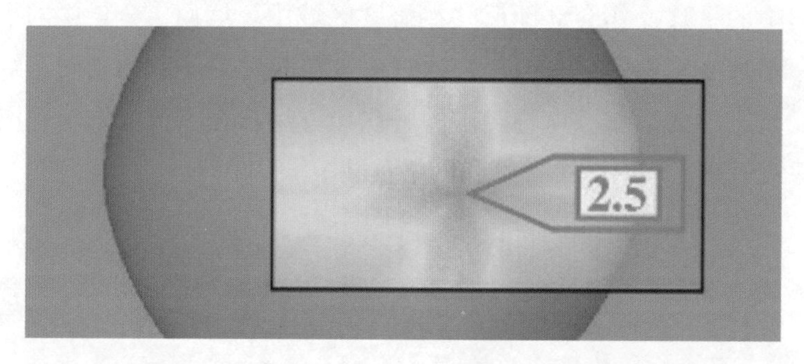

图 5-22 Toolglass 和 Magic Lenses 系统：通过一个叠加的局部层来提供焦点和上下文信息

与分层策略不同，许多焦点+上下文利用上下文区域的几何变形为焦点区域的细节展示留出空间，解决焦点与上下文一体化的问题。几何变形的常见设计方法是使用鱼眼镜头。鱼眼镜头变形采用局部范围、径向形状的单一焦点的设计以及主视图上方可拖动镜头的交互隐喻。鱼眼提供了与相机和门窥视孔使用的物理光学镜头相同的径向变形效果。镜头交互提供了一个前景层，它完全取代了它下面的内容，而不是保留下面的内容并在上面叠加额外的信息。通过标准的2D平移导航方法，可以移动镜头。

图5-23[33]说明了在相同的节点链接图中向下探索数据的两种方法：鱼眼镜头（图5-23a）和一个普通的放大透镜（图5-23b）。可以看到，在鱼眼镜头下的视图区域，标签足够大，便于阅读，且该焦点区域直接被嵌入上下文中，数据集的其余部分显示全局模式。

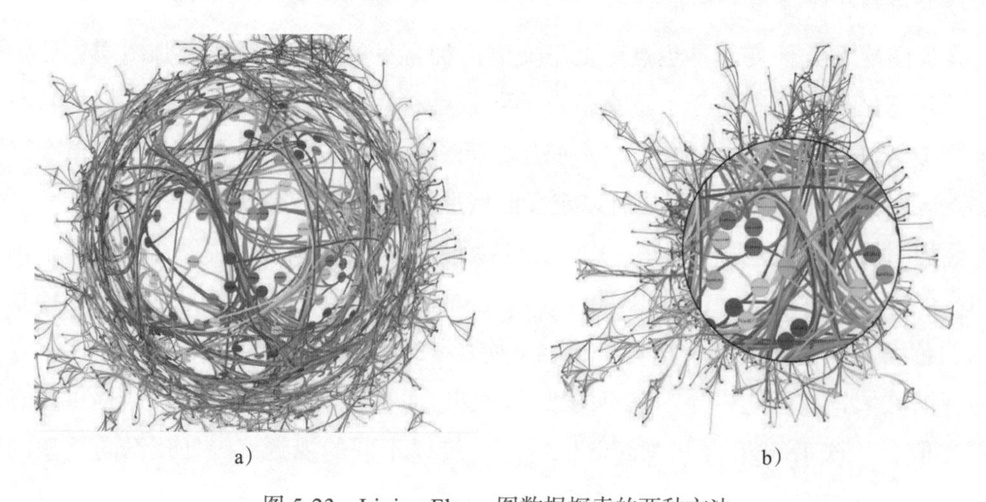

a) b)

图 5-23 Living Flows 图数据探索的两种方法

5.3.2　交互与多视图

如 5.2 节所述，多视图显示方式主要包括并列视图、聚合视图和叠加视图等五种。多视图显示方式允许用户多角度、多粒度、全方位地观察数据，可以观察同一个信息空间在多视图中不同的可视化表达，也可以分析不同但关联的信息空间在多视图中相似的可视化表达。然而，相较于单视图，用户要从多视图信息空间中分析、整合出有效信息需要更高的认知负荷，因此，如何辅助用户进行深层次的数据分析是本节要关注的重点问题，常见的方式是通过交互实现多视图协同关联分析。

多视图协同关联是指采用多种视图可视化的方法来展现多维数据的相关特征，并允许用户进行交互操作，实现多视图并行协同分析。通常，在多视图协同关联分析的应用中，在一个视图上的交互操作会影响其他视图上相关联的数据呈现。“选择与高亮”操作是多视图协同关联分析中常见的探索方法，使在一个视图中被选中的数据在对应的关联视图上分别高亮显示，而其他的数据则被隐藏或淡化。

本章后面的部分将以一个实际的可视分析系统为例说明如何通过交互实现多视图协调关联分析。

图 5-24 展示了一个名为 TargetingVis[34] 的交互式视觉分析系统，该系统通过多视图协同关联分析来帮助广告分析师了解广告客户投放行为和定向结构，探索不同级别广告目标受众的划分情况，发现有用或异常的目标受众组合模式，实现定向广告投放，提高广告投放的效率。

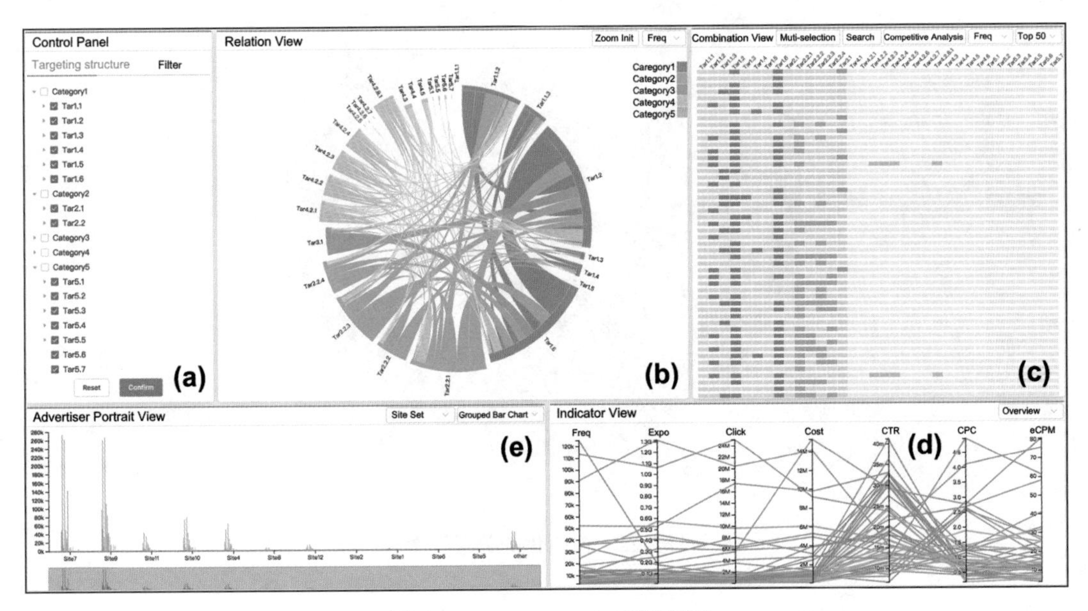

图 5-24　TargetingVis 系统界面

TargetingVis 包括一个控制面板和四个相互协同的视图。控制面板（a）允许用户调整广告用户的定位结构或过滤数据以对应更新其关联视图；关系视图（b）总结了分层数据中的定向关系，以发现定向使用情况并揭示目标受众结构设计中的问题；组合视图（c）显示由广告客户投放行为生成的定向组合模式，以便用户可以找到有用的目标受众组合，并避免异常组合；指标视图（d）显示与目标受众组合模式相对应的概述和详细指标，以帮助用户确定组合的质量；广告客户肖像视图（e）以不同的维度和指标显示广告客户投放行为的具体表现。由于商业数据的保密性，系统进行了简单的数据处理，例如，Tar1.1 代表第一个类别的第一个定向。

接下来通过一个实际的分析案例，讲述如何通过交互以及协同多视图来实现对定向使用情况和组合模式的整体感知分析。首先关注关系视图（如图 5-25 所示），可以发现第一类目标受众占据了大部分的空间，这意味着大多数广告主在投放广告时选择这一类目标受众。其中，Tar1.2 和 Tar1.6 尤为突出，因为它们不仅有更多的共现（弧长更长），而且比其他目标更频繁（弧宽更宽）。为了比较这两个目标，我们使用鼠标在 Tar1.2 和 Tar1.6 上方悬停以突出显示它们。Tar1.2 的共现次数之和大于 Tar1.6，但两者在频率上没有太大差别，也就是说，Tar1.6 是独立使用频率最高的定向目标。

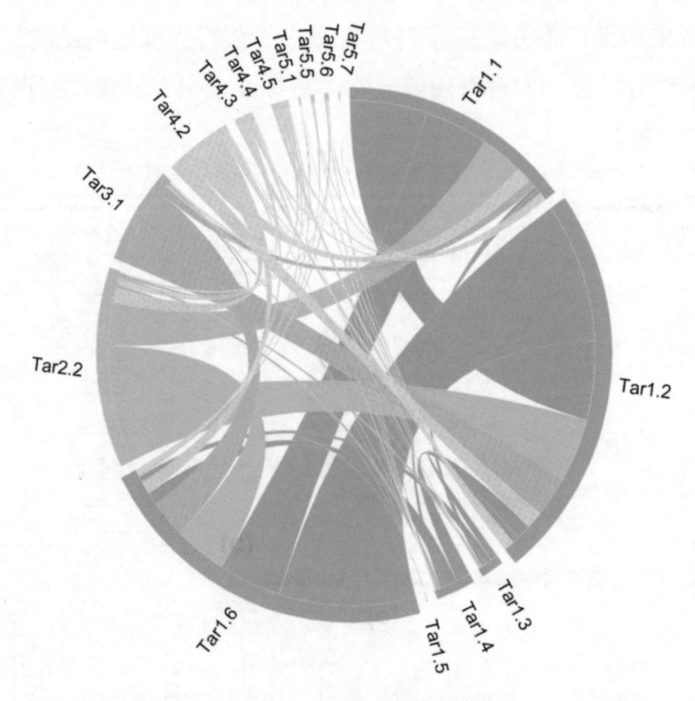

图 5-25　初始化的关系视图

接下来我们继续向下探索 Tar1.6。在联动视图的帮助下，我们可以研究在组合视图中包含 Tar1.6 的定向组合模式。通过观察可以发现，Tar1.6 单独使用的组合在组合视图中排名第二（如图 5-26 所示）。通过鼠标点击切换组合视图中的排序指标，选择曝光率作为排序指标，发现新的组合模式仍然排在第二位。但在选择以成本作为指标后，这种组合模式降到了第五位。为了解释这一现象，我们可以锁定组合，然后通过指标视图检查特定的值（如图 5-27a 所示）。通过观察指标视图各项指标值可以看到，这种组合的 CPC 和 eCPM 非常低。对于广告主来说，选择这种组合模式能以更低的成本达到更好的效果。同时我们可以在广告主画像视图中将维度切换到行业，发现该行业的 Ind15 广告主更喜欢使用这种组合模式（如图 5-27b 所示）。经核实，这种情况的发生与数据报告一致。

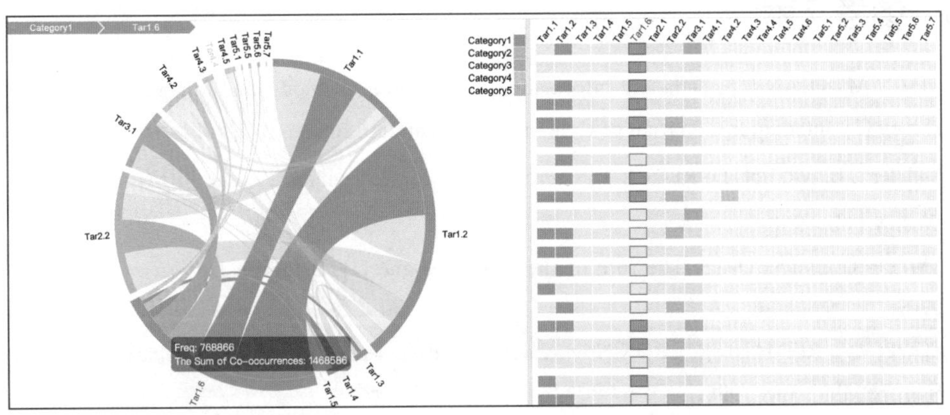

图 5-26 悬停在关系视图中的 Tar1.6 上，组合视图显示了包含 Tar1.6 的所有目标组合模式

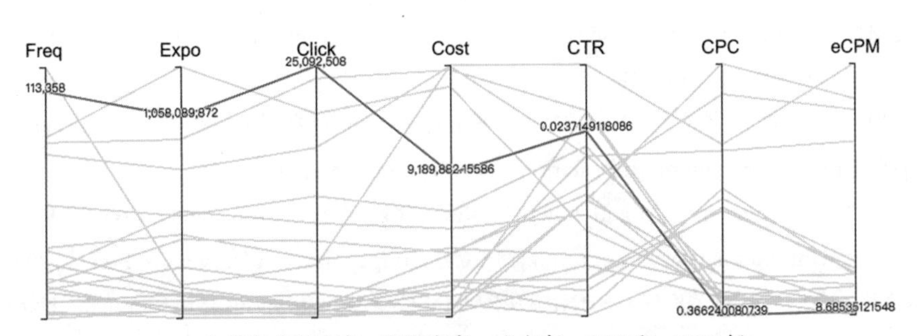

a）该组合频率高，曝光率高，成本高，CPC 和 eCPM 低

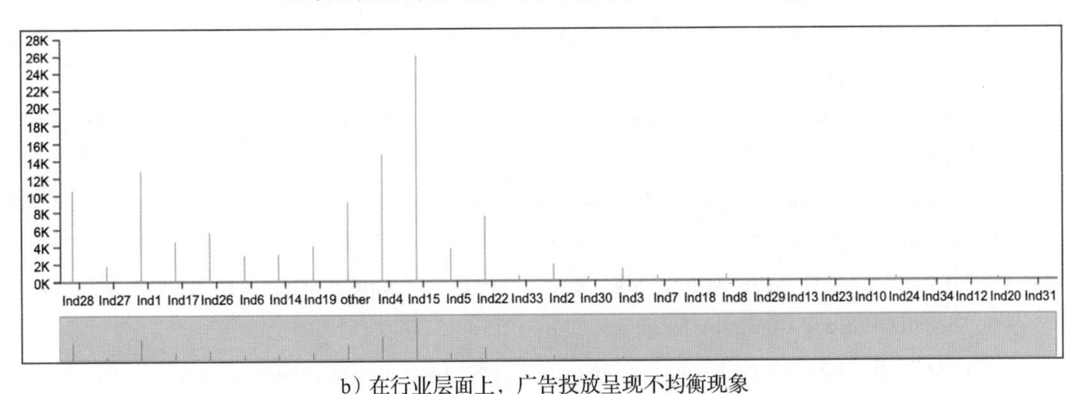

b）在行业层面上，广告投放呈现不均衡现象

图 5-27 对应的指标和分布组合模式中只包含 Tar1.6

5.4 小结

本章主要围绕交互与多视图的基本概念介绍了交互和多视图的设计准则和方法，包括用户交互延时和交互成本等交互设计考虑因素，以及并列视图、聚合视图以及叠加视图等多种多视图设计方式，本章最后介绍了交互的常见技术，并以一个定向广告的可视分析系统为例，讲述了如何通过交互实现多视图协同关联分析。

5.5 参考文献

[1] KHAN M, KHAN S S. Data and information visualization methods, and interactive mechanisms: A survey [J]. International Journal of Computer Applications, 2011, 34(1): 1-14.

[2] LAUREL B, MOUNTFORD S J. The art of human-computer interface design[M]. Boston: Addison-Wesley Pub, 1990.

[3] SMITH G C, TABOR P. The role of the artist-designer[J]. Bringing Design to Software, 1996: 37-61.

[4] COOPER A, REIMANN R, CRONIN D. About face : the essentials of user interface design[M]. New York: Hungry Minds Inc, 1995.

[5] KOSARA R, HAUSER H, GRESH D L. An interaction view on information visualization[J]. State-of-the-Art Report Proceedings of EUROGRAPHICS, 2003: 123-137.

[6] TREISMAN A. Preattentive processing in vision[J]. Computer Vision, Graphics, and Image Processing, 1985, 31(2): 156-177.

[7] NOWELL L, HETZLER E, TANASSE T. Change blindness in information visualization: a case study[J]. IEEE Symposium on Information Visualization, 2001, 10: 15-15.

[8] KAHNEMAN D. Thinking, fast and slow[M]. New York : Farrar, Straus and Giroux, 2011.

[9] NEWELL A. Unified theories of cognition[M]. Cambridge: Harvard University Press, 1994.

[10] CARD S K, MACKINLAY J D, SHNEIDERMAN B. Readings in information visualization: using vision to think[M]. San Francisco: Morgan Kaufmann Publishers, 1999.

[11] HEER J, SHNEIDERMAN B. Interactive dynamics for visual analysis[J]. Communications of the ACM, 2012, 55(4): 45-54.

[12] LU M, WANG Z, YUAN X. TrajRank: exploring travel behaviour on a route by trajectory ranking[C]// 2015 IEEE Pacific Visualization Symposium (PacificVis). New York: IEEE, 2015: 311-318.

[13] ROBERTS J C. On encouraging multiple views for visualisation[J]. IEEE Conference on Information Visualization, 1998: 8-14.

[14] SHNEIDERMAN B, ARIS A. Network visualization by semantic substrates[J]. IEEE Transactions on Visualization and Computer Graphics, 2006, 12(5): 733-740.

[15] JAVED W, ELMQVIST N. Exploring the design space of composite visualization[C]// 2012 IEEE Pacific Visualization Symposium. New York: IEEE, 2012: 1-8.

[16] WANG X, LIU S, LIU J, et al. TopicPanorama: a full picture of relevant topics [J]. IEEE Transactions on Visualization & Computer Graphics, 2016, 22(12): 2508-2521.

[17] WONGSUPHASAWAT K, QU Z, MORITZ D, et al. Voyager 2: augmenting visual analysis with partial view specifications[C]// Proceedings of the 2017 CHI Conference on Human Factors in Computing Systems, 2017: 2648-2659.

[18] DIBIA V, DEMIRALP Ç. Data2Vis: automatic generation of data visualizations using sequence to sequence recurrent neural networks [J]. IEEE computer graphics and applications, 2019, 39(5): 33-46.

[19] ZHAO J, COLLINS C, CHEVALIER F, et al. Interactive exploration of implicit and explicit relations in faceted datasets [J]. IEEE Transactions on Visualization and Computer Graphics, 2013, 19(12): 2080-2089.

[20] LEX A, STREIT M, KRUIJFF E, et al. Caleydo: design and evaluation of a visual analysis framework for gene expression data in its biological context[C]// 2010 IEEE Pacific Visualization Symposium (PacificVis), 2010: 57-64.

[21] JAVED W, MCDONNEL B, ELMQVIST N. Graphical perception of multiple time series [J]. IEEE Transactions on Visualization and Computer Graphics, 2010, 16(6): 927-934.

[22] VOISARD A. Mapgets: a tool for visualizing and querying geographic information[J]. Journal of Visual Languages and Computing, 1995, 6(4): 367-384.

[23] SAMET H, SANKARANARAYANAN J, LIEBERMAN M D, et al. Reading news with maps by exploiting spatial synonyms[J]. Communications of the ACM, 2014, 57(10): 64-77.

[24] ZHOU L, WEISKOPF D. Indexed-points parallel coordinates visualization of multivariate correlations[J]. IEEE Transactions on Visualization and Computer Graphics, 2017, 24(6): 1997-2010.

[25] AHMED A, FU X, HONG S H, et al. Visual analysis of history of world cup: A dynamic network with dynamic hierarchy and geographic clustering[J]. Visual Information Communication, 2009: 25-39.

[26] VEHLOW C, REINHARDT T, WEISKOPF D. Visualizing fuzzy overlapping communities in networks[J]. IEEE Transactions on Visualization and Computer Graphics, 2013, 19(12): 2486-2495.

[27] HENR N Y, BEZERIANOS A, FEKETE J D. Improving the readability of clustered social networks using node duplication[J]. IEEE Transactions on Visualization and Computer Graphics, 2008, 14(6): 1317-1324.

[28] YU L, EFSTATHIOU K, ISENBERG P, et al. CAST: effective and efficient user interaction for context-aware selection in 3D particle clouds[J]. IEEE Transactions on Visualization and Computer Graphics, 2015, 22(1): 886-895.

[29] KAMMER D, KECK M, GRÜNDER T, et al. Glyphboard: visual exploration of high-dimensional data combining glyphs with dimensionality reduction[J]. IEEE Transactions on Visualization and Computer Graphics, 2020, 26(4): 1661-1671.

[30] BESANÇON L, ISSARTEL P, AMMI M, et al. Hybrid tactile/tangible interaction for 3D data exploration[J]. IEEE Transactions on Visualization and Computer Graphics, 2016, 23(1): 881-890.

[31] MING Y, QU H, BERTINI E. Rulematrix: visualizing and understanding classifiers with rules[J].

IEEE Transactions on Visualization and Computer Graphics, 2018, 25(1): 342-352.

[32] BIER E A, STONE M C, PIER K, et al. Toolglass and magic lenses: the see-through interface[C]// Proceedings of the 20th Annual Conference on Computer Graphics and Interactive Techniques, 1993:73-80.

[33] MELANÇON G. Living flows: enhanced exploration of edge-bundled graphs based on GPU-intensive edge rendering[C]//International Conference Information Visualisation. IEEE, 2010: 523-530.

[34] PENG D, TIAN W, ZHU M, et al. TargetingVis: visual exploration and analysis of targeted advertising data[J]. Journal of Visualization, 2020, 23(6): 1113-1127.

5.6 习题

1. 根据你的理解，阐述交互为什么是可视化系统的重要组成部分。
2. 计算机技术的进步在哪些方面增强了信息可视化的功效？
3. 从用户的角度出发，阐述交互设计包括哪两种基本设计准则及它们的异同。
4. 阐述多视图融合的五种设计方法及其基本实现方案。
5. 列举 5.3.2 节中 TargetingVis 系统包含哪些基本交互方法。

第 6 章

可视分析与案例研究

可视分析是数据可视化的三大研究领域之一。作为一门综合性学科，可视分析与图形学、数据挖掘以及人机交互等众多研究领域关联密切。本章将在前述章节的基础上，循序渐进地介绍可视分析的基本概念和相关模型、可视化测评的流程与方法，并通过具体案例探讨可视分析的应用。

6.1 可视分析的基本概念

数据可视化有三个主要的研究分支，分别是科学可视化（Scientific Visualization, SciVis）、信息可视化（Information Visualization, InfoVis）和可视分析学（Visual Analytics, VAST），详细内容可参考 1.1.1 节。最新兴起的可视分析学是一门以交互式可视化界面为基础来进行分析和推理的科学[1]，它集成了图形学、数据挖掘和人机交互等技术。可视分析将机器智能与人脑智慧有机结合，充分利用机器强大的计算能力和人类在决策认知方面的优势，解决需要人类参与理解和决策的多种实际问题。具体来说，人类可以通过与可视分析系统进行交互，直观高效地将海量信息转换为易于理解的知识并进行推理决策。

本节主要介绍改进的可视分析模型、可视化设计模型，以及构建可视分析系统的具体步骤。

6.1.1 改进的可视分析模型

可视分析模型是一类通用的流程模型，传统经典的可视分析模型可参考 1.3.2 节，本节介绍 Sacha 等人于 2014 年改进的知识发现可视分析模型[2]。如图 6-1 所示，该可视分析模型由计算机和人类两个大模块组成。左侧的计算机模块是由数据、可视化视图和分析模型构成的经典可视分析系统。右侧是人类的知识发现过程，由以下三个循环组成：从发现兴趣点到进行交互行动的探索环节、从见解到假设的验证环节，以及获得知识的重要环节。

如图 6-2 所示，该模型将先前的相关模型联系起来并进行进一步抽象，例如信息可视化（InfoVis）流程与数据和可视化映射相关联，知识发现（KDD）过程可抽象表达为数据和模型及其间的映射，多种分类法下的交互方法以及多阶段的交互都可抽象表达于知识探索和意义构建中。此外，该模型提供的可视分析过程的通用语言和描述可有效应用于研究人员之间的交流。

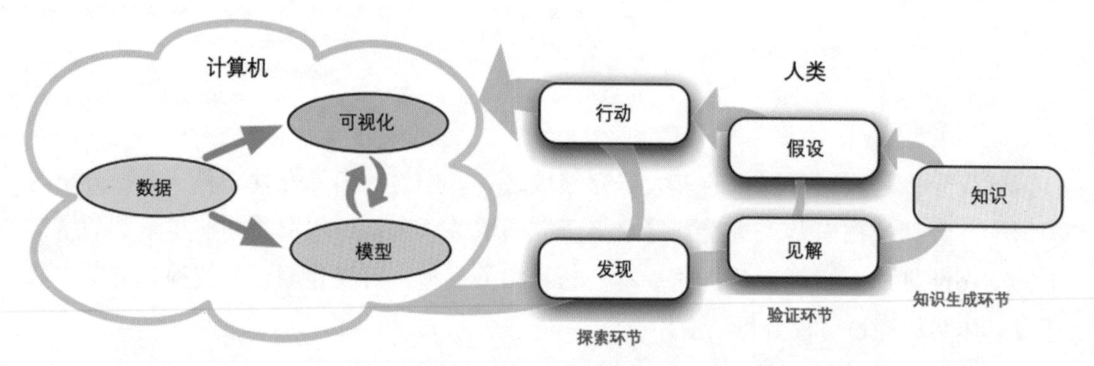

图 6-1 改进的可视分析模型

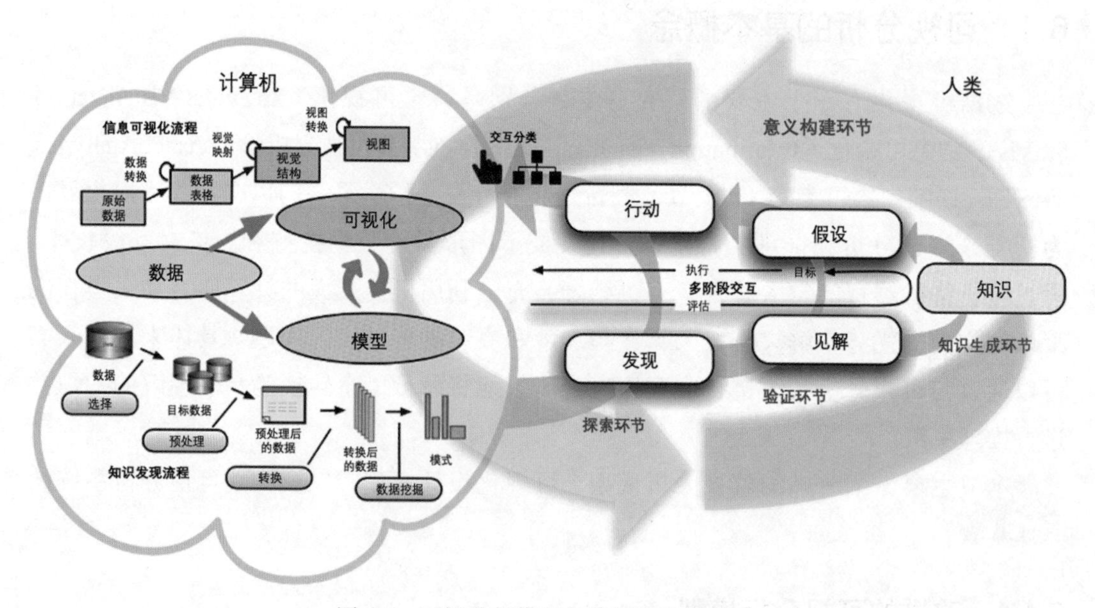

图 6-2 可视分析模型与其他模型的联系

6.1.2 可视化设计模型

1. 四层嵌套模型

可视化设计模型用于指导可视化系统的创造和分析。Tamara Munzner 等人于 2009

年提出了经典的可视化设计四层嵌套模型[3]。如图 6-3 所示，该模型包括四个层级：问题描述层、数据抽象层、视觉编码层、算法设计层。各层之间的嵌套关系表现为上层的输出是下层的输入，如图中箭头流向所示，这样的关系要求设计者谨慎对待上层的决策，因为上层的决策失误会引起下游各层的错误。下面介绍每个层级的具体内容。

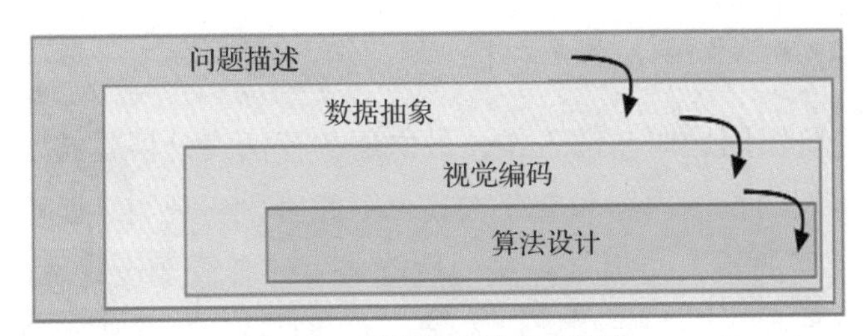

图 6-3　可视化设计嵌套模型

（1）问题描述层

第一层是问题描述层，关注特定领域用户的问题和需求。设计者需要明确系统的目标用户是谁（Who），该领域的专家有什么需求，以及他们需要解决的核心问题是什么。这是极为重要的一步，若不能清晰地描述用户的真实问题和需求，最后得到的很可能是一个无意义、无人使用的系统。

通常每个专业领域都有自己的术语来描述数据和问题，并且有一些已有的工作流程描述其数据如何用于解决该领域问题。由于设计者和用户之间存在认知差异，双方需要沟通交流以互相理解。设计者可通过实地调研、访谈、会议等方式收集领域专家对其工作流程的详细描述，描述内容尽可能包含领域问题和需求，以及领域数据结构和格式的描述等。

（2）数据抽象层

第二层是数据抽象层，需要对特定领域的数据和任务进行抽象概括，图 6-3 中的操作指通用任务。数据抽象关注展示的内容（What），任务抽象关注用户使用系统的原因（Why）。基于在上一阶段获取的领域需求和数据信息，设计者需要将特定领域的专有名词映射为更抽象和通用的计算机语言。用更具体的可视化语言来描述，本阶段的输出目标是一系列数据类型和操作任务，这将作为下一阶段视觉编码层的输入。

数据抽象层是一个容易出错的阶段，因为许多设计者习惯直接跳过第一阶段，并按自己的想法任意假设抽象形式。但如果这个阶段出现失误，会给用户呈现错误的内容。因此，设计者应该严格参照该模型，获取领域需求和数据并进行抽象，可能的话还要邀请用户进行验证。

（3）视觉编码层

视觉编码层关注可视化编码和交互方法的设计，即如何（How）展示和操纵数据，本阶段是可视化设计的核心研究内容。同时考虑视觉编码与交互是因为这两个概念在可视化设计中相互依赖，第 4 章和第 5 章分别对视觉编码和交互进行了详细介绍。

该层级根据第二层输出的抽象数据和任务，指导可视化编码及交互设计。此阶段的输出直接影响了可视分析系统的有效性，即是否有效地解决了领域专家的问题和需求。为了避免风险，可运用视觉感知和认知理论来判断视觉设计是否合理，或者进行用户研究以证实设计方案的效率。

（4）算法设计层

不同于前三个阶段问题驱动的工作，最内层的算法设计层是技术驱动的工作。第三层明确了系统呈现的视图内容和交互方式，则此阶段实现与之匹配的具体算法和系统。评价算法设计层的重要指标是算法的性能，设计者需要设计、研发高效的代码，运行速度慢或精度低的代码会影响用户体验。可以通过测试代码运行时间和内存消耗来验证算法性能，还可设计定性实验来检测算法的正确性。

2. 设计研究模型

设计研究（Design Study）是问题驱动可视化研究的一种形式，可视化研究人员在其中分析领域专家面临的特定实际问题，设计一个可视分析系统来支持解决问题，验证可视化设计，并反思验证发现的问题，完善设计准则。Sedlmair 等人 [4] 于 2012 年总结了各类设计研究模式，提出如图 6-4 所示的通用设计研究模型。

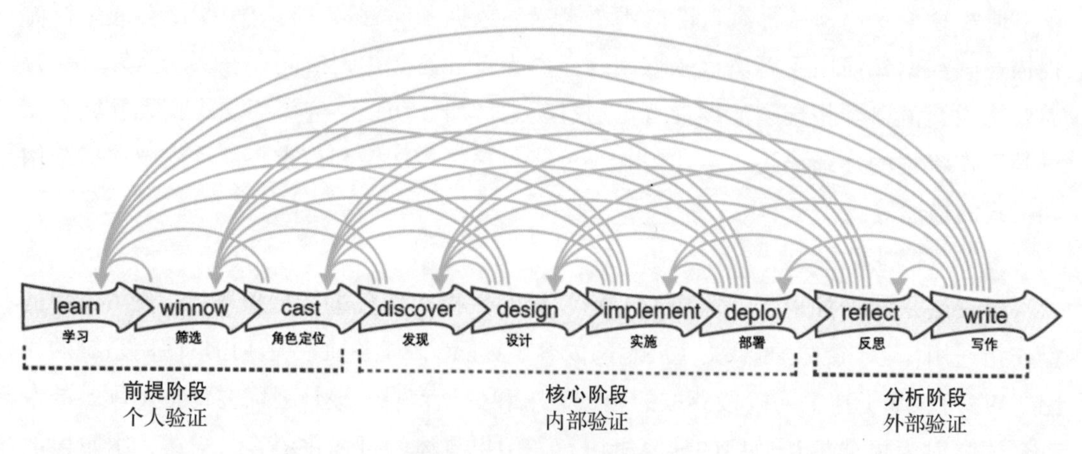

图 6-4　通用设计研究模型

该模型由前提、核心和分析三个阶段组成，具体包含 9 个步骤。

前提阶段需要可视化研究者学习并掌握足够完善的可视化知识体系（learn)，包括可视化的编码方法、设计准则、交互方式以及评估方法等。此外，研究者要找到特定领域的合作者（winnow)，并明确每个人担任的角色和职责（cast)。

核心阶段需要研究者发现并明确地定义问题（discover)，对数据进行抽象后设计可视化编码与交互（design)，然后构建可视化系统原型（implement)，并进行部署（deploy)。

分析阶段需要对设计过程进行教训总结和反思提高（reflect），完成相关研究论文写作（write）。

以上步骤并不是完全单向进行的，在每一个步骤中都需要且随时可以对之前的流程进行回溯、反思与修正，也就是说这是一个动态迭代优化的模型。

6.1.3　构建可视分析系统

基于上述可视分析模型与可视化设计模型，在具体构建可视分析系统时，可参考以下七个关键步骤：数据获取与抽象、可视分析任务定义、构建可视分析模型、设计可视化方法、实现可视化视图、实现可视分析原型系统并进行可视分析评测，具体内容如下。

- 数据获取与抽象：与领域专家合作取得数据，并进行计算机和可视化语言的抽象。
- 可视分析任务定义：描述要通过可视分析来解决哪些问题、完成哪些需求。
- 构建可视分析模型：参考经典的可视分析模型，设计并绘制可视分析系统的架构图。
- 设计可视化方法：从理论的角度设计多个用于完成可视分析任务的视图，考虑视觉编码与交互设计。
- 实现可视化视图：选择合适的技术，将设计好的可视化方法用代码实现。
- 实现可视分析原型系统：使用交互技术，将可视化视图融合为系统。
- 进行可视分析评测：与领域专家合作，对实现好的原型系统进行测试和评价。

下面将具体介绍可视化评测的基本概念与方法。

6.2　可视化评测的基本概念

随着可视化相关研究、技术和应用的蓬勃发展，各种面向可视化的用户评测方法被相继提出，其目的是检测可视化技术或系统是否在各个方面都满足用户需求。严谨、全面、高效的可视化评测能为可视化工作的可用性和有效性提供具有说服力的证据，同时有助于确定系统可能存在的问题，确定未来改进方向。

可视化技术的评测与人机交互技术的评测有相通之处，在涉及人机交互领域专业技能的同时又具备可视化领域的特性[5]。数据可视化的目标在于帮助用户更直观地分析和理解数据，因此可视化评测最大的挑战就在于如何定义问题，选择适当的方法、设计有效的实验去验证可视化技术与现有技术相比是否能够更高效地帮助用户完成特定分析任务。此外，测评过程中数据采集与分析的严谨性、任务设计的代表性、测评用户选择的全面性等方面同样值得注意。为应对上述挑战，可视化研究者需要具备良好的实证性实验设计能力，以较好地完成可视化技术的用户评测。

6.2.1 评测流程

可视化评测的具体方案会根据不同的研究目标和对象而产生差异，但是通常都遵循类似的基本流程：明确评测目标、提出研究假设、设计研究方案、评测执行、验证研究假设并得出结论。

1. 明确评测目标

可视化评测的第一个环节需要研究者明确本次评测的目标，并细化出面向不同评测目标的具体问题。评测目标通常是概括性地对多个评测指标进行验证，例如对可视化技术的功能性、可用性、可扩展性或计算性能进行验证。然后需要将评测目标的概括性表述分解成可操作的具体问题，例如针对可视分析系统的易用性评估，可以分解为评估与比较该系统与现有方法在专业知识的要求、系统使用的学习成本和交互过程的用户体验等方面的优势。

2. 提出研究假设

针对提出的评测目标与具体问题，研究者应该结合相关理论或以往的研究结果给出研究假设，以便后续进行实验结果的验证。为了便于设计实验进行验证，研究假设应该采用具体且可操作的命题，避免出现因假设过于宽泛而导致的实验结果无法有力地支撑假设的情况。例如，针对可视化图布局算法的计算性能这一评测目标，“甲算法的计算性能高于乙算法”之类的研究假设显然过于宽泛且难以验证。而较好的假设应该为“布局相同数量的数据节点的情况下，甲算法耗费时间低于乙算法，并在某一时间范围内趋于稳定”，该假设将算法的具体应用场景限定为“布局相同数量的数据节点”，选择了“耗费时间”这一具体评测指标，可操作性较高且具有说服力。良好的研究假设可以使后续实验的设计与实施更具针对性，也可帮助研究者理解和应对未来出现的各类实验结果。

3. 设计研究方案

提出研究假设后，研究者需要选择适当的评测方法，拟定具体研究方案与实施方法。方案包含实验开展的场景、目标用户的选择、测试数据的选取、测试任务的设计以及衡量指标的确定等。拟定研究方案是可视化评测中最重要的环节，方案的质量直接影响评测的最终实施效果与有效性。设计方案需要紧密贴合评测目标，围绕所形成的研究假设，充分考虑可视化的功能范围及可达性、交互过程中的用户体验、系统可能存在的问题等多个因素后进行反复迭代修改，直至方案被细化到具有较高的可操作性时，可视化评测就可以进入实施阶段了。

4. 评测执行

评测执行环节就是严格按照研究方案，寻找目标测试用户，收集并分析测试数据，研发测试工具，确定评测场景，最终执行可视化评测。在评测执行的过程中，为保证结果的可靠性，还存在很多细节值得注意。例如，对参与用户进行必要的指导并安排相应的操作练习，或在比较多种技术优劣时需要严格控制变量，避免先后顺序或先验知识对实验结果的影响等。此外，还需要毫无遗漏地记录实验过程中各项环节的耗时及用户表现等，以便进行后续的结果分析。

5. 验证研究假设并得出结论

评测实验结束后，根据实验结果和过程记录判断研究假设是否成立，或判断是否收集到支持提出新假设的有力证据，进而得出实验结论或为后续实验设计提供论据。

6.2.2　评测方法

由于可视化与人机交互二者间具有许多相似的特征，因此可视化评测方法可以借鉴人机交互领域中较为成熟的用户评测方法，包含以下较为常见的方法。

1. 可用性测试

可用性是研究者在设计可视化过程中的重要目标之一，包含易学性、使用效率、出错频率、主观满意度多个方面，是一个多因素的概念[6]。可视化评测中的可用性测试是指选择一组能够代表目标用户的用户群体，在严格控制变量的实验环境下，通过对可视化进行交互式探索完成一组特定的测试任务，记录用户完成任务过程中的各项指标，最后对任务执行情况进行分析。

易学性主要针对可视化系统对用户的友好程度，不仅需要关注用户花费多长时间掌握系统操作，还需要考虑用户花费多长时间才能完成有用的任务。使用效率是指在用户具有一定经验和熟练度时，使用可视化系统执行任务的效率，例如完成某一类任务需要多少时间或完成效果如何。使用效率经常被用于对比现有工具，从而突出当前可视化的有效性。出错频率指在相同时间内用户完成特定任务时出错的次数，在一些对正确率要求较高的应用场景下错误频率是值得关注的方面。不同于计算机其他领域主要关注性能上的提升，可视化研究关注人类的认知与感知，且研究过程中还涉及美学等一系列主观因素，客观的评价指标不足以完全评价可视化的好坏，因此，用户主观满意度是可视化评测最重要的度量之一。主观满意度评测通常采用访谈或调查问卷的方式，充分了解用户的主观偏好和交互体验，但此类结果难以量化，不便于比较不同工具的优缺点。

2. 专家评估

专家评估是指邀请专业领域内的专家级用户参与实验环节，一方面可以避免因招募大量普通用户而产生的成本，另一方面专家给出的建议从专业性和建设性上都高于普通用户。可视化应用领域的专家具备大量专业知识，对于数据集、任务和目标都有充分的了解，对可视化技术在多大程度上支持研究目标能够给出最准确的判断。此外，专家评估环节还可以邀请可视化领域的专家，从可视化设计与研发的角度对视觉编码设计和交互设计给出建议。

3. 现场测试

现场测试主要面向应用场景，是指将可视化应用部署到实际问题场景中进行测试，而非仅在实验室环境下。现场测试面向真实目标用户，测试任务既可以定量也可以定性，将环境因素对用户的影响降到最低，能尽可能地获取最接近真实水平的测试结果。但现场测试需要在实际场景中部署可视化，因此难以与同类工具进行比较，应该在现场测试中避免需要严格控制变量的测试环节。

4. 案例分析

案例分析也是可视化技术最重要的评测方法之一，描述研究者通过可视化技术或系统获得见解的整体流程，说明该技术的实用性。案例分析的关键在于案例的选择，需要以符合可视化研究目标的现实问题作为落脚点来选择案例。此外，案例必须具有真实性且来自切实的需求，假定目标用户在实际环境中的操作，否则难以产生令人信服的分析结果。

6.2.3 影响评测效度的因素

可视化评测过程中需要考虑多方面因素的影响，保证实验结果的真实性和有效性。影响评测效度的主要因素如下。

1. 参与用户

用户是参与可视化评测的对象主体，对用户的选择需要充分考虑多方面因素，尽可能涵盖大部分真实用户的特征，才能客观判断可视化技术是否符合应用场景的切实需求。

测试前需要充分考虑用户对应用领域、测试任务、数据、可视化技术、可视化环境的熟悉程度。应用领域方面，领域内专家和新手可能对可视化技术的目标预期和门槛的要求不同，针对该方面需要着重考虑可视化的受众对象；对测试任务和数据的熟悉程度对实验结果影响较大，面向探索位置信息的可视化评测需要选择不熟悉任务和数据的用户，而面向使用效率或时间成本的可视化评测则需要用户对应用场景非常熟悉，避免因为理解困难而影响分析时间；用户对可视化技术和环境的熟悉程度也会影响评测结果，经常使用可视化解决问题的用户难以察觉对普通用户不友好的系统缺陷，而从未使用过可视化的普通用户也未必可以接受某些可视化技术处理问题的方式。因此，最理想的方式是选择最接近真实用户的测试人群或直接邀请真实用户来参加评测。

2. 测试任务

定义测试任务是设计实验的重要部分，测试任务决定了可视化评测所得结论的适用范围，需要尽可能包含评测目标的全部内容。测试任务与可视化任务的形式类似，由于新的数据和分析手段不断出现，可视化技术可以支持的任务类别也多种多样，包含展示、识别、定位、比较、联系、分类、聚类、关联等。定义测试任务时需要严格将任务设置为明确、可靠且可操作的，以便获取实验结果。

3. 数据类型

现有可视化技术往往难以同时应用于多类数据，通常仅能够在几类数据中产生较好的效果。因此，测试数据类型的选择也是可视化评测的重要影响因素，需要充分考虑数据类型、数据量、数据维度、数据多元性、数据范围和分布等多个方面。例如，对于面向网络数据的可视化设计，数据类型就是图结构数据，展示的节点和边数目、数据点的涵盖范围、渲染大量数据的耗时等都是重要的评测指标；对于高维数据可视化设计，研究者更加关心可视化能够呈现多少个数据维度，在实验过程中需要重点约束数据的多元性和维度。

4. 评测指标

评测指标是可视化评测中最重要的影响因素，关系到实验结果所能够得出的评测结论。指标可以是定性或定量的，常见的可视化评测指标如下。

（1）有效性

有效性是可视化最基本的需求，描述可视化系统实现了用户需要的哪些功能、能在多大程度上支持可视分析任务、能否得到有价值的见解等。

（2）可用性

可用性是可视化的另一个重要评测指标，描述用户使用可视化系统时针对可视化界面和交互的使用体验，例如视图设计是否直观、交互逻辑是否易于理解、上手难度是否符合预期等。

（3）分析效率

分析效率是指用户通过可视化技术是否能够更高效地完成目标任务，可以通过得出的有用见解的数目、分析过程所用的时长、回答问题的正确率等量化指标进行分析。

（4）可扩展性

随着数据量或数据复杂度的增加，可视化可能会产生重叠覆盖、视觉混淆等问题，导致能够传递的有效信息量减少，而可扩展性指在上述场景下可视化所能支持的数据量和复杂度的上限和下限。

（5）计算性能

计算性能主要指可视化对计算资源的需求程度，包含可视化渲染或交互需要的响应速度、CPU 时间、内存和硬盘占用等指标。

6.3 可视分析案例：基于旅游 UGC 的目的地形象可视化

旅游目的地是供旅游者游览的一个国家、城市、城镇或者其他区域[7]，在旅游研究中，较为广泛引用的对目的地形象的定义是人们对一个目的地的信念、想法和印象的总和[8]。旅游目的地形象研究是旅游学科中一个重要的研究领域，树立良好的目的地形象是吸引旅游者的重要手段，同时也是旅游营销的重要方式，影响着目的地的可持续发展[9]。越来越多旅游者借助移动网络平台发布游记及评论文本，以此进行信息共享与交流，这些原创文本即为旅游用户生成内容（User Generated Content,UGC）数据。本节以基于旅游 UGC 数据的旅游目的地形象可视分析系统[10]为例，结合前面章节的可视化相关知识，介绍该可视化案例的详细流程，包括：数据、任务与模型，可视化方法设计与实现，可视化案例研究。

6.3.1 数据、任务与模型

本节首先对旅游数据来源及属性进行描述，然后依次阐述数据的采集与存储、样本数据的分析过程与数据处理工作。接着，结合数据特性与本文所需解决的旅游领域问题定义本文的可视化任务，构建基于旅游 UGC 的目的地形象可视化模型。

1. 数据描述

随着 Web 2.0 与移动互联网的快速发展，旅游者将自己的旅行原创内容通过互联网平台进行分享，这些原创内容即为旅游 UGC 数据。目前旅游 UGC 数据主要分为两类，一类是旅游者将自己出行的整个过程及感受通过文字记录、整理而成的长文本信息，另一类是旅游者撰写的关于目的地的简短文本信息。通过对比 Alexa㊀排名以及携程旅行网㊁、马蜂窝㊂、穷游网㊃、百度旅游㊄等在线旅游网站，选取马蜂窝和百度旅游作为研究的数据来源。马蜂窝是一家将 UGC 作为核心竞争力的旅游评论网站，月均活跃用户数达 1 亿，每月用户撰写优质游记超过 13.5 万篇。百度旅游是百度旗下的旅游信息社区服务平台，旅游者可以借此分享自己的旅行经历，从而帮助准备出游的人更快、更好地进行旅游规划，其评论功能可以提供用户关于目的地的短文本 UGC 信息。

本节分别选取马蜂窝的游记数据（长文本）与百度旅游的评论数据（短文本）。游记数据是旅游者将实地体验之后的经历与所感通过文字形式展示的信息，主要由游记本体和平台反馈两部分组成，约计 71 万篇，其中游记本体包括出发地、出发时间、目

㊀ Alexa：http://alexa.chinaz.com。
㊁ 携程旅行网：https://www.ctrip.com。
㊂ 马蜂窝：https://www.mafengwo.cn。
㊃ 穷游网：https://www.qyer.com。
㊄ 百度旅游：https://lvyou.baidu.com。

的地、游记内容、出行天数等数据，平台反馈包括游记查看数、评论数、收藏数等数据；评论数据是旅游者书写的关于目的地的真实有效的简洁文字信息，主要由评论本体和平台反馈两部分组成，约计 153 万条，其中评论本体包括目的地、评论用户信息、评论内容、用户对于此目的地的评分等数据，平台反馈包括查看数、评论数与收藏数等。

2. 数据的采集与存储

（1）数据采集

通过网络爬虫的方式解析马蜂窝及百度旅游网站的页面信息，从而采集旅游游记、评论以及目的地数据。网络爬虫采用 Python 语言编写，利用 Scrapy 框架下的 Spider 类爬取指定 URL 的网页数据，并利用 XPath 与 Scrapy 的选择器 Selectors 分析网页内容，从而提取结构化数据。

（2）数据存储

采用关系型数据库 PostgreSQL 进行数据存储，其中包括游记、评论、省份、城市与子目的地五个实体，其中游记实体和评论实体提供了目的地形象分析的主要信息，具体介绍如下。

游记实体

游记实体的结构如表 6-1 所示，游记实体主要包括游记本体与平台反馈数据，其中每一篇游记对应于一个城市或者子目的地。

表 6-1　游记实体的结构

字段名	数据类型	描　述
journey_id	类别型	游记 ID（主键）
create_time	数值型	游记创建时间
start_time	数值型	旅游时间
days	数值型	旅游天数
origin	类别型	出发地
content	文本型	游记内容
view_num	数值型	游记查看数
comment_num	数值型	游记评论数
star_num	数值型	游记收藏数
city_id / subdes_id	类别型	城市 ID / 子目的地 ID（外键）

评论实体

评论实体的结构如表 6-2 所示，评论实体主要包括评论本体与平台反馈数据，其中每一条评论对应于一个城市或者子目的地。

表 6-2 评论实体的结构

字段名	数据类型	描 述
comment_id	类别型	评论 ID（主键）
create_time	数值型	评论创建时间
content	文本型	评论内容
view_num	数值型	评论查看数
comment_num	数值型	评论评论数
star_num	数值型	评论收藏数
rate	数值型	评论评分值
city_id / subdes_id	类别型	城市 ID / 子目的地 ID（外键）

3. 数据预处理

采用自然语言处理方法进行数据处理，从复杂的旅游文本数据中提取有用的信息，主要包括以下几个方面。

（1）停用词及自定义词典构建

由于原始旅游数据集中存在一些出现频率很高但自身并无明确含义的词汇，例如"我""是""的"，这些词汇容易对文本中的有效信息造成干扰，因此需要在数据处理阶段进行过滤。另外，旅游文本中通常包括目的地、食物等旅游领域专有词汇，为了确保后续分词阶段的准确性，通过百度旅游网站采集目的地与食物词汇，从而构建旅游自定义词典，其中自定义目的地词典共计词汇 32124 个，自定义食物词典共计词汇 2077 个。

（2）关键词提取

在关键词提取中，主要采用 Gensim 提供的 LdaModel 模块进行处理。Gensim 是一款开源第三方 Python 工具包，支持多种主题模型算法。LDA 是一种文档主题生成模型，用于识别大规模文档集中潜在的主题信息，即 LDA 将每篇文档表示为若干个词汇及其对应的比例 [11]。关键词提取的主要步骤如下所示。

1）获取文本特征列表。主要通过中文分词与去除停用词等步骤建立文本特征列表。中文分词是指将一段中文文字序列切割为可识别的语言单元，即单独的词汇。根据数据特点及适用性，采用中文分词工具 jieba 进行处理，其提供多种不同的模式进行分词，并且支持自定义词典。导入自定义目的地词典及食物词典进行中文分词，并利用停用词词典去除分词结果中的停用词，得到文本特征列表。

2）训练 LDA 主题模型。根据步骤 1 的文本特征列表，利用 Gensim 的 corpora.Dictionary 直接统计词频，并调用 doc2bow 得到文档 – 单词矩阵。然后利用 models 模块的 LdaModel，向其传入文档 – 单词矩阵和需要训练的主题数量，得到 LDA 主题模型。

3）关键词提取。调用步骤 2 得到的主题模型，根据主题数量输出旅游文本的主题，输出结果格式为“主题 × 比例”的形式，然后利用 Topical PageRank 方法提取关键词。

（3）情感词提取及分析

我们不仅要分析旅游文本的情感值，而且要分析正面或者负面评价具体针对何种方面，因此需要提取文本中关于相应关键词的具体评论观点，即关于关键词的情感词。选用百度 AI 开放平台下自然语言处理模块的评论观点抽取功能，得到每个关键词相关的评论观点情感词集合，例如“宽窄巷子：休闲 / 拥挤”。

4. 可视化任务定义

主要采用 Baloglu 和 McCleary 的“认知 – 情感”目的地形象模型[12]，该模型认为目的地整体形象由认知形象与情感形象两部分组成，其中认知形象是旅游者对目的地属性的认识表达，例如目的地的景点、美食、社会环境氛围等，情感形象是旅游者对目的地的正面或者负面评价。根据目的地形象模型，结合已有研究及旅游文本数据特点，定义了如下可视化任务，用于完成单个目的地形象的构建与分析。

T.1 认知形象分析

认知形象是旅游者对目的地属性的认识表达，因此需要对旅游文本数据中提取的认知形象信息进行可视化分析。

- T.1.1 整体认知形象的展示与比较。分析者需要从整体上感知目的地形象，因此需要查看从旅游文本数据中提取的关键词，确定哪些词汇出现的频次较高。分析者同样需要查看每个关键词之间出现情况的差异，并根据需求进行排序、筛选等分析操作。
- T.1.2 认知形象类别的定位与比较。通过对整体认知形象的分析，分析者需要对认知关键词进行进一步分析。首先需要设置不同的认知类别，例如“旅游吸引物”“旅游基础设施”“旅游环境和地方氛围”等，并对认知关键词进行分类，分析不同类别的关键词情况。

T.2 情感形象分析

情感形象是旅游者对目的地的情感表达，并且一般用于形容认知形象，其单独分析的必要性较弱，因此需要将旅游文本数据中提取的情感形象与认知形象进行关联可视化分析。

- T.2.1 单一类别情感形象探索。针对不同认知类别，分析者需要分析每一种类别下的情感形象，例如旅游吸引物类别的正面和负面评价比例是多少、旅游者所描述的具体正面和负面评价主要体现在哪些认知形象方面。
- T.2.2 不同类别情感形象比较。分析者需要对比分析不同类别的情感形象，包括正面评价较为明显的类别是什么、负面评价较多的类别包括哪些，从而综合判断旅游者对于目的地情感形象的感知，并分析负面评价出现的原因，以便分析者提出相应的解决建议。

T.3 形象时序演变分析

旅游游记及评论数据均具有时间属性，分析者可以借助此属性分析认知形象与情感形象的时序模式。

- T.3.1 认知形象时序探索与比较。分析者需要查看并对比不同时间粒度下认知形象的区别，例如在不同年份某些景点被提及的频率较高或者不同季度目的地所呈现的认知形象会随之变化等，帮助分析者更好地认识认知形象。
- T.3.2 情感形象时序探索与比较。分析者同样需要查看并对比不同时间粒度下情感形象的区别，如同任务 T.2，结合认知形象分析情感形象的时序模式变化。例如某一目的地是否在某一时间节点下突发大量负面评价，或者不同时间粒度下相同目的地的正面与负面评价是否呈现出相似模式，其背后的原因是什么。

T.4 形象文本展示与比较

旅游游记数据为长文本数据，评论数据为短文本数据，分析者借此可以分析两种文本数据所呈现的形象是否存在异同。同时结合时间属性分析二者之间在相同时间段内认知与情感形象表现是否一致，随时间的演变二者是否展示为相似的时序模式。

T.5 原始文本定位

旅游者通过原始旅游文本在一定的上下文语境中较为完整地描述了其对于目的地的形象感知，因此分析者需要结合可视化任务 T.1（认知形象分析）与 T.2（情感形象分析），定位文本中对应的认知与情感关键词位置，查看原始文本对于目的地的完整描述，以便更好地了解目的地形象。

5. 可视化模型构建

根据 Card 等人提出的信息可视化参考模型，结合旅游文本数据的特点及可视化任务，提出基于旅游 UGC 的目的地形象可视化模型，如图 6-5 所示。

- 数据处理：主要通过构建停用词与自定义旅游词典、关键词提取、情感分析及情感词提取等处理操作，从复杂的原始旅游数据中得到所需要的游记数据集与评论数据集，为后续的可视化工作提供基础。
- 可视化映射：根据数据特性以及可视化任务，选择合适的视觉编码形式将数据转换为可视形式并呈现给用户。主要利用颜色、形状、位置等视觉通道设计不同的可视化方法，包括基于关键词的情感可视化方法、多属性关联双序列可视化方法与辅助可视化方法。
- 视图绘制：根据所设计的可视化方法，绘制一系列可视化视图，包括目的地形象整体视图、多属性关联双序列视图、原始双序列视图和辅助可视化视图。同时视图之间存在联动关系，彼此相互影响与制约。

- 交互控制：在可视化模型中，人是核心要素，因此为用户提供交互控制是辅助分析决策必不可少的环节。通过加层、关联、过滤等交互手段，帮助研究者与目的地管理组织更好地理解与分析数据，完成目的地形象的分析工作。

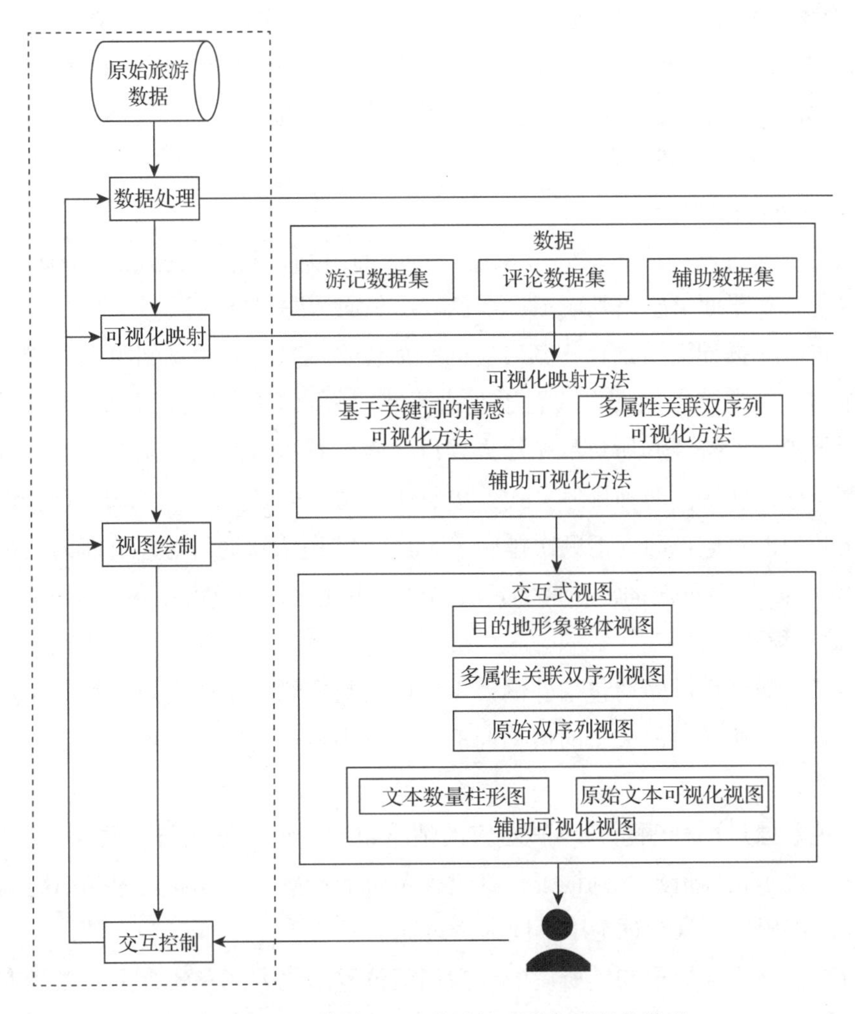

图 6-5　基于旅游 UGC 的目的地形象可视化模型

6.3.2　可视化方法设计与实现

本节主要介绍与可视化任务紧密相关的可视化方法设计方案的实现，包括基于关键词的情感可视化方法和多属性关联双序列可视化方法，并通过可视编码、基本布局及交互设计三个方面对设计方案进行具体说明。

1. 基于关键词的情感可视化方法

目的地形象主要包括认知形象与情感形象，其中情感形象分为正面与负面形象。详细的设计内容通过可视编码、布局设计及交互设计三个方面进行说明。

（1）可视编码

此视图所使用的数据主要分为两种：分组性质的数据与定量性质的数据。如图 6-6 所示，使用文字表示三组形象词汇（认知形象、正面情感形象、负面情感形象），此类数据为分组性质的数据，主要通过“颜色”与“位置”视觉通道进行映射；在认知形象两侧分别使用嵌套矩形序列表示不同的情感词汇在当前认知词汇中的分布数量情况，此类数据为定量性质数据，主要通过“形状”“颜色”“位置”与“长度”视觉通道进行映射。具体的可视编码设计如下。

形象词汇编码设计

- 颜色。通过三种颜色编码形象词汇对应的组别，其中黑色表示认知组别词汇，绿色表示正面情感组别词汇，红色表示负面情感组别词汇。
- 位置。根据词汇组别计算其对应的平面位置区域，其中认知组别放置于中间区域，正面情感组别词汇放置于左边区域，负面情感组别词汇放置于右边区域。同组别词汇按照其所选的排序方式以竖直位置进行编码。认知组别默认按照降序排序，共提供四种排序方式：按照认知词汇被提及总频次排序（总和）、按照认知词汇对应正面词汇频次排序（正面）、按照认知词汇对应负面词汇频次排序（负面）、按照负面词汇在情感频次总数的占比排序（负占比）。

词汇分布编码设计

- 形状。嵌套矩形序列包括外侧大矩形序列与内侧小矩形序列，其中外侧大矩形编码当前认知词汇关联的情感词汇，内侧小矩形分别编码当前视图所呈现的单个情感词汇。
- 颜色。通过两种颜色编码其对应的情感组别，编码方式与形象词汇保持一致，绿色表示正面情感组别词汇，红色表示负面情感组别词汇。内侧小矩形的颜色亮度编码同一认知词汇中不同的情感词汇。
- 位置。外侧大矩形与其所属的认知词汇位置编码方式一致，主要以竖直位置进行编码，内侧小矩形以水平位置进行编码。
- 长度。外侧大矩形长度编码当前认知词汇关联的情感词汇属性值（例如所有与此认知词汇关联的情感词汇的总文本数量或者情感词汇个数），内侧小矩形长度分别编码单个情感词汇属性值。

（2）布局设计

基本布局

如图 6-7 所示，根据用户选择的排序条件竖直放置形象词汇，以突出排序结果，并用连线表示形象词汇之间的关联关系。采用此种布局方式可以解决在传统标签云布局中因文字大小相似而无法较好区分排序结果的问题，并且可以很好地将情感形象词汇与其对应的认知形象词汇相关联，使视图更加清晰美观。

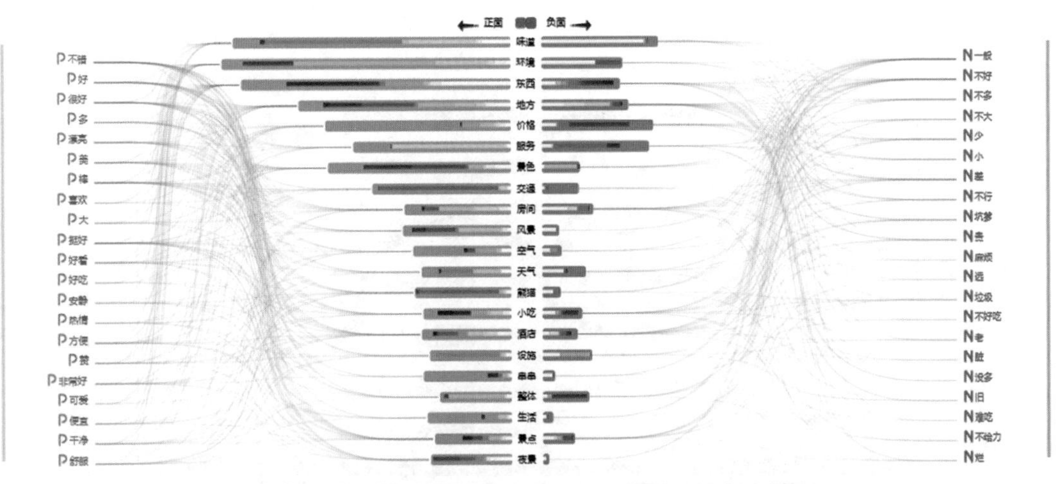

图 6-6　基于关键词的情感可视化方法基础设计示意图

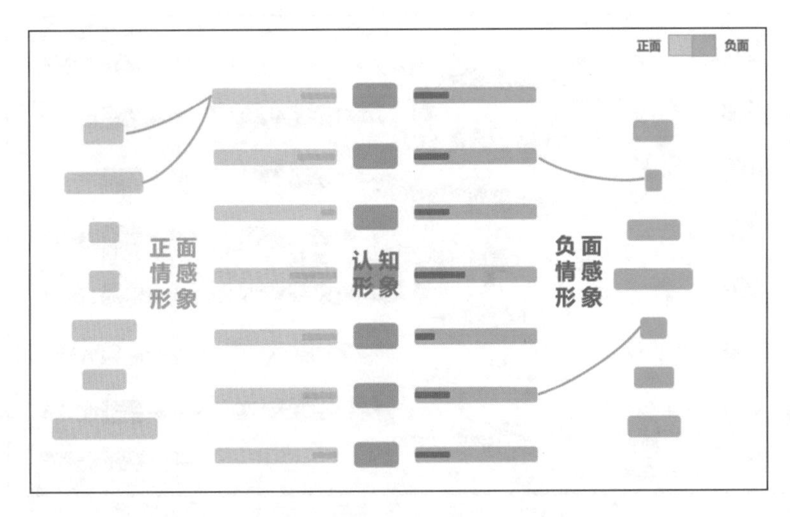

图 6-7　基于关键词的情感可视化基础布局示意图

时序演变布局

如图 6-8 所示，时序演变布局是在基础布局上加入时间维度，以水平排列方式展示形象词汇在时间维度下的演变情况。其中使用“流”映射同一词汇在不同时间节点的出现、发展与消失状态。另外提供两种时间粒度供用户选择，分别是年粒度与月粒度，方便用户以年或月为单位进行目的地形象演变分析。

分类对比布局

如图 6-9 所示，分类对比布局是在基础布局上加入目的地认知形象类别维度，视图左边区域展示整体认知形象词汇，右边区域以水平或竖直排列方式依次展示不同类别的目的地形象。在交互设计方面，为用户提供添加类别标签及选择颜色的操作，动态实时地更新结果，使用户可以深入获取更多信息。

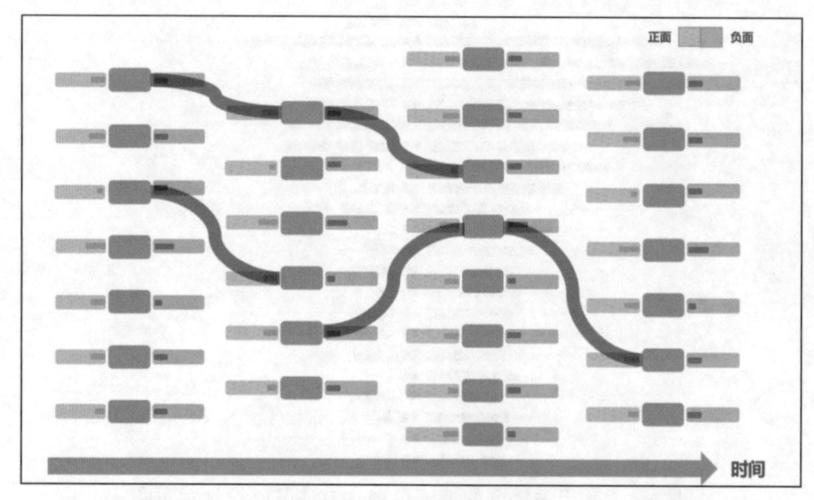

图 6-8 基于关键词的情感可视化时序演变布局示意图

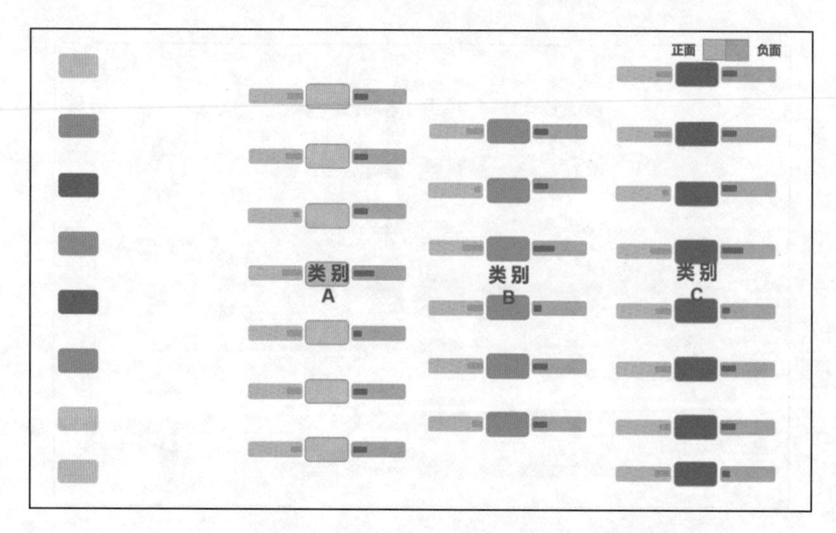

图 6-9 基于关键词的情感可视化分类对比布局示意图

（3）交互设计

过滤

旅游文本中涉及大量形象词汇，如果将全部结果呈现在视图上，用户无法从较多信息中提取重点。因此通过设置一定的约束条件对形象数据进行过滤，例如按照频次对词汇进行排序操作，并展示 TOP20 的形象词汇，可以帮助用户根据需求过滤数据，高效分析所研究的旅游目的地整体形象。

关联

基础视图提供的是一个概览性的整体信息，为了便于进一步探索不同形象之间的关联关系，用户可以选择某一形象词汇，从而高亮与此词汇相关的所有词汇，如图 6-10 中所示的连线。此交互操作适用于认知形象词汇与情感形象词汇。

加层

加层操作指在视图的局部添加另一层视图以呈现细节信息，因嵌套矩形序列映射方法仅表示词汇的定量性质，所以通过加层的交互方式使用户可以更为详细地查看每一个内侧小矩形所映射的情感词汇名称及频次信息，如图 6-10 中所示的浮框。

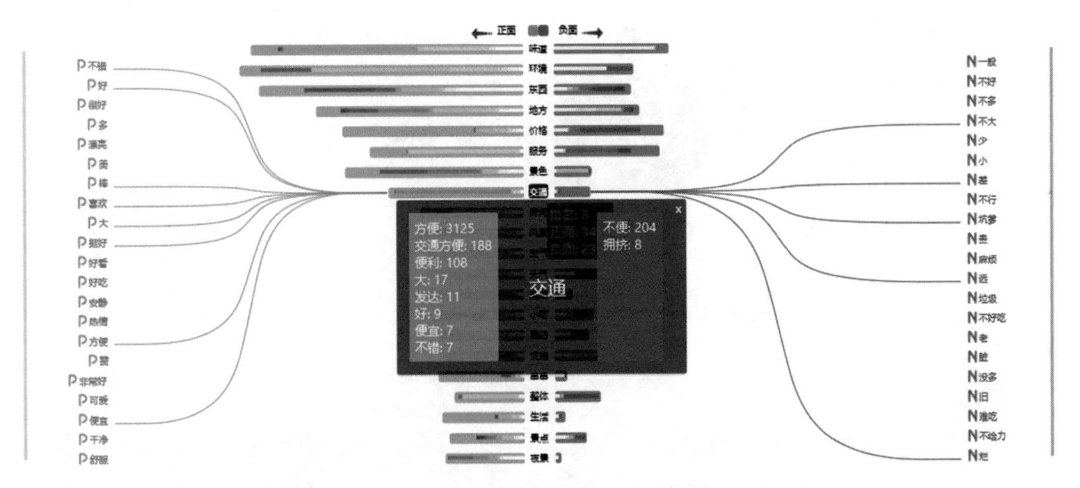

图 6-10　基于关键词的情感可视化方法——关联与加层设计

2. 多属性关联双序列可视化方法

下面将文本数据以序列的方式进行可视化映射，并且将文本序列分为两类：游记序列与评论序列。多属性关联双序列的可视化方法将文本的多个属性与文本序列进行关联，并提供动态可视化编码的交互方式，满足双序列的关联与分析任务。

（1）可视编码

依据可视化任务将数据分为按时间聚集的文本序列与原始文本序列，按时间聚集的文本序列由不同时间节点下具有若干聚集属性的文本单元组成，例如包含认知词汇个数与情感词汇个数的 2017 年 5 月的所有游记文本为一个文本单元；原始文本序列由含有若干属性的文本单元组成，例如具有发表时间、查看数、评论数等属性的单篇游记为一个文本单元。每个文本单元使用一个圆形进行编码，文本单元通过“位置”“颜色”与“面积”标记进行编码。具体的可视编码设计如下。

位置

在按时间聚集的文本序列中，这里将游记文本单元与评论文本单元相关联，共同构成关联双序列文本单元，如图 6-11 所示。一个关联双序列文本单元由三个圆形构成，上方的圆形编码当前时间节点双序列的属性值之和（$Area_1$），例如游记与评论文本的数量之和；中间的圆形编码游记或评论中较大的属性值对应的文本单元（$Area_2$），下方的圆形编码评论或游记中较小的属性值对应的文本单元（$Area_4$），二者相交区域编码共有属性（$Area_3$），并且以水平位置编码一条文本序列，例如所选文本单元属性为认知词汇个数，且游记的认知词汇个数大于评论，则 $Area_2$ 表示游记文本单元，$Area_4$ 表示评论文本单元，$Area_3$ 表示二者共同包含的认知词汇个数。在原始文本序列中同样以水平位置编码一条文本序列，其中上方圆形序列表示游记文本，下方圆形序列表示评论文本。

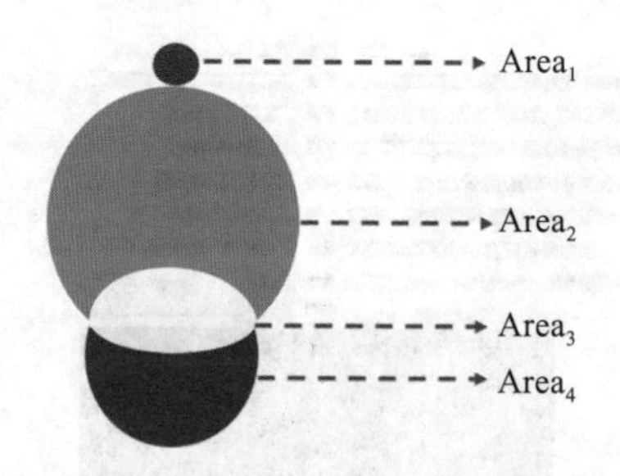

图 6-11 多属性关联双序列文本单元示意图

颜色

在按时间聚集的文本序列中，灰色表示 $Area_1$ 所在圆形，橙色表示 $Area_2$ 游记文本单元，蓝色表示 $Area_4$ 评论文本单元，米白色表示二者相交区域 $Area_3$。在原始文本序列中游记与评论的颜色编码方案与按时间聚集的文本序列保持一致，并且每个文本单元的颜色亮度对应所选的属性值大小。

面积

在按时间聚集的文本序列中，根据所选文本单元的属性计算圆形半径映射值，例如所选属性为文本单元包含的认知词汇个数，则其对应于圆形半径，圆形面积越大，表示认知词汇个数越多。原始文本序列的面积映射方案与之保持一致。

（2）基本布局

按时间聚集的文本序列布局

如图 6-12 所示，视图共分为三个区域，中间区域以竖直排列方式展示年份，左边区域展示每年所有月份的正面关联双序列聚集结果，右边区域展示负面关联双序列聚集结果。此种布局不仅可以通过横向比较的方式分析同年份的正面与负面关联序列分布情况，而且可以通过纵向比较的方式探索同月份在不同年份的目的地形象结果，提供了一种方便直接的信息浏览方式。

原始文本序列布局

如图 6-13 所示，与按时间聚集的文本序列布局相似，视图被分为三个区域，其中中间区域以竖直排列方式展示认知词汇、正面情感词汇与负面情感词汇。此布局在聚集布局的基础上加以渐进式探索，使用户能够较为详细地查看某一时间节点下关联双序列的具体分布情况，包括其具体包含的词汇、文本数量及文本相应属性分布，并且提供对比分析。

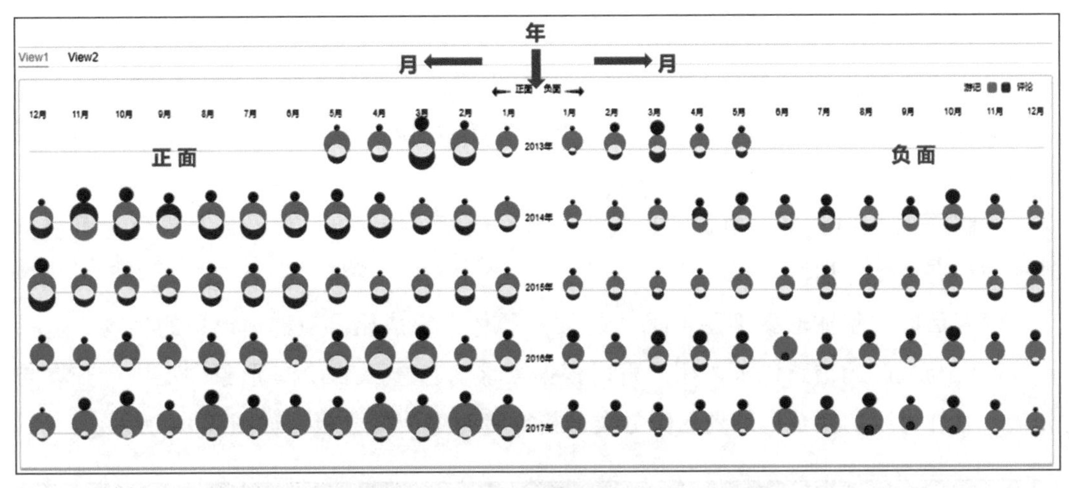

图 6-12　按时间聚集的文本序列布局示意图

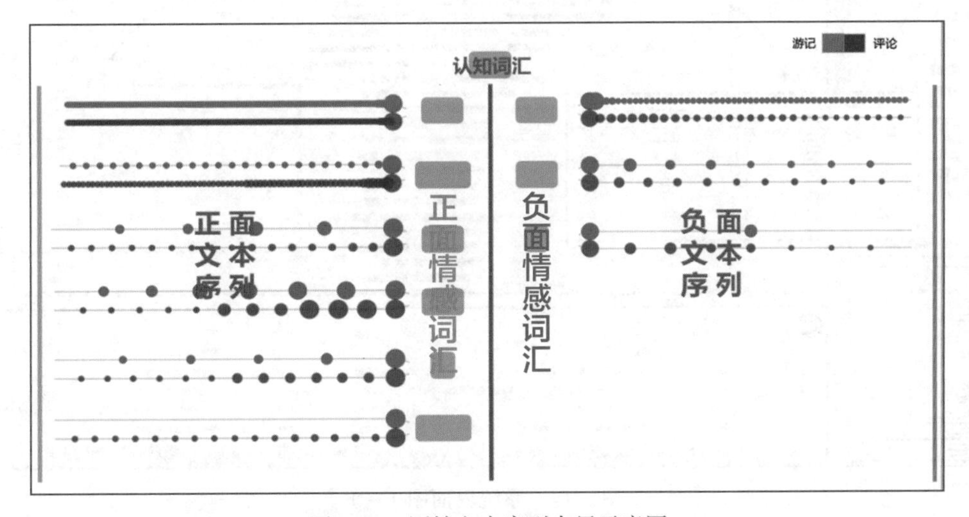

图 6-13　原始文本序列布局示意图

（3）交互设计

选择

通过“悬浮 + 高亮”的交互方式查看圆形文本单元的各种属性信息。另外，在聚集布局视图中，通过点击关联双序列文本单元的上方圆形的选择方式可以进入原始序列布局视图中完成渐进式探索；在原始序列布局视图中，通过点击某一圆形文本单元可以查看其对应的原始文本信息。

动态编码

无论是关联双序列文本单元还是原始双序列文本单元，它们自身都包含若干属性，而圆形也具有颜色亮度、面积、在 X 轴的位置等编码方式，因此这里不固定编码方式，而是让用户根据需求以动态编码的方式完成文本数据的探索。

3. 系统界面

系统界面主要包括旅游目的地整体形象视图、多属性关联双序列视图、原始双序列视图、辅助视图、控制面板，如图 6-14 和图 6-15 所示。以下是每个视图的详细介绍。

控制面板（A）：主要负责分析模式、时间粒度、排序方式以及半径颜色等可视化映射的动态选择与切换。

旅游目的地整体形象视图（B）：主要从整体上完成旅游目的地形象的呈现，包括认知词汇与相应的情感词汇。用户可以根据需求动态选择 TOP-N 形象词汇进行查看与分析，另外可以切换至目的地形象分类分析或者时序演变分析，如图 6-14 所示。

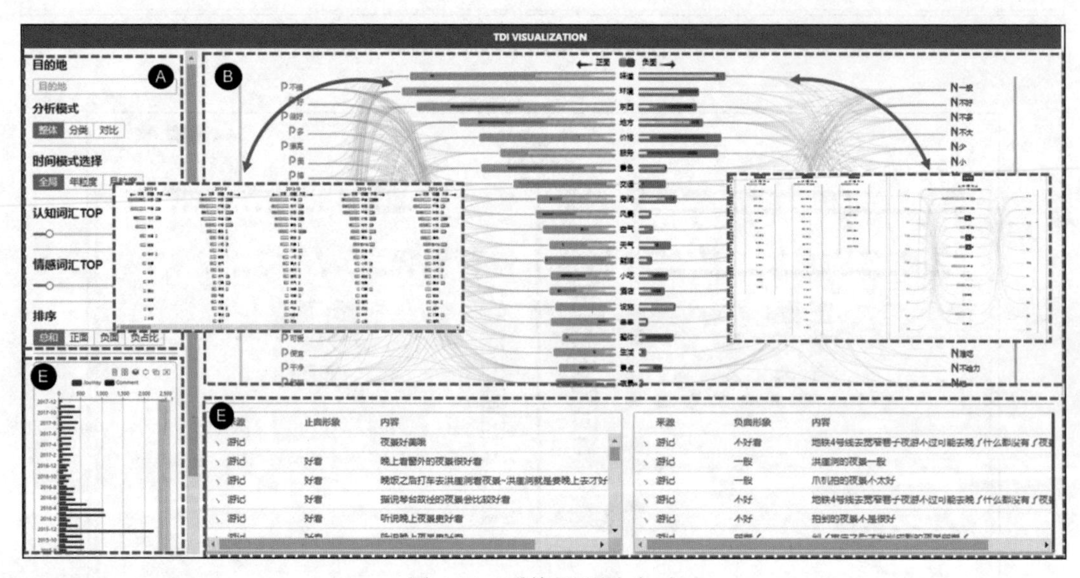

图 6-14　系统界面图（一）

多属性关联双序列视图（C）：主要提供按时间聚集的文本各个属性的概要信息，包括文本数量、认知词汇个数、情感词汇个数，并且关联展示游记文本与评论文本的概要信息。用户可以选择不同的映射方案以查看不同文本属性的演变情况，同时以横向或纵向的方式对比分析同一时间节点下的文本概要情况，如图 6-15 所示。

原始双序列视图（D）：基于关联双序列视图的选择，该视图主要展示某个时间节点下游记序列与评论序列的形象分布情况。用户可以动态映射文本自身的多种属性，也可以选择不同的序列排序方式，以完成对序列的全面分析，如图 6-15 所示。

辅助视图（E）：主要用于辅助用户更好地理解目的地形象，包括用于查看文本数量随时间变化的柱形图与原始文本内容视图，一般与以上的几个主要视图结合使用。

在目的地形象可视化原型系统中，分析者首先通过控制面板的搜索区域输入目的地，然后选择不同的分析模式（例如整体形象分析或者对比分析）以此呈现不同的视图结果（例如旅游目的地整体形象视图或者多属性关联双序列视图）。在不同的视图中，分析者可以根据需求结合控制面板进行排序、TOP-N 选择与属性映射方案的选择等交互操作（具体交互操作详见前述“交互设计”部分），以此构建与分析蕴含在旅游 UGC 中的目的地形象。

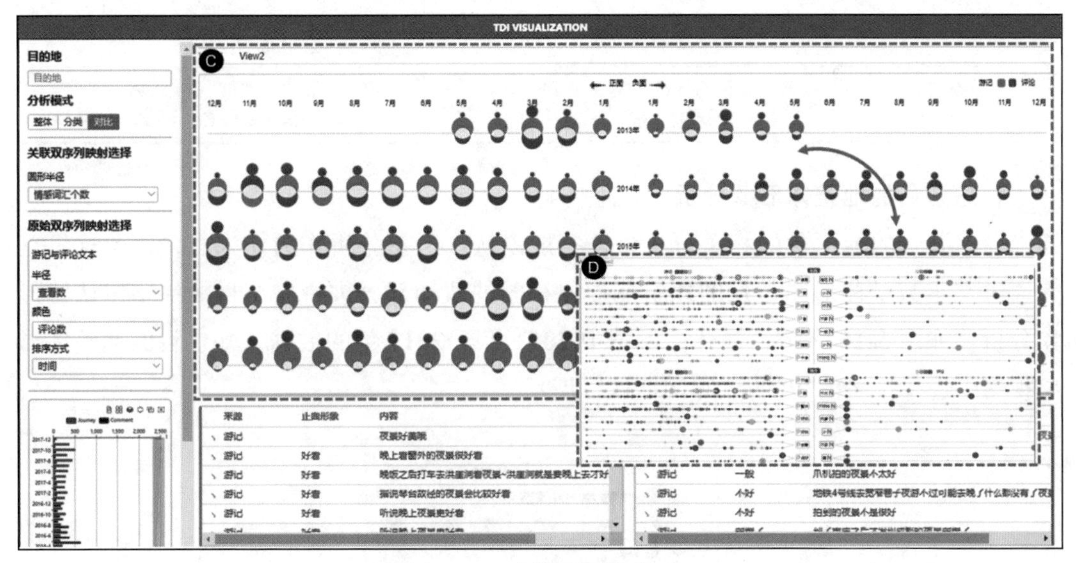

图 6-15 系统界面图（二）

6.3.3 可视化案例研究

可视化评测阶段选择“可视化任务”与“案例分析”相结合的方式来评估可视化方法及系统的有效性。根据数据特性及所定义的可视化任务，以成都市旅游文本数据为样本数据，从旅游目的地整体形象分析、形象分类对比分析、形象时序演变分析、形象文本对比分析等方面验证所提出的相关可视化方法的有效性。每个实验与可视化任务的对应关系如表 6-3 所示，实验结果表示所提出的可视化方法较好地解决了所有的可视化任务。

本节对旅游目的地整体形象分析和形象文本对比分析两个案例进行了详细介绍，其他部分案例分析的详细内容见文献 [10]。

表 6-3 基于旅游 UGC 的目的地形象实验总结

<table>
<tr><th>实验名称</th><th>实验详情</th><th>可视化任务</th></tr>
<tr><td rowspan="2">整体
形象分析</td><td>整体认知形象呈现与分析</td><td rowspan="2">T.1.1：整体认知形象展示与比较
T.2.1：单一类别情感形象探索
T.5：原始文本定位</td></tr>
<tr><td>整体情感形象呈现与分析</td></tr>
</table>

（续）

实验名称	实验详情	可视化任务
形象分类对比分析	旅游吸引物形象分析	T.1.2：认知形象类别定位与比较 T.2.2：不同类别情感形象比较
	旅游设施服务形象分析	
	社会环境氛围形象分析	
形象时序演变分析	年粒度形象演变对比分析	T.3.1：认知形象时序探索与比较 T.3.2：情感形象时序探索与比较 T.5：原始文本定位
	月粒度形象演变对比分析	
形象文本对比分析	游记与评论文本形象对比分析	T.4：形象文本展示与比较 T.5：原始文本定位

1. 旅游目的地整体形象分析

在旅游目的地形象的相关分析中，一般以认知形象分析作为切入点，因此这里首先通过文本数量柱形图与目的地整体形象视图的认知部分进行旅游目的地整体认知形象分析。如图 6-16 所示，框选柱形图中 2013 年至 2017 年的数据，并在目的地整体形象视图中选择排名前 30 的认知词汇进行展示。

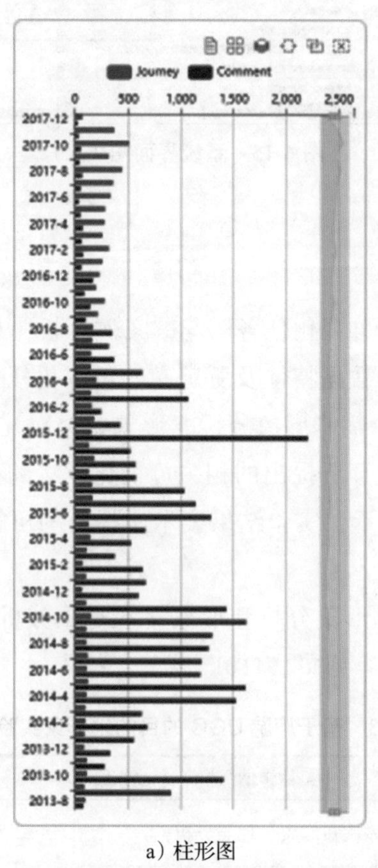

a）柱形图

图 6-16　目的地整体认知形象分析结果

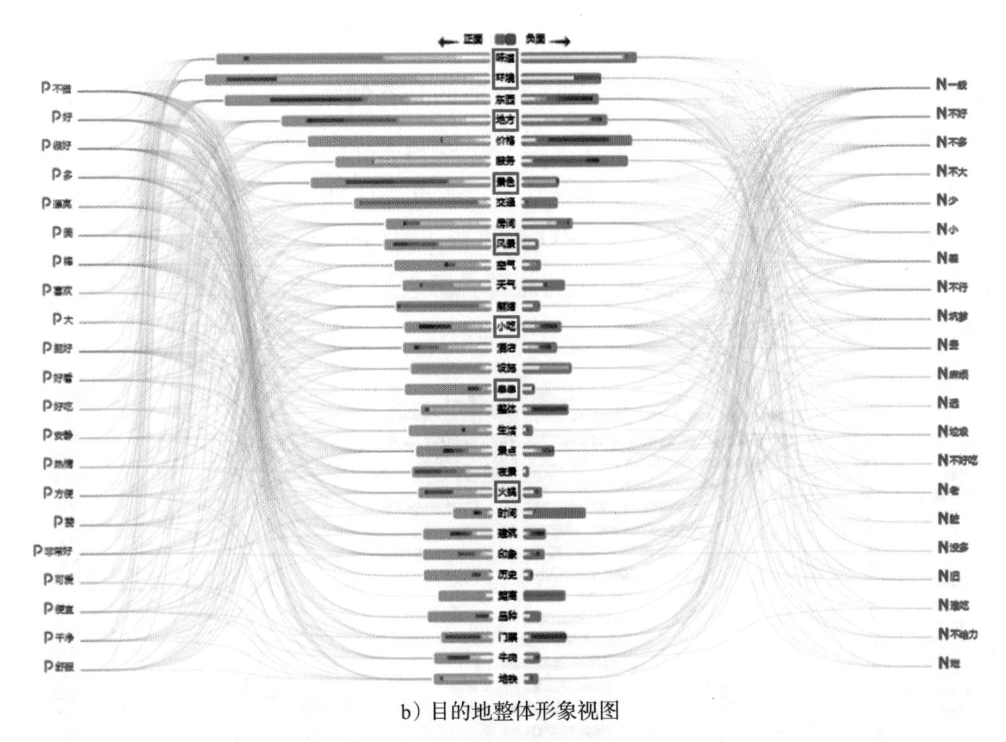

b）目的地整体形象视图

图 6-16　目的地整体认知形象分析结果（续）

旅游者提及较多的词汇包括“味道”“环境”“东西”“地方”等。“味道”位列第一，反映出在旅游者心目中美食与成都是无法剥离的，都将体验美食视为来成都旅游必不可少的内容之一，并且“火锅”“串串”等与美食相关的词汇被提及频次均超过 1000 次；“环境”主要用来描述成都社会环境及气氛，因成都以“悠闲”著称，由此可以发现旅游者大多怀着感受“成都环境”的目的前来旅游；“地方”共计出现 9538 次，由于样本数据所选取的是“成都市”，且大多数游记及评论均使用“地方”形容“成都”，例如“成都是想要吃香喝辣的好地方”“很有特色，是个风景很美的地方”等，所以“地方”一词排名靠前；由于成都是古蜀文明的发祥地，拥有“武侯祠”“文殊院”“杜甫草堂”等旅游景区，许多旅游者会选择前往，因此“景色”“风景”等与景区相关的词汇排名也较为靠前。

经过目的地整体认知形象的分析，进而结合目的地整体形象视图的情感部分进行旅游目的地情感形象分析。为了使用户可以多角度地分析情感形象，提供了四种降序排序方式：按照认知词汇被提及的总频次排序（总和）、按照正面词汇频次排序（正面）、按照负面词汇频次排序（负面）、按照负面词汇在情感频次总数的占比排序（负占比）。如图 6-17a 所示，选择“正面”方式排序，发现大部分认知词汇的正面评价都多于负面评价，例如在“环境”一词的描述中，正面描述多为“好”“安静”“优美”“整洁”等。旅游者提及成都的城市环境非常干净整洁，人民公园、熊猫基地等景区的自然环境十分优美，也有描述住宿及餐饮环境很好的评价，但是也存在负面评价。许多对“环境”的负面评价均涉及成都的餐饮环境，主要针对的是苍蝇馆子，如图 6-17b 所示，这些评价大多都描述苍蝇馆子的环境不好，但是味道非常好吃，例如“午饭去一家苍蝇馆子吃的川菜，餐馆环境不好，但生意很好……味道和性价比可以说是我们三天旅游下来觉得最好的一家”“味道还不错，阿姨还免费让我们充电，看得出似乎口碑还不错，就是环境差了些”。由此可以看出，虽然旅游者愿意为了食物前来苍蝇馆子光顾，但是餐饮环境或多或少会对旅游体验产生一些负面影响。

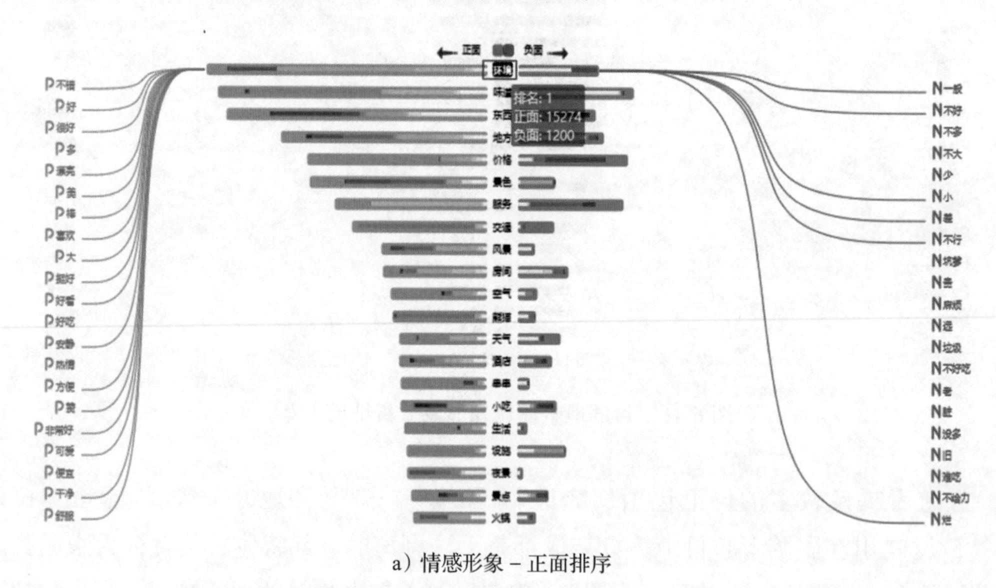

a）情感形象 – 正面排序

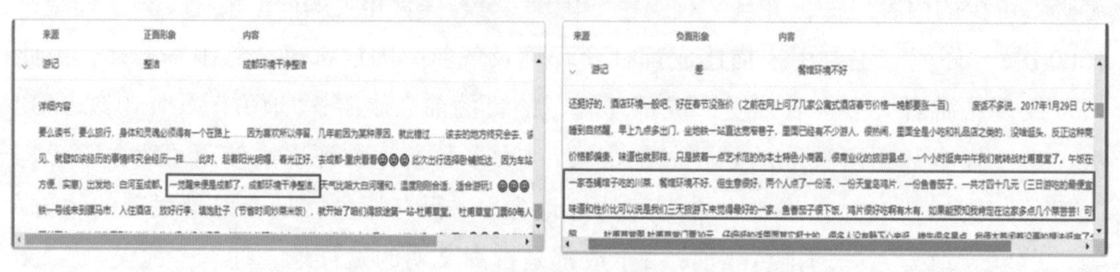

b）情感形象原始文本

图 6-17　目的地整体情感形象分析结果 – “环境”

将排序方式切换为“负面”，发现在认知词汇中“门票”一词的负面描述较多，与其正面描述数量相差较小，如图 6-18 所示。通过查看具体的情感词汇以及原始文本发现，有 318 条文本评价“门票贵”，其中很多旅游者提交“杜甫草堂”的门票价格较贵，例如“丞相祠堂何处寻，锦官城外柏森森，杜甫草堂门票 60 太贵”“杜甫草堂 60 门票有点高，不如望江楼”等，而其他收费景点并未被旅游者给予相同的评价，由此相关工作人员可以根据旅游者的反馈适当地进行调整。

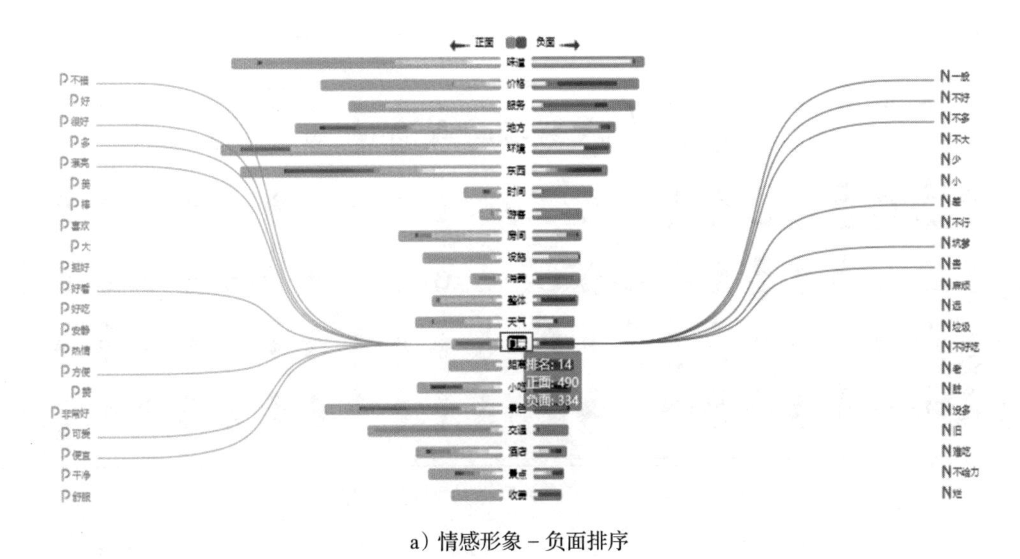

a）情感形象 – 负面排序

来源	负面形象	内容
游记	贵	杜甫草堂门票还有点贵

条路一直走到了四川科技馆，来都来了，还是进去看看吧。进去之后才发现很破，设备都陈旧了，很多好玩的东西也体验不到，虽然有点无聊，但

，重要的不是风景，而是陪你一起看风景的人么。科技馆旁边就是四川省图书馆，图书馆旁边一条街就是平安天主教堂了。很小，但因为第一次去这

车 …… 因为成都三环不大，很多地方都隔得很近。从天主教堂出来后，就直接去了杜甫草堂，这个必须要坐车了。杜甫草堂门票还有点贵，大概8

不清了。我当时就觉得一个草堂你卖那么贵门票，进去之后也没有特别值的感觉。但回来后一翻照片，才发现真的是一个离我们平时都很遥远的一种

b）负面情感形象文本

图 6-18　目的地整体情感形象分析结果 – “门票”

通过目的地整体形象视图可以从整体上对成都市的认知形象有一定程度的了解，进而通过悬停的交互操作了解用户所关注认知词汇的关联情感词汇，并结合原始文本视图全面详细地了解成都市的整体认知形象与情感形象（可视化任务 T.1.1、T.2.1、T.5）。

2. 旅游目的地形象文本对比分析

游记与评论文本在旅游目的地形象上存在关联性与一致性，但在长度、描述内容以及方式等方面存在一定的差别。为深入了解旅游 UGC 数据所呈现的目的地形象，结合使用多属性关联双序列与原始双序列视图进行对比分析。

图 6-19 所示为多属性关联双序列对比视图，上方圆形半径映射为文本总篇数（游记与评论），中间与下方圆形半径映射为情感词汇个数，若游记包含的情感词汇数量多，则游记圆形（橙色）在上，评论圆形（蓝色）在下。通过视图可以发现，负面区域中游记与评论之间的重叠区域明显小于正面区域，此现象可能是因为正面文本数量大于负面文本数量。

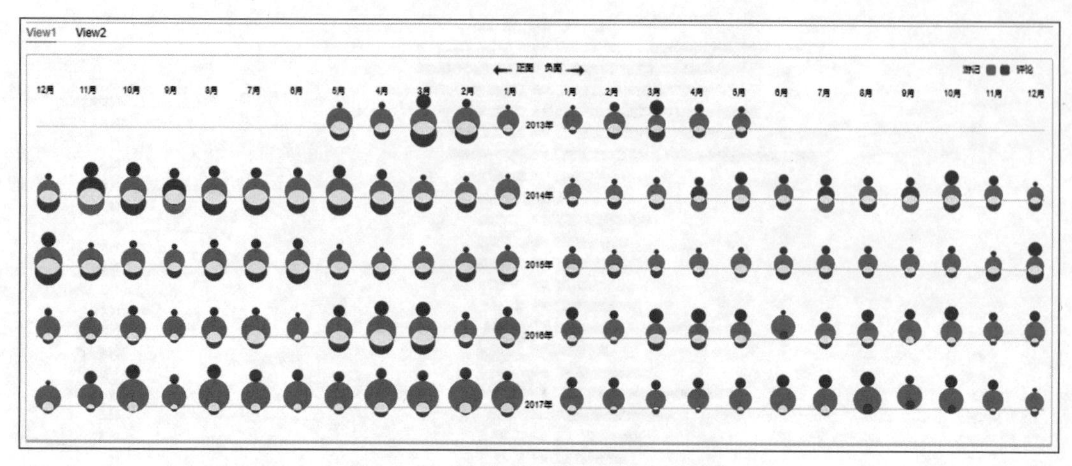

图 6-19　多属性关联双序列对比视图

以 2014 年为例，通过点击操作切换至 2014 年原始双序列视图。如图 6-20 所示，游记圆形用橙色表示，评论圆形用蓝色表示，游记与评论序列中圆形的半径、颜色、排序方式分别对应于收藏数、查看数、时间。通过视图可以查看 2014 年文本中存在的认知词汇以及对应的正面与负面情感词汇，并对比分析二者之间在内容与数量上的区别。同时每一个情感词汇均与其游记与评论序列一一对应，通过对半径、颜色与排序方式的灵活交互，深入对比分析游记与评论序列。从视图中发现大部分认知词汇在时间上的分布较为均匀，正面词汇及文本数量明显多于负面文本。部分情感词汇的游记与评论序列的密集程度相同，此类词汇通常是提及频次较高的相关词，例如“东西－漂亮”“地方－不错”（如图 6-20 和图 6-21 所示）。大多数情感词汇的游记序列长度大于评论序列，但也存在少数例外情况，例如“东西－好”“东西－小”“地方－不大”（如图 6-20 和图 6-21 所示）。将排序方式切换为按照收藏数降序排序，在“价格”一词中发现游记与评论序列的分布模式相似，收藏数较大的文本仅占少数，大部分文本的收藏数相差不大。对于游记序列来说，收藏数越高的文本，其查看数越大；而在评论序列中收藏数与查看数并非成比例变化，例如“价格－低”的原始双序列分布（如图 6-22 所示）。

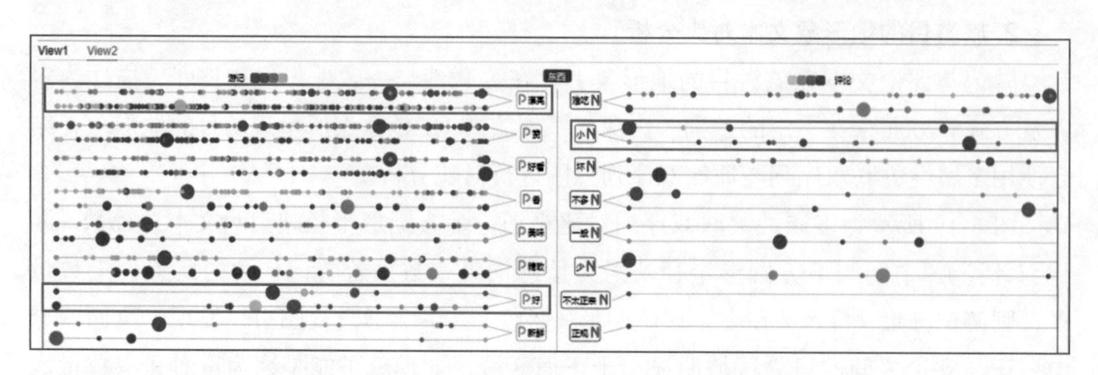

图 6-20　2014 年原始双序列对比——“东西”

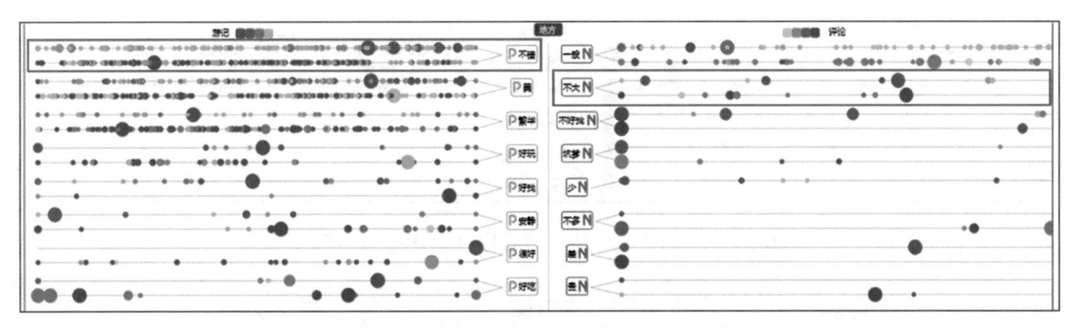

图 6-21　2014 年原始双序列对比——“地方”

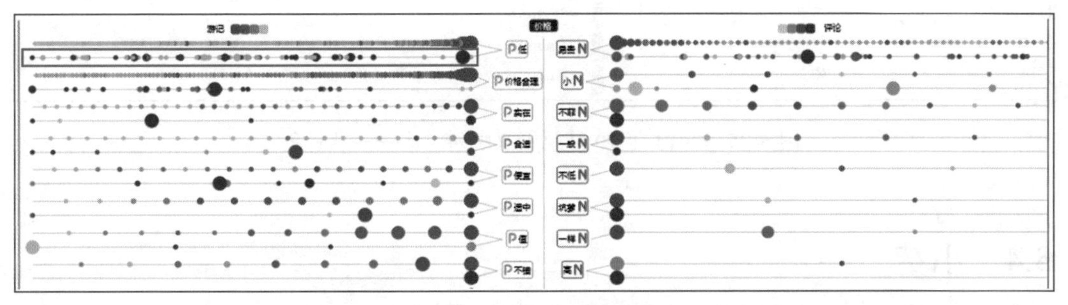

图 6-22　2014 年原始双序列对比——“价格”

接下来重点介绍 2014 年 10 月的原始双序列文本对比分析。如图 6-23 所示，在“东西”一词中，与美食相关的情感词汇（“美味”“香”）的游记数量均大于评论数量，而与景点相关的情感词汇（“漂亮”“齐全”“独特”）则完全相反。同时查看其他词汇发现了相同的规律，在“味道”“服务”等与美食相关的认知词汇中同样是游记数量较高，在“景色”“地方”“风景”等与景点相关的认知词汇中则是评论数量较高（如图 6-24 和图 6-25 所示）。因此可以发现，游记序列与评论序列有时会侧重于描述目的地的不同实体。

通过多属性关联双序列视图与原始文本序列视图，可以从概览和细节两个方面分析游记与文本所呈现的目的地形象结果，并且结合属性动态映射完成更为全面的对比分析（可视化任务 T.4、T.5）。

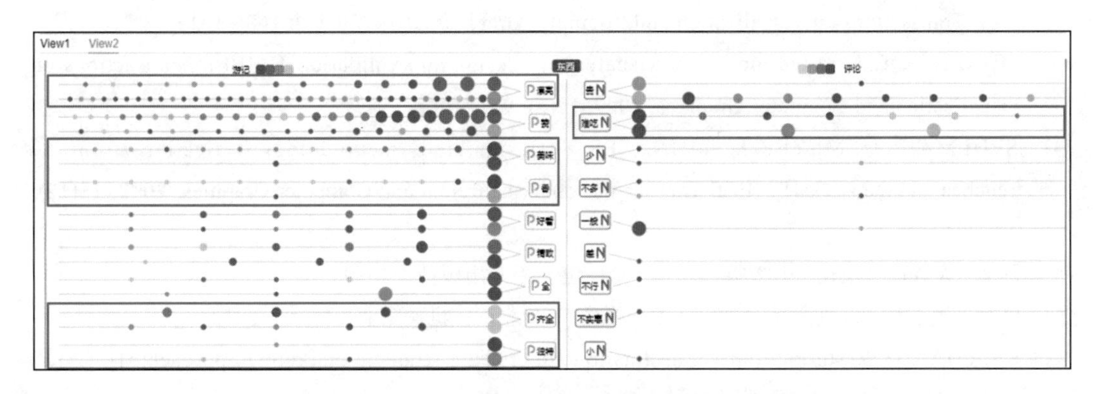

图 6-23　2014 年 10 月原始双序列对比——“东西”

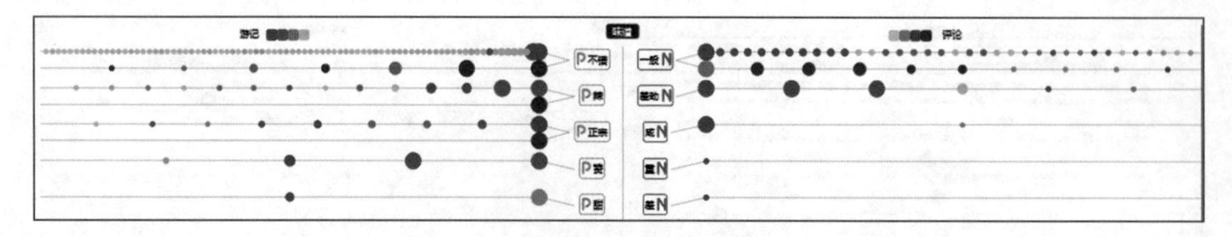

图 6-24 2014 年 10 月原始双序列对比—— “味道”

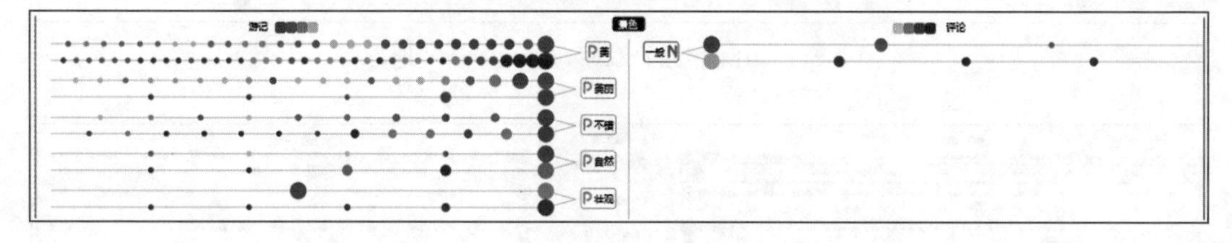

图 6-25 2014 年 10 月原始双序列对比—— “景色”

6.4 小结

本章从可视分析的基本概念出发，介绍了可视分析的经典模型、设计模型、评测方法，以及具体构建可视分析系统的步骤，并通过一个基于旅游数据的具体案例来讲解可视分析系统的构建过程。可视分析系统的构建过程综合应用了前五章的知识点。

可视分析的魅力在于人机交互与数据洞察。可视分析遇上有趣的数据，将会产生各种各样奇妙的反应。我们正处于可视化的黄金年代，可视分析的旅程才刚刚开始。

6.5 参考文献

[1] THOMAS J J, COOK K A. Illuminating the path: the research and development agenda for visual analytics[M]. Los Alamitos: National Visualization and Analytics Ctr, 2005.

[2] SACHA D, STOFFEL A, STOFFEL F, et al. Knowledge generation model for visual analytics[J]. IEEE Transactions on Visualization and Computer Graphics, 2014, 20(12): 1604-1613.

[3] MUNZNER T. A nested model for visualization design and validation[J]. IEEE Transactions on Visualization and Computer Graphics, 2009, 15(6): 921-928.

[4] SEDLMAIR M, MEYER M, MUNZNER T. Design study methodology: reflections from the trenches and the stacks[J]. IEEE Transactions on Visualization and Computer Graphics, 2012, 18(12): 2431-2440.

[5] 陈为 . 大数据可视化 (第 2 版) [M]. 北京：电子工业出版社，2019.

[6] 骆斌，冯桂焕 . 人机交互——软件工程视角 [M]. 北京：机械工业出版社，2012.

[7] BEIRMAN D. Restoring tourism destinations in crisis: a strategic marketing approach[M]. Crows Nest : Allen & Unwin, 2003.

[8] CROMPTON J L. An assessment of the image of Mexico as a vacation destination and the influence of geographical location upon that image[J]. Journal of Travel Research, 1979, 17(4): 18-23.
[9] 张宏梅 . 价值共创过程视角下的目的地形象 [J]. 旅游学刊，2018, 33(3): 3-5.
[10] CAO M, LIANG J, LI M, et al. TDIVis: visual analysis of tourism destination images[J]. Frontiers of Information Technology & Electronic Engineering, 2020, 21: 536-557.
[11] BLEI D M, NG A Y, JORDAN M I, et al. Latent dirichlet allocation[J]. Journal of Machine Learning Research, 2003, 3: 993-1022.
[12] BALOGLUA S, MCCLEARY K W. A model of destination image formation[J]. Annals of Tourism Research, 1999, 26(4): 868-897.

6.6 习题

1. 请谈谈你对可视分析模型的理解。
2. 请简要描述可视化设计的四层嵌套模型。
3. 可视化评测有哪些方法？请具体介绍其中两个方法。
4. 可视化评测的指标有哪些？
5. 基于本章的内容，请尝试构建一个可视分析系统。

第 7 章

Web 数据可视化工具

可视化发展至今已经有多种面向不同人群的数据可视化工具，帮助人们方便快捷地使用可视化技能对各类数据进行探索和分析。本章简要介绍一些常见的可视化工具和类库，重点讲解 ECharts、AntV 和 D3 三种目前广泛使用的 Web 数据可视化工具的原理和使用方法。从上手难易程度来说，D3 最难，ECharts 最容易，AntV 处于两者之间。希望通过本章的学习，读者能够找到合适的可以快速上手的可视化工具。

7.1 常见的可视化技能

现在已有很多可视化工具和库，其中包括面向广泛用户的图形用户界面工具，比如 Tableau、Power BI 等，也包括各类程序语言提供的可视化库，如 Python 语言的 Matplotlib 库等，下面对其中的部分工具和库进行简要介绍。

1. Tableau

Tableau[㊀]是一个功能强大、图表丰富的可视化分析平台，利用可视化来增强机器学习、统计、自然语言处理等，生成的可视化视图示例如图 7-1 所示。

Tableau 提供了数据处理模块，可以连接各类数据源，处理本地、云平台中任意大小和类型的数据，允许用户以直接的方式组合、调整和清理数据，并且支持实时分析。完成数据准备后，Tableau 通过直观的界面提供了数据维度属性的选择、统计计算方法以及种类丰富的可视化图表，同时降低了用户与数据交互的成本，比如拖拽即可构建可视化效果、单击即可采用 AI 驱动的统计模型，甚至可以使用自然语言提问。Tableau 还允许用户自由放置各类图表，制作仪表盘进行联动分析，并将分析方法上传至云，与其他用户一起讨论和创新可视化方案。概括来说，Tableau 为用户提供了一种快速、轻松、美观的数据分析方法。

㊀ Tableau: https://www.tableau.com/。

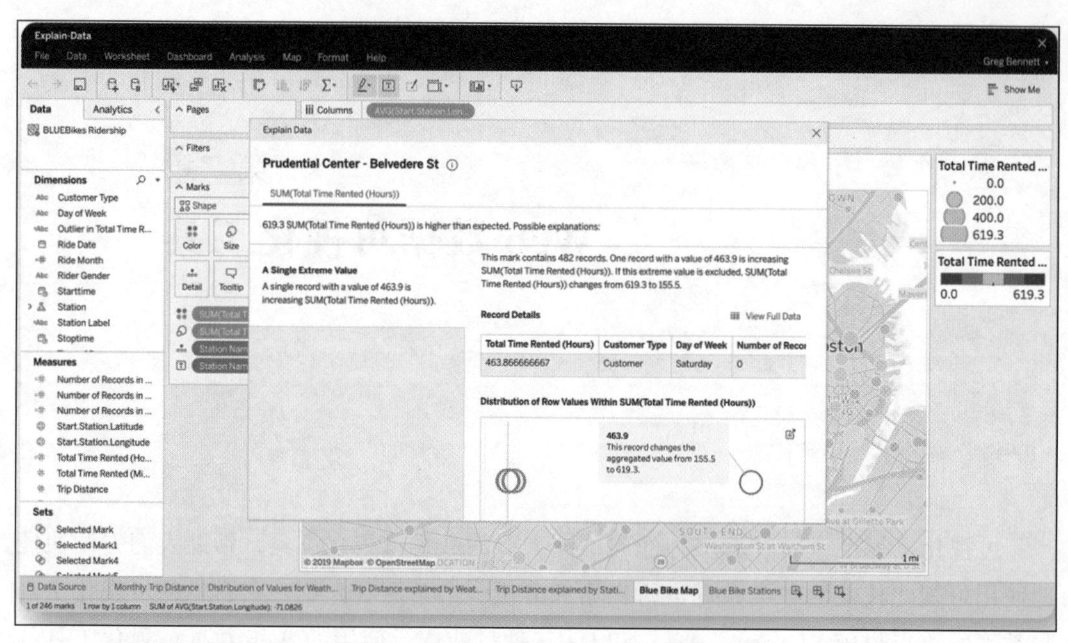

图 7-1 Tableau 生成的可视化视图示例

2. Power BI

Power BI[㊀]是一套商业数据分析工具，可直接连接数据源，对接各种可视化图表，能够跨端使用。用户也可在其中定制仪表盘，实现功能更为齐全的系统，并支持进一步的拓展。Power BI 包含桌面版 Power BI Desktop、在线 Power BI 服务和移动端 Power BI 应用，其中核心的数据可视化模块由 Power BI Desktop 提供。使用 Power BI Desktop 可以简单快速地利用可视化图表组成自定义仪表盘，分析各类商业数据。例如：在财务管理中找到关键数据，对财务状况进行分析；帮助市场营销活动管理数据，监控并分析当前的市场状况，辅助用户进行商业决策。Power BI 的可视化图表效果如图 7-2 所示。

3. Python 语言

Python 语言较为常用的可视化库包括 Matplotlib、Seaborn 和 Plotly 等，其中应用最为广泛的是 Matplotlib，它是一个 2D 图形库，能够生成各种格式的图表（如柱状图、热力图、散点图等），并可为图表添加交互。同时 Matplotlib 库支持跨平台调用，用户可以在诸如 Python、JupyterNotebook 等不同平台上方便地使用 Matplotlib 图形库，利用 Matplotlib 库，用户可以快速生成高质量的可视化图形，因此在学术文献写作等场景应用广泛。Seaborn 是基于 Matplotlib 的可视化图形库，它在 Matplotlib 的基础上进行了更高级的 API 封装，使作图更加容易，并提供了一种高度交互式界面，便于用户

㊀ Power BI: https://powerbi.microsoft.com。

做出各种更具吸引力的统计图表。同时它能高度兼容 NumPy 与 Pandas 数据结构以及 scipy 与 statsmodels 等统计模式。Plotly 图形库支持在线平台编辑，能够在短时间内生成交互的可视化图表，图形种类丰富，包括误差线、箱形图、气泡图等。

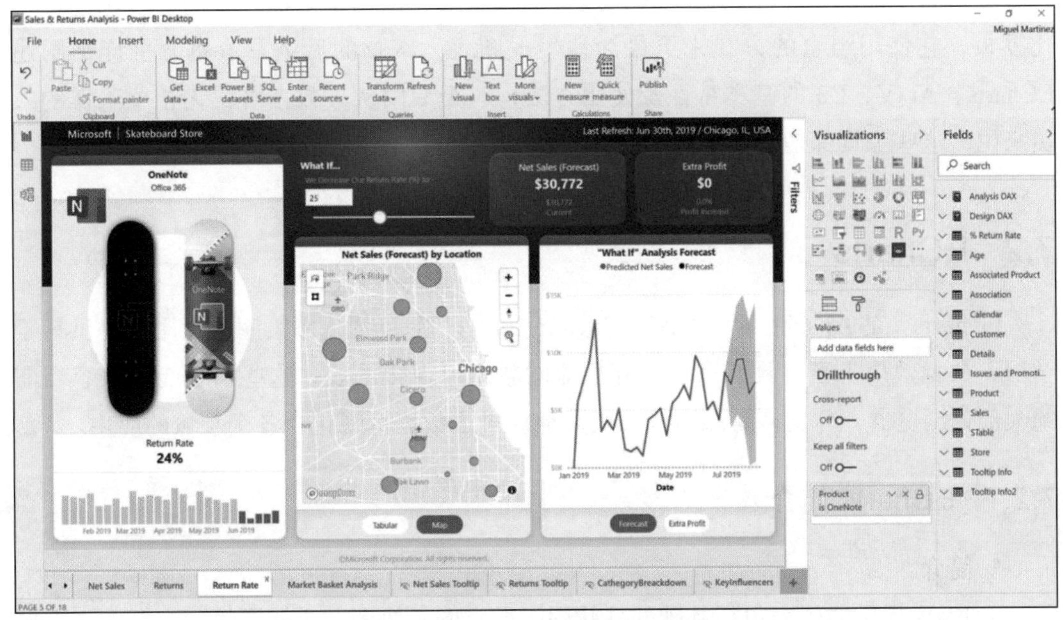

图 7-2　Power BI 的可视化图表示例

4. R 语言

R 语言也有众多可视化工具包，其中 Ggplot2、Plotly、Shiny 功能最为强大。Ggplot 的特点之一是分别绘制数据相关图形、数据无关图形，有针对性地绘制图形，并且图形的绘制是按顺序将图层添加上去的。假设需要绘制描述身高与体重之间关系的图形，首先要在画布上画出散点图，然后区分性别，即叠加颜色图将点的颜色对应于不同的性别，接着需要区分不同地域，将散点图拆分成三幅小图，最终通过层层递进的过程叠加不同的图形信息，才能得到最终的可视化结果。Plotly 图形库也提供了 R 语言的版本，能够方便地调用 Plotly 绘制与 Python 中相同的带有交互的可视化图表。Shiny 是 R 语言的一个开源软件包，为用户提供工具绘制各类交互可视化图表，并提供 apps、dashboard 等拓展框架，用户可以基于 Shiny 快速上手制作可视化应用或仪表盘，从而完成更为复杂的联合数据可视分析。

5. JavaScript 语言

在 Web 数据可视化工具中，基于 JavaScript 编写的工具种类最为丰富，功能最为强大，其中最为流行的有 ECharts、AntV、D3 等，其中前两者均为用户提供了开箱即用的接口，方便用户快速上手，D3 的学习成本相对较高，但功能更为丰富。Vega 是一款基于 D3，但更易上手的可视化图形库，其中一些图表能够无代码地达到与 D3 相同的可视化水准，对于需要 D3 的强大特性又不希望从头学起的开发者，Vega 是一个很好的替代品，能在降低使用复杂度的同时保留 D3 的特性。Vega-Lite 基于 Vega 进行上层封装，提出了一套能够快速构建交互式可视化的高阶语法，不同于传统的可视化模板，它使用组合的方式来更灵活地生成图表。本章的后续章节将分别详细阐述 ECharts、AntV、D3 的基本特性及使用方法，对于专门从事数据可视化相关工作的人员来说，这些工具都是必须掌握的内容。

7.2 ECharts

ECharts[1] 是 Apache 的一个基于 JavaScript 的开源可视化图表库，为用户提供易于学习、视觉效果丰富、具有完善交互功能的数据可视化图表。这些图表能够兼容当前绝大部分浏览器，并支持跨端运行，极大地促进了数据可视化在各个领域的应用。

7.2.1 ECharts 简介

1. 简介

ECharts 提供的图表包括基础的柱状图、散点图、饼图、折线图等，也有地理数据相关的热力图、飞线图，关系数据相关的节点链接图等。这些预置的图表大大降低了数据可视化应用的开发门槛，用户可以在短时间内定制针对特定需求的数据可视化图表。在 ECharts 的实例部分，用户可以查找相关的可视化图表和对应的基础代码，如图 7-3 所示。

ECharts 也提供了丰富的交互手段，包括图表内部的刷选、拖拽、点击等，允许定制用户与图表间的探索过程；同时用户也可以根据需求定制系统仪表盘，在页面上并列布局多个可视化图表并实现多个图表的联合分析。

ECharts㊀网站的下载页面提供所有可视化图表构建文件的下载，如果觉得下载包含所有图表的构建文件太大，仅需要其中一两个图表，也可以选择需要的图表类型进行自定义在线构建。

2. 基本教程

（1）快速上手

获取 ECharts

读者可以通过以下几种代表性的方法获取 ECharts 组件库：

❑ 从 Apache ECharts 获取官方源码包；

㊀ ECharts：https://echarts.apache.org/。

- ❑ 在 ECharts 的 GitHub 开源项目主页获取；
- ❑ 通过 npm 获取 ECharts，使用 npm install echarts --save 命令；
- ❑ 通过 jsDeliver 等 CDN 引入 ECharts。

图 7-3　ECharts 图表示例

引入 ECharts

构建需要的 ECharts 组件后，就可以在 html 文件中通过标签方式引入构建好的 ECharts 文件了。

```
<!DOCTYPE html>
<html>
<head>
    <meta charset="utf-8">
    <script src="echarts.min.js"></script>
</head>
</html>
```

绘制一个简单的图表

首先在 html 的 body 标签中，为 Echarts 绘图准备一个高 600 像素、宽 800 像素的 DOM 容器。

```
<body>
    <div id="main" style="width: 800px;height:600px;"></div>
</body>
```

然后，通过 echarts.init 方法初始化一个 ECharts 实例，将 DOM 容器作为参数传入。通过 setOption 方法生成一个简单的折线图。

```
<body>
    <div id="main" style="width: 600px;height:400px;"></div>
    <script type="text/javascript">
        var myChart = echarts.init(document.getElementById('main'));
        var option = {
            xAxis: {
            type: 'category',
            data: ['Mon', 'Tue', 'Wed', 'Thu', 'Fri', 'Sat', 'Sun']
            },
            yAxis: {
                type: 'value'
            },
            series: [{
                data: [150, 230, 224, 218, 135, 147, 260],
                type: 'line'
            }]
        };
        myChart.setOption(option);
    </script>
</body>
```

其中 option 中的 xAxis 代表直角坐标系 grid 中的 x 轴，配置 type（类型）为 category（类目轴），适用于离散的类目数据，比如本例中的周一到周日按每天统计；yAxis 代表直角坐标系中的 y 轴，配置 type（类型）为 value（数值轴），适用于连续数据；series（系列）是指数据和数据映射的图形，配置 type（类型）为 line（直线），data（数据）为按 x 轴的类目组织的数值数据，最终生成的折线图如图 7-4 所示。

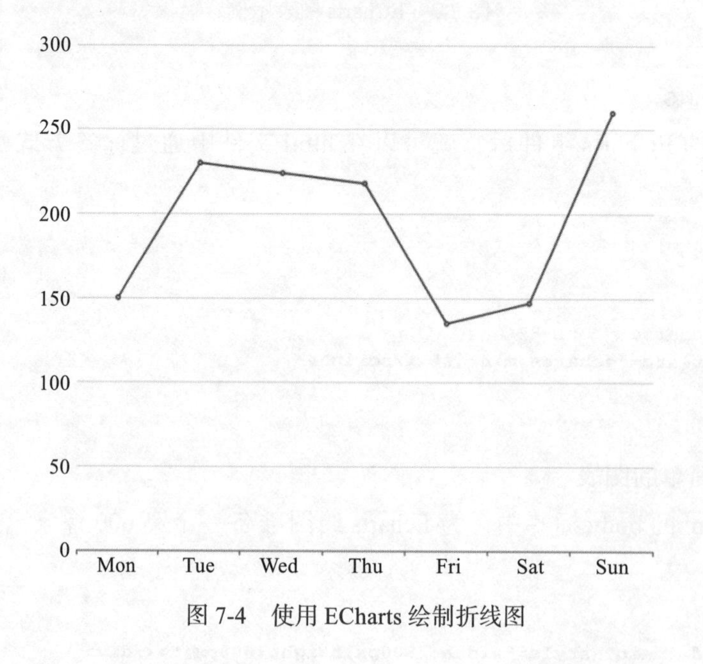

图 7-4　使用 ECharts 绘制折线图

（2）基础概念

ECharts 实例

ECharts 实例是 ECharts 创建图表的单位，在一个网页中可以创建多个 ECharts 实例。每个 ECharts 实例可以创建多个图表和坐标系。在页面文档中准备一个 DOM 节点，作为 ECharts 的渲染容器，就可以在上面创建一个 ECharts 实例。另外，每个 ECharts 实例独占一个 DOM 节点。ECharts 实例的形式如图 7-5 所示。

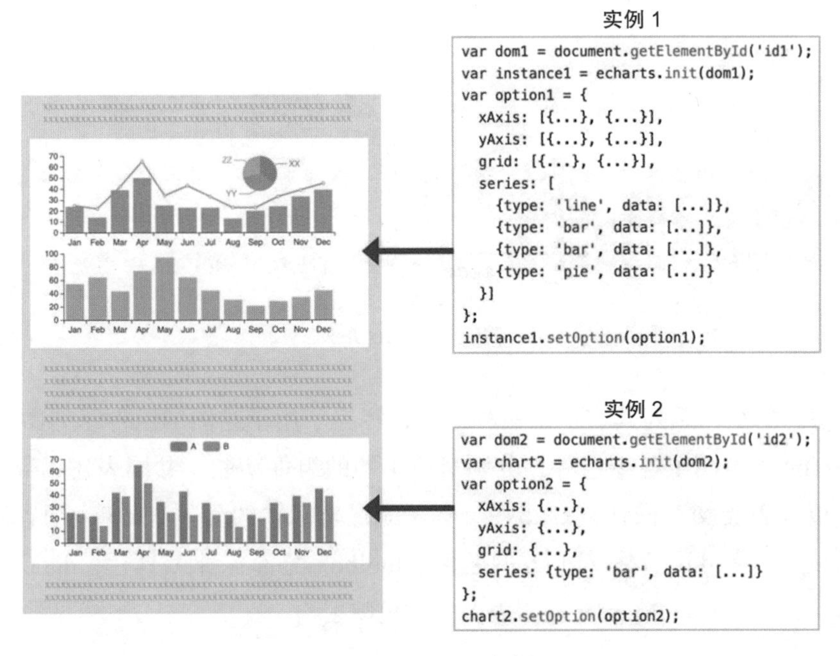

图 7-5　ECharts 实例

系列（series）

系列是指一组数值以及它们映射成的图形。ECharts 中一个系列包含的要素至少有：一组数值、系列类型（series.type）以及其他关于数据映射的参数。

系列类型（series.type）是指映射的图表类型，包括 line（折线图）、bar（柱状图）、pie（饼图）、scatter（散点图）、graph（关系图）、tree（树图）等。

图 7-6 给出了配置系列绘制图形的示例，左边为绘制的图形，右边为对应的代码。代码的 option 中声明了三个系列，系列类型 series 0、series 1、series 2 分别对应 pie（饼图）、line（折线图）、bar（柱状图），每个系列中有所需要的数据（series.data）。

组件（component）

ECharts Options 中的各种配置项被抽象为组件。组件包括 xAxis（直角坐标系横轴）组件、yAxis（直角坐标系纵轴）组件、grid（直角坐标系底板）组件、angleAxis（极坐标系角度轴）组件、radiusAxis（极坐标系半径轴）组件、polar（极坐标系底板）组件、geo（地理坐标系）组件、dataZoom（数据区缩放）组件、visualMap（视觉映射）组件、tooltip（提示框）组件、toolbox（工具栏）组件、series（系列）组件等。

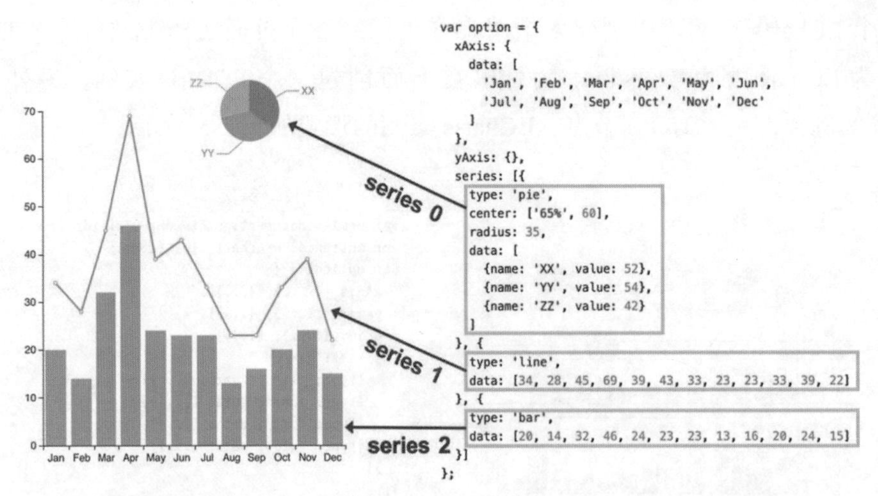

图 7-6 ECharts 系列

值得注意的是，系列其实也是一种组件，相当于用于绘图的组件。如图 7-7 所示，右侧的 option 中声明了各个组件，分别对应不同的组件功能，共同表述了数据如何映射成图形以及各类交互操作。xAxis、yAxis 配置坐标轴的分隔，toolip 配置鼠标悬浮后的提示框，legend 配置图表上方的图例、toolbox 配置各种工具栏，dataZoom 配置数据的缩放交互，visualMap 配置图表上的颜色映射。

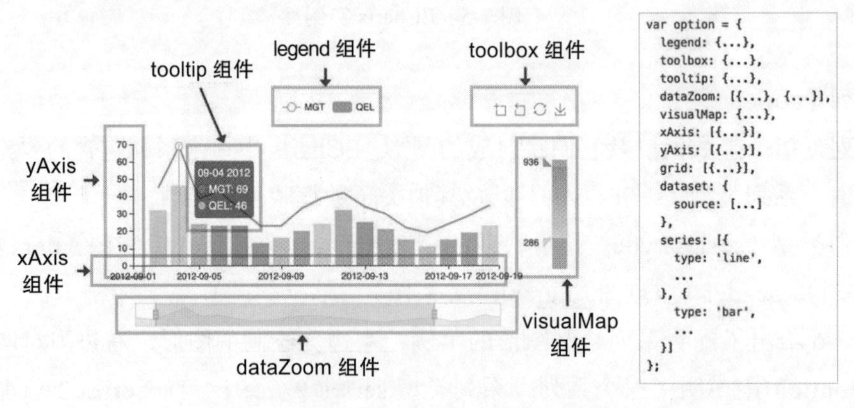

图 7-7 ECharts 组件

数据集（dataset）

在 ECharts 4 以前，数据只能声明在各个系列中，正如之前例子中的数据。ECharts 4 支持数据集，可独立管理数据集，方便各组件使用。

简单的示例如下：

```
option = {
    legend: {},
    tooltip: {},
    dataset: {
```

```
        source: [
            ['product', '2015', '2016', '2017'],
            ['Matcha Latte', 43.3, 85.8, 93.7],
            ['Milk Tea', 83.1, 73.4, 55.1],
            ['Cheese Cocoa', 86.4, 65.2, 82.5],
            ['Walnut Brownie', 72.4, 53.9, 39.1]
        ]
    },
    xAxis: {type: 'category'},
    yAxis: {type: 'value'},
    series: [
        {type: 'bar'},
        {type: 'bar'},
        {type: 'bar'}
    ]
}
```

该数据中声明了四个字段，分别是 product、2015、2016、2017，配置 x 轴为类目轴，默认情况下，类目轴对应数据集的第一个字段，配置 y 轴为数值轴，在 series 中配置三个柱状图，默认按顺序自动对应数据集的每一个字段，最终生成的图表如图 7-8 所示。

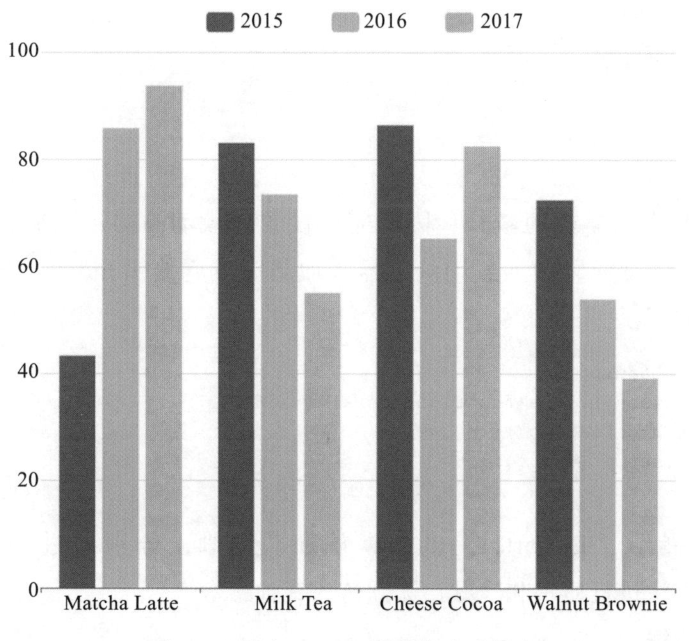

图 7-8　通过 ECharts 数据集生成图表

（3）数据加载和更新

异步加载数据

前面例子中的数据均是直接在 option 中固定配置的，适用于少量且简单的数据形式。但大部分应用场景的数据量比较大、数据结构复杂，因此需要先进行异步加载，然后引入。在 ECharts 中实现异步数据分为以下三步：

1）初始化图表；

2）通过 jQuery、axis 等库中的异步方法获取数据；

3）通过 setOption 填入数据和配置项。

这里以 jQuery 的 get 异步方法为例，加载了本地同目录下的 data.json 文件，然后在 seires 的数据部分配置加载的数据，实现异步加载数据。

```
var myChart = echarts.init(document.getElementById('main'));
$.get('data.json').done(function (data) {
    myChart.setOption({
        title: {
            text: '异步数据加载示例'
        },
        legend: {
            data:['销量']
        },
        xAxis: {
            data: data.categories
        },
        yAxis: {},
        series: [{
            name: '销量',
            type: 'bar',
            data: data.data
        }]
    });
});
```

加载动画

异步加载数据通常耗时较长，因此需要设置加载动画提示数据正在加载，通过 showLoading 方法设置显示加载动画，异步加载完成后使用 hideLoading 隐藏加载动画，具体代码如下：

```
myChart.showLoading();
$.get('data.json').done(function (data) {
    myChart.hideLoading();
    myChart.setOption(...);
});
```

上述代码展示了 ECharts 提供的默认加载动画，分别通过 showLoading() 和 hideLoading() 方法进行显示和隐藏，无须传入其他参数。

动态更新数据

ECharts 中数据的动态更新也是通过 setOption 实现的。由于 ECharts 是数据驱动，数据的改变会驱动对应图表的改变，因此需要在更新数据的部分获取新的数据，然后执行加载数据的步骤，通过 setOption 填入数据，即可实现数据的更新。无须考虑数据在实例中发生的具体变化，ECharts 会根据变化的情况判断，选择合适的过渡动画。

（4）事件和行为

在可视化图表中，开发者可以添加事件监听来监听用户的交互操作，然后通过回调函数进行处理，例如地址跳转或显示对话框等。

事件采用 on 方法进行绑定，参数名称对应 DOM 事件名称，均为小写的字符串。下面是一个绑定的示例，它将控制台输出操作绑定至鼠标点击事件。

```
myChart.on('click', function (params) {
    console.log(params.name);
})
```

在 ECharts 中，事件分为两种类型：一种是鼠标事件，常规的事件包括点击（click）、双击（dblclick）、鼠标移动（mousemove）、鼠标悬浮（mouseover）、鼠标移出（mouseout）等；另外一种是可交互组件触发的特定事件，例如切换图例（legendselectchange）、数据缩放（datazoom）等，常见的事件和对应的参数可以在 ECharts 官方文档的 events 部分查看。

3. 配置项速览

ECharts 的 setOption 操作拥有丰富的配置项，用于各类数据视图的绘制，下面列出常用的配置项。

- ❑ title：标题组件，包含主标题和副标题。
- ❑ legend：图例组件，展现不同系列的标记、颜色和名字。
- ❑ grid：直角坐标系内绘图网格，单个 grid 最多可以放置两个 x 轴、两个 y 轴。
- ❑ xAxis：直角坐标系 grid 中的 x 轴。
- ❑ yAxis：直角坐标系 grid 中的 y 轴。
- ❑ polar：极坐标系，拥有一个角度轴和一个半径轴。
- ❑ radiusAxis：极坐标系的径向轴。
- ❑ angleAxis：极坐标系的角度轴。
- ❑ radar：雷达图坐标系组件，只适用于雷达图。
- ❑ dataZoom：用于区域缩放，自由关注细节的数据信息。
- ❑ visualMap：视觉映射组件，将数据映射到视觉元素（视觉通道）。
- ❑ tooltip：提示框组件。
- ❑ brush：区域选择组件，允许用户一次选择部分数据。
- ❑ geo：地理坐标系组件。
- ❑ singleAxis：单轴，可以被用于展现一维数据。
- ❑ dataset：数据集组件，用于单独的数据集声明 geo——地理坐标系组件。
- ❑ series：系列，进一步配置各种视图的类型和参数。

7.2.2 图表绘制

本节以常见图表绘制的例子，帮助读者理解如何使用 ECharts 构建可视化图表。这些例子均省略引入和准备容器的过程，该过程可以参考 7.2.1 节的内容，这些例子中仅介绍各图表的配置项内容。

1. 柱状图

柱状图配置的基本要素有横坐标、纵坐标和直方图形。基本配置代码如下：

```
option = {
    xAxis: {
        type: 'category',
        data: ['Mon', 'Tue', 'Wed', 'Thu', 'Fri', 'Sat', 'Sun']
    },
    yAxis: {
        type: 'value'
    },
    series: [{
        type: 'bar',
        data: [120, 200, 150, 80, 70, 110, 130]
    }]
};
```

其中 xAxis 配置横坐标，由于柱状图的横坐标一般为离散的类目数据，因此配置横坐标的 type（类型）为 category（类目轴）；yAxis 配置纵坐标，这里以纵坐标为连续的数值为例，配置纵坐标的类型为 value（数值轴）；在 series 配置项中配置类型为 bar（柱状图），然后对柱状图需要的数据进行填充，本例中是对应类目的数值数据，数值数据按照列表形式组织，每一个数值按顺序代表一个类目。最终将配置项配置到对应的容器中，完成柱状图的绘制，绘制的柱状图如图 7-9 所示。

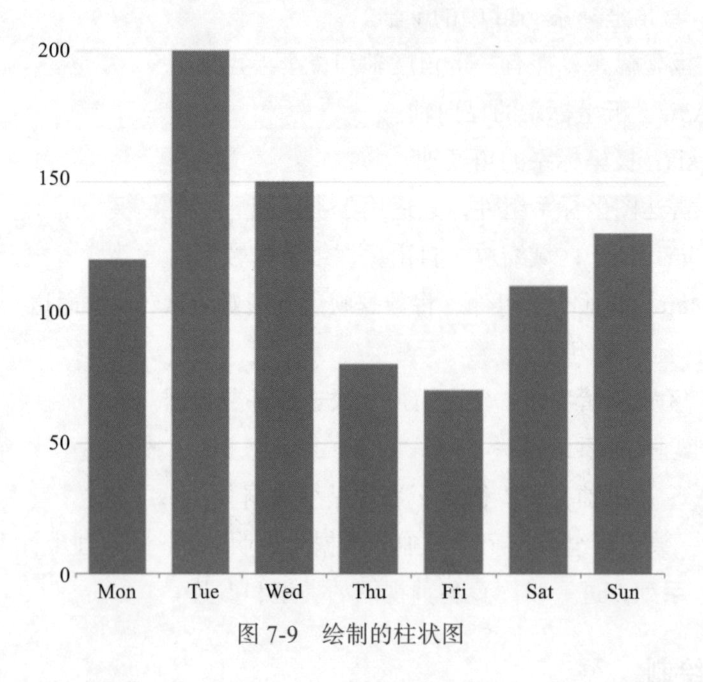

图 7-9　绘制的柱状图

2. 散点图

柱状图配置的基本要素有横坐标、纵坐标和点标记。基本配置代码如下：

```
option = {
    xAxis: {
```

```
        type: 'value'
    },
    yAxis: {
        type: 'value'
    },
    series: [{
        type: 'scatter',
        symbolSize: 20,
        data: [
            [10.0, 8.04],[8.07, 6.95],[13.0, 7.58],[9.05, 8.81],[11.0, 8.33],
            [14.0, 7.66],[13.4, 6.81],[10.0, 6.33],[14.0, 8.96],[12.5, 6.82],
            [9.15, 7.20],[11.5, 7.20],[3.03, 4.23],[12.2, 7.83],[2.02, 4.47],
            [1.05, 3.33],[4.05, 4.96],[6.03, 7.24],[7.08, 5.82],[5.02, 5.68]
        ],
    }]
};
```

其中 xAxis 配置横坐标，这里以连续的数值数据为例，配置横坐标的 type（类型）为 value（数值轴）；yAxis 配置纵坐标，同样配置为数值轴；在 series 配置项中配置类型为 scatter（散点图），symbolSize 为散点的大小，取值为 20，然后使用一个列表装载需要绘制的散点坐标，每一个元素是一个列表，第一项表示横坐标，第二项表示纵坐标。最终将配置项配置到对应的容器中，完成散点图的绘制，绘制结果如图 7-10 所示。

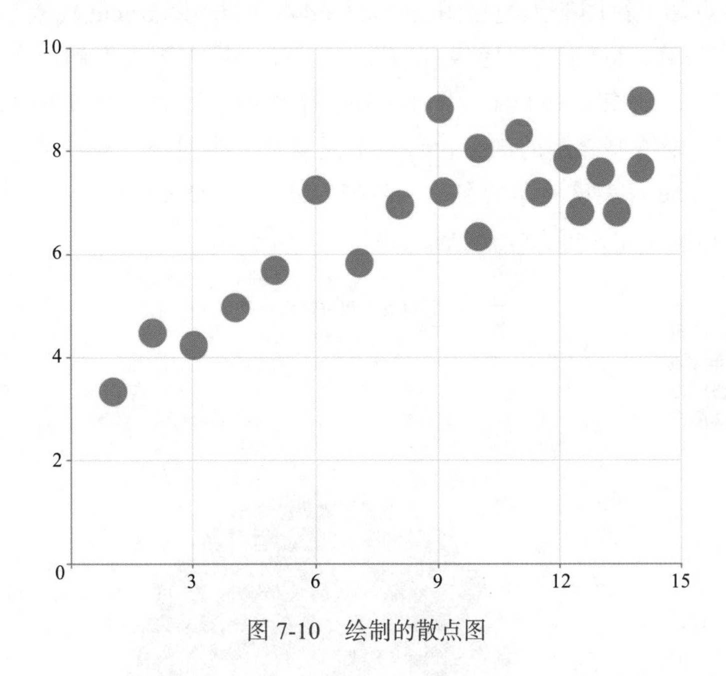

图 7-10　绘制的散点图

3. 饼图

柱状图配置的基本要素有半径、元素占比和标记。基本配置代码如下：

```
option = {
    title: {
        text: '某站点用户访问来源',
        left: 'center'
    },
```

```
        tooltip: {
            trigger: 'item'
        },
        legend: {
            orient: 'vertical',
            left: 'left',
        },
        series: [
            {
                type: 'pie',
                radius: '50%',
                data: [
                    {value: 1048, name: '搜索引擎'},
                    {value: 735, name: '直接访问'},
                    {value: 580, name: '邮件营销'},
                    {value: 484, name: '联盟广告'},
                    {value: 300, name: '视频广告'}
                ]
            }
        ]
    };
```

配置项中 title 配置图表标题，text 代表文字内容，left 代表文字对齐方式，本例中采用居中对齐；tooltip 配置鼠标悬停在元素后的对话框，trigger 配置触发方式为 item，主要应用于散点图、饼图等无类目图表；legend 配置图例，orient 代表图例排列方向，vertical 指垂直排列，left 代表图例对齐方法，'left' 指排在图表左侧；在 series 配置项中配置类型为 pie（饼图），radius 为半径大小，本例中设置大小为图表的 50%，然后使用列表装载每一个需要绘制的部分，每一个元素是一个对象，对象的 value 属性代表该对象的值，name 代表该对象的名称。数据装载后，ECharts 将直接计算每个部分所占的比例，并绘制对应弧度，绘制结果如图 7-11 所示。

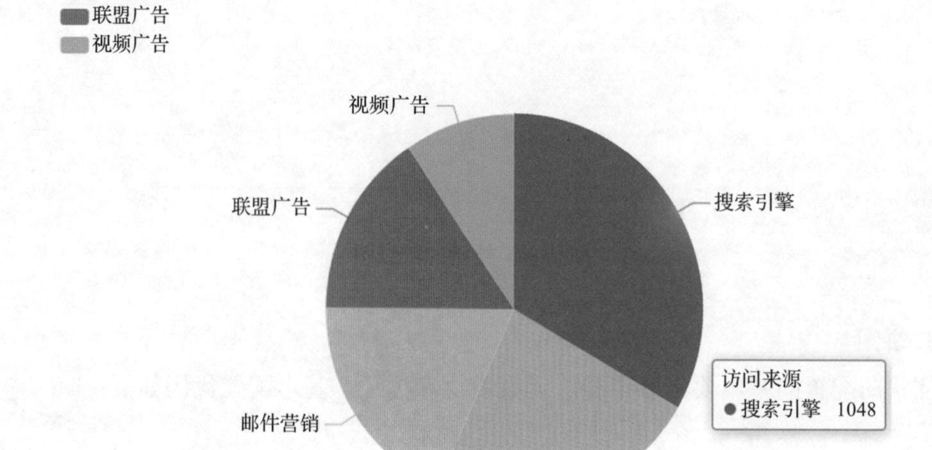

图 7-11　绘制的饼图

7.3 AntV

AntV 是蚂蚁集团全新一代数据可视化解决方案，致力于提供一套简单方便、专业可靠、无限可能的数据可视化最佳实践，主要包含 G2（可视化引擎）、F2（移动可视化方案）、G6（图可视化引擎）、X6（图编辑引擎）、L7（地理空间数据可视化）等图表库以及一套完整的图表使用和设计规范，其成员关系如图 7-12 所示。接下来以 G2、G6、F2、L7 为重点，具体介绍 AntV 的特性和入门样例。

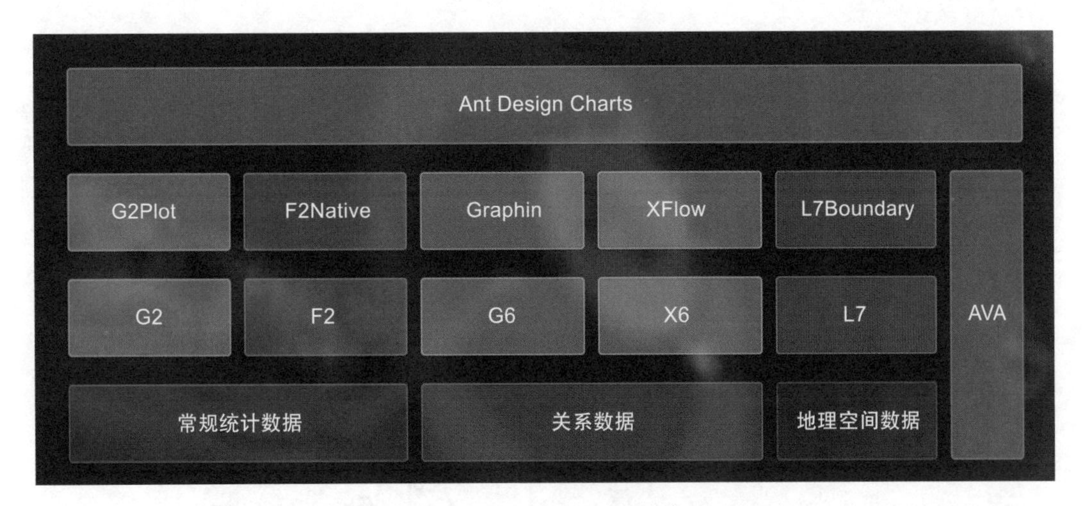

图 7-12 AntV 成员关系[⊖]

AntV 的设计原则是基于 Ant Design 设计体系衍生的，具有数据可视化特性的指导原则。它在遵循 Ant Design 设计价值观的同时，对数据可视化领域的色彩、字体的指引做了进一步的解读。

7.3.1 G2 可视化图形语法

G2 是一套基于可视化编码的图形语法，以数据驱动，具有高度的易用性和扩展性。G2 可以帮助用户摆脱烦琐的实现细节，使用一条语句，用户即可构建各种各样可交互的统计图表。G2 背后的图形语法基于 *The Grammar of Graphics*（Leland Wilkinson 著）一书，是一套用来描述所有统计图形深层特性的语法规则，该语法回答了“什么是统计图形”这一问题，以自底向上的方式组织最基本的元素形成更高级的元素。G2 绘制的图形样例如图 7-13 所示。

G2 构建的图表由一系列独立的图形语法元素组合而成：

- 最基础的部分是需要可视化的数据以及数据变量到图形属性的映射；
- 几何标记即在图表中实际看到的图形元素，如点、线、多边形等，每个几何标

⊖ 图片来源：https://antv.gitee.io/zh。

记对象含有多个图形属性，G2 的核心就是建立数据中的一系列变量到图形属性的映射；

- 度量是数据空间到图形属性空间的转换桥梁，每一个图形属性都对应一个或多个度量；
- 坐标系描述数据是如何映射到图形所在的平面的，同一个几何标记在不同坐标系下会有不同的表现。G2 提供了多种坐标系的支持，即笛卡儿坐标、极坐标以及螺旋坐标等；
- 辅助元素用于增强图表的可读性和可理解性，G2 中的辅助元素包含坐标轴、图例、提示信息和辅助标记；
- 分面描述了如何将数据分解为各个子集，以及如何对这些子集作图并联合进行展示。

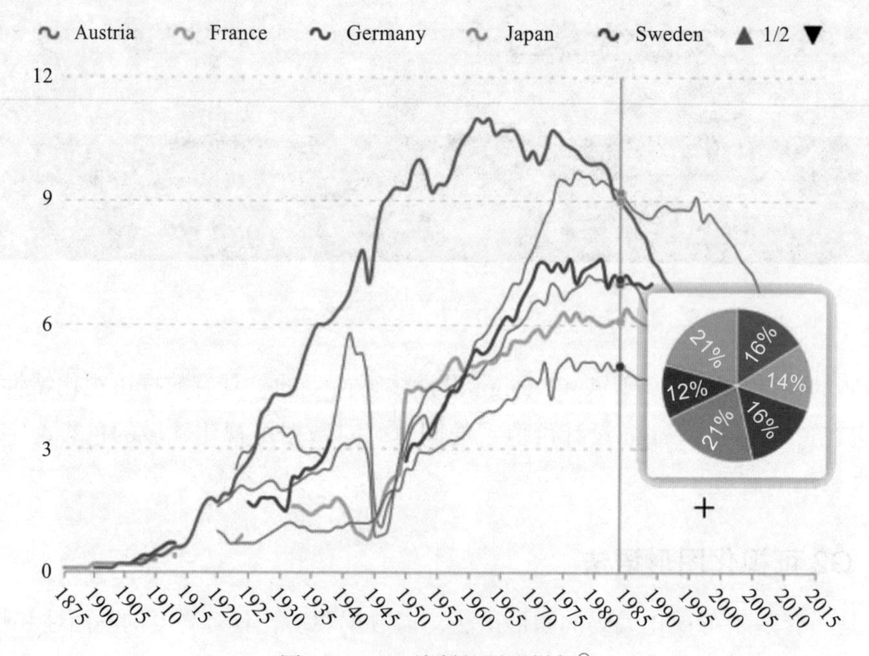

图 7-13 G2 绘制的图形样例[㊀]

所以，在 G2 中，我们通常这样描述一张图表——一张图表就是从数据到几何标记对象的图形属性的一个映射，此外图形中还可能包含数据的统计变换，最后绘制在某个特定的坐标系中。

1. G2 图表的构成

为了更好地用 G2 进行数据可视化，我们需要了解 G2 图表的构成以及相关概念。完整的 G2 图表如图 7-14 所示。

㊀ 图片来源：https://antv.gitee.io/zh。

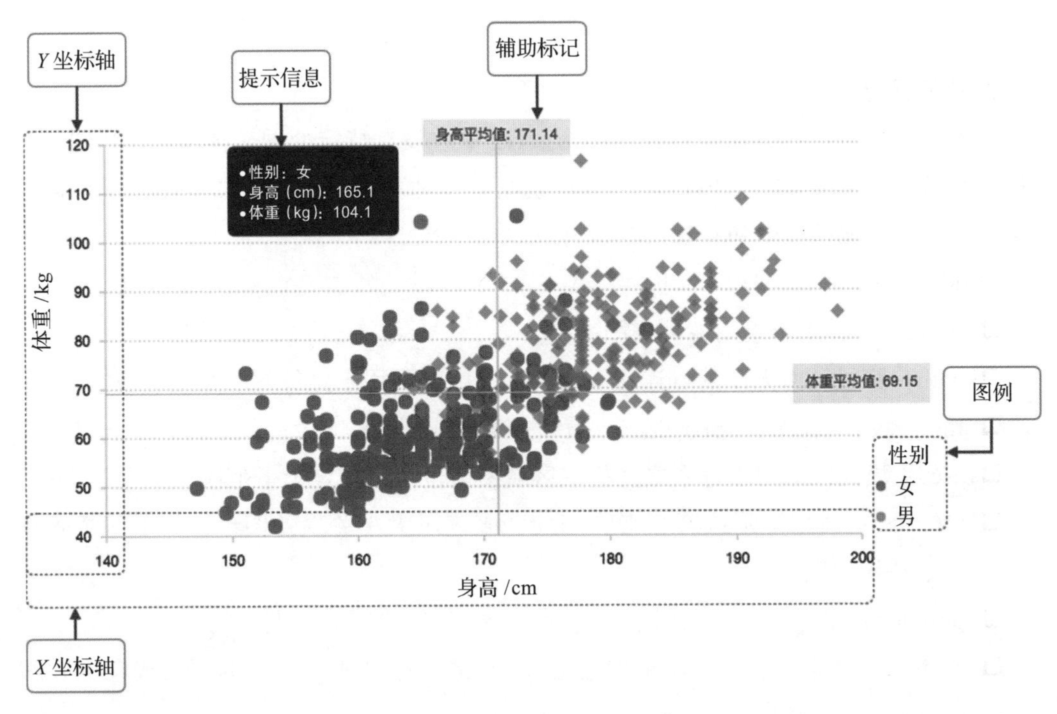

图 7-14 G2 图表的构成[⊖]

坐标轴（axis）

每个图表通常包含两个坐标轴，在直角坐标系下，坐标轴用 x 轴和 y 轴表示。在极坐标系下，坐标轴用角度和半径两个维度表示。每个坐标轴包含坐标轴线（line）、刻度线（tickline）、刻度文本（label）、标题（title）以及网格线（grid）等元素。

图例（legend）

图例是图表的辅助元素之一，用于指示数据类型和范围，并能帮助用户进行数据筛选。

几何标记（geometry）

几何标记即常见的点、线、面等几何图形。在 G2 中，几何标记的类型决定了生成图表的类型，也就是数据被可视化后的实际表现。不同的几何标记都包含对应的图形属性。

提示信息（tooltip）

提示框能够在用户鼠标悬停在某个点上时，显示当前点对应的数据的信息，比如该点的值、数据单位等。数据提示框内提示的信息还可以通过格式化函数动态指定。

辅助标记（guide）

辅助标记 guide 能够在图表上绘制辅助线、辅助框等元素，可以被用于增加平均

⊖ 图片来源：https://www.yuque.com/antv/g2-docs/tutorial-g2-chart-composition。

值线、最高值线等。

2. 几何标记

几何标记即点、线、面这些几何图形。G2 中并没有特定的图表类型（柱状图、散点图、折线图等）的概念，用户可以单独绘制某一种类型的图表，如饼图，也可以绘制混合图表，比如折线图和柱状图的组合。

目前 G2 支持的几何标记如下。

- point：点，用于绘制各种点图。
- path：路径，由无序的点连接而成的一条线，常用于路径图的绘制。
- line：线，点按照 x 轴连接成一条线，构成线图。
- area：填充线图与坐标系之间构成区域图，也可以指定上下范围。
- interval：使用矩形或者弧形，用面积来表示大小关系的图形，一般构成柱状图、饼图等图表。
- polygon：多边形，可以用于构建色块图、地图等图表类型。
- schema：自定义图形，用于构建箱形图（或者称箱须图）、蜡烛图（或者称 K 线图、股票图）等图表。
- edge：两个点之间的链接，用于构建树图和关系图中的边、流程图中的连接线。
- heatmap：用于热力图的绘制。

3. 图表类型

虽然 G2 没有特定的图表类型概念，但是仍基本支持所有传统图表类型的绘制。各种几何标记类型与传统图表类型的对应关系如表 7-1 所示。

表 7-1　G2 中几何标记类型与传统图表类型的对应关系

几何标记类型	传统图表类型	备　注
point	点图、折线图中的点	点的形状有很多，可以使用图片代表点（气泡图），同时点也可以在不同坐标系下显示，所以可以扩展出非常多的图表类型
path	路径图、地图上的路径	路径图是无序的线图
line	折线图、曲线图、阶梯线图	在极坐标系下可以转换成雷达图
area	区域图（面积图）、层叠区域图、区间区域图	极坐标系下可用于绘制雷达区域图
interval	柱状图、直方图、南丁格尔玫瑰图、饼图、条形环图（玉缺图）、漏斗图等	通过坐标系的转置、变化，可以生成各种常见的图表类型；所有的图表都可以进行层叠、分组
polygon	色块图（像素图）、热力图、地图	多个点可以构成多边形
schema	K 线图、箱形图	自定义的图表类型
edge	树图、流程图、关系图	与点一起构建关系图
heatmap	热力图	—

4. 基本教程

（1）安装

可以直接引入在线资源：

```
<!--引入在线资源-->
<scriptsrc="https://gw.alipayobjects.com/os/lib/antv/g2/3.4.10/dist/g2.min.js"></
    script>
```

也可以将脚本下载到本地：

```
<!--引入本地脚本-->
<script src="./g2.js"></script>
```

通过 npm 安装：

```
npm install @antv/g2 --save
```

成功安装完成之后，即可使用 import 或 require 进行引用。

（2）绘制一个简单的图表

创建 div 容器后，就可以进行简单的图表绘制。步骤如下：

1）创建 Chart 图表对象，指定图表所在的容器 ID、图表的宽高、边距等信息；

2）载入图表数据源；

3）使用图形语法进行图表的绘制；

4）渲染图表。

```
const data = [
    {genre: 'Sports', sold: 275},
    {genre: 'Strategy', sold: 115},
    {genre: 'Action', sold: 120},
    {genre: 'Shooter', sold: 350},
    {genre: 'Other', sold: 150}
]; // G2 对数据源格式的要求，仅仅是 JSON 数组，数组的每个元素是一个标准 JSON 对象。
// Step 1: 创建 Chart 对象
const chart = new G2.Chart({
    container: 'c1',       // 指定图表容器 ID
    width : 600,           // 指定图表宽度
    height : 300           // 指定图表高度
});
// Step 2: 载入数据源
chart.source(data);
// Step 3: 创建图形语法，绘制柱状图，由 genre 和 sold 两个属性决定图形位置，genre 映射至 x 轴，
    sold 映射至 y 轴
chart.interval().position('genre*sold').color('genre')
// Step 4: 渲染图表
chart.render();
```

完成上述两步之后，保存文件并用浏览器打开，一张柱状图（如图 7-15 所示）就绘制出来了。

7.3.2 G6 图可视化引擎

G6 是一个简单、易用、完备、开源的图可视化引擎，它在高定制能力的基础上提

供了一系列设计优雅、便于使用的图可视化解决方案，能帮助开发者搭建属于自己的图可视化、图分析或图编辑器应用。

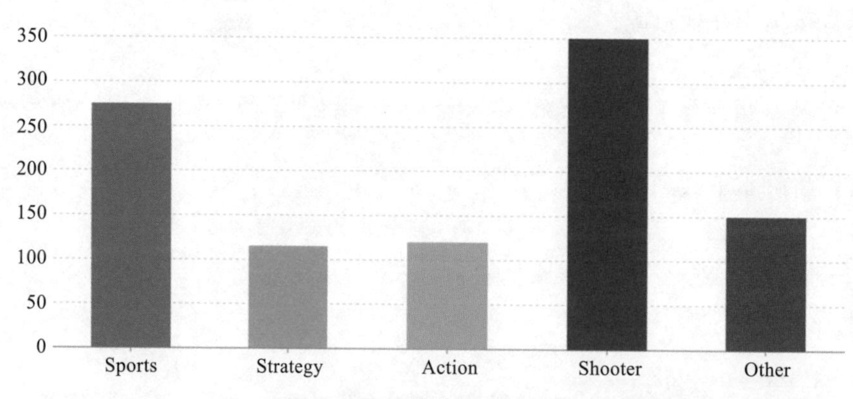

图 7-15 简单的柱状图示例

根据图的业务场景，图可视化引擎可以分为图展示、图分析和图编辑三个方向。图展示针对组织架构图、流程图、血缘图等侧重关系展示的业务。图分析针对知识图谱、图平台、图数据库、图计算、安全风控、网络安全、流量分析等业务。图编辑针对数据建模、ER 图、流程图、拓扑图的编辑等业务。

1. G6 功能特性

G6 完全服务于图分析领域，主要功能特性如图 7-16 所示，包括以下基本功能。

- 图分析所需的组件：过滤器、ContextMenu、Tooltip、TimeBar（结合 G2 实现）、Legend、Minimap、Toolbar。
- 图分析基础算法：DFS、BFS、子图、连通图、最短路径等。
- 强健的布局能力。
- 事件机制。
- API ：部分及精简部分 API，提供 node.lock()、node.hasClass() 等 API，使用 edge.source() 替换 edge.getSource() 等。
- 节点及边：内置常见的节点及边的类型。
- 统计方法：节点出度、入度、中心度、邻居节点。
- 样式及状态切换：addClass、removeClass，class 使用对象写法，只支持 Canvas 支持的属性。
- 数据模型优化。

2. G6 元素的构成

G6 元素的构成如下。

- Item：图项，该类是 Node、Edge、Guide 的抽象类。
- Node：该类是节点类，继承于图项 Item，享有 Item 上的所有接口。

- Edge：该类是边类，继承于图项 Item，享有 Item 上的所有接口。
- Guide：该类用于描述图上除了 Node、Edge、Group 以外的元素，例如节点以外的文字、图示、遮罩等。
- Group：该类是群组类，继承于图项 Node，享有 Node 上的所有接口。Group 可以是任意实现 Item 的实例或其子类实例的集合。

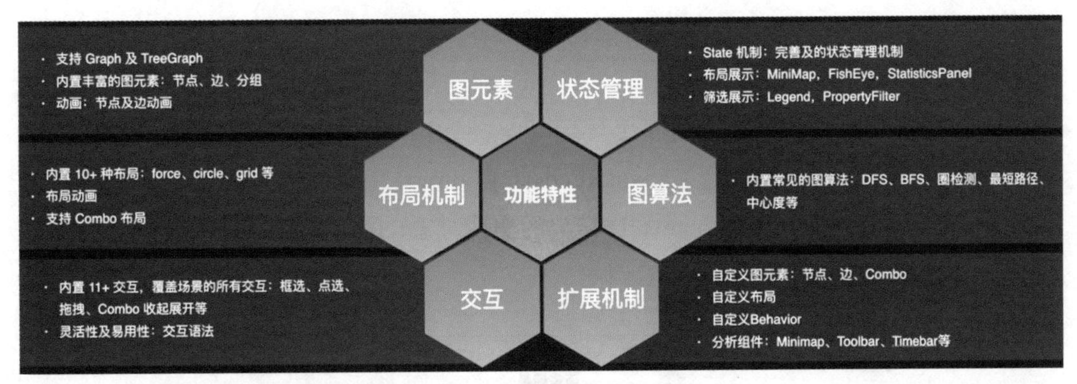

图 7-16　G6 功能特性[1]

G6 绘制的图表样例如图 7-17 所示。

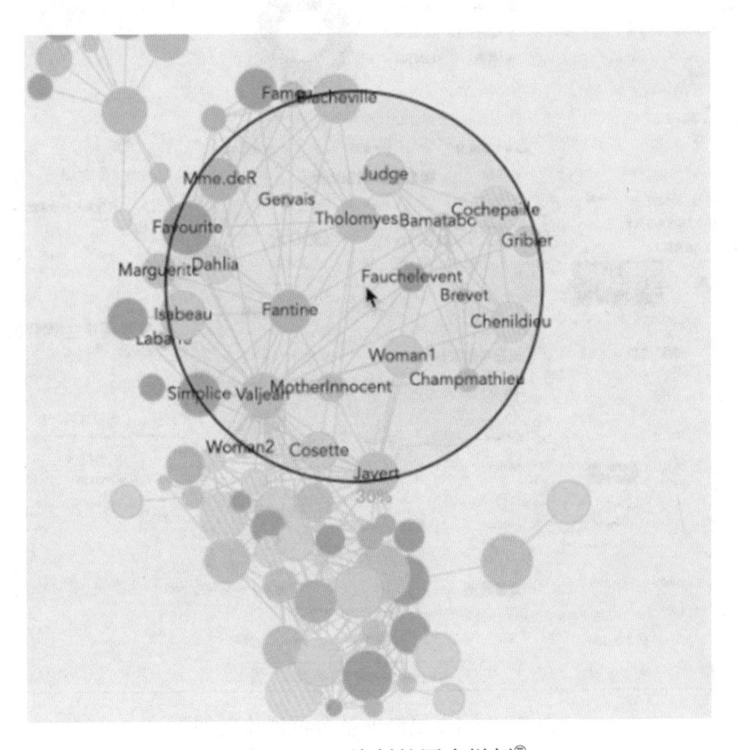

图 7-17　G6 绘制的图表样例[2]

[1] 图片来源：https://www.yuque.com/antv/g6/fvuhbz。
[2] 图片来源：https://antv.gitee.io/zh。

7.3.3 F2 移动端可视化方案

F2 是一个专注于移动、开箱即用的可视化解决方案，完美支持 H5 环境，同时兼容多种环境（Node、小程序、Weex），拥有完备的图形语法理论，可满足各种可视化需求，通过专业的移动设计指引带来良好的移动端图表体验。

F2 同 G2 一样，是基于 *The Grammar of Graphics*（Leland Wilkinson 著）一书所提出的图形理论。所以对于 F2 来说，同样没有具体的图表类型的概念，所有的图表都是通过组合不同的图形语法元素形成的。

F2 的图表构成、几何标记等都与 G2 相同。但由于底层引擎不同，F2 支持在 Node 端和小程序上渲染。F2 是基于 CanvasRenderingContext2D 标准接口绘制的，所以只要能提供标准 CanvasRenderingContext2D 接口的实现对象，F2 就能进行图表绘制。图 7-18 展示了使用 F2 绘制的基金可视化案例。

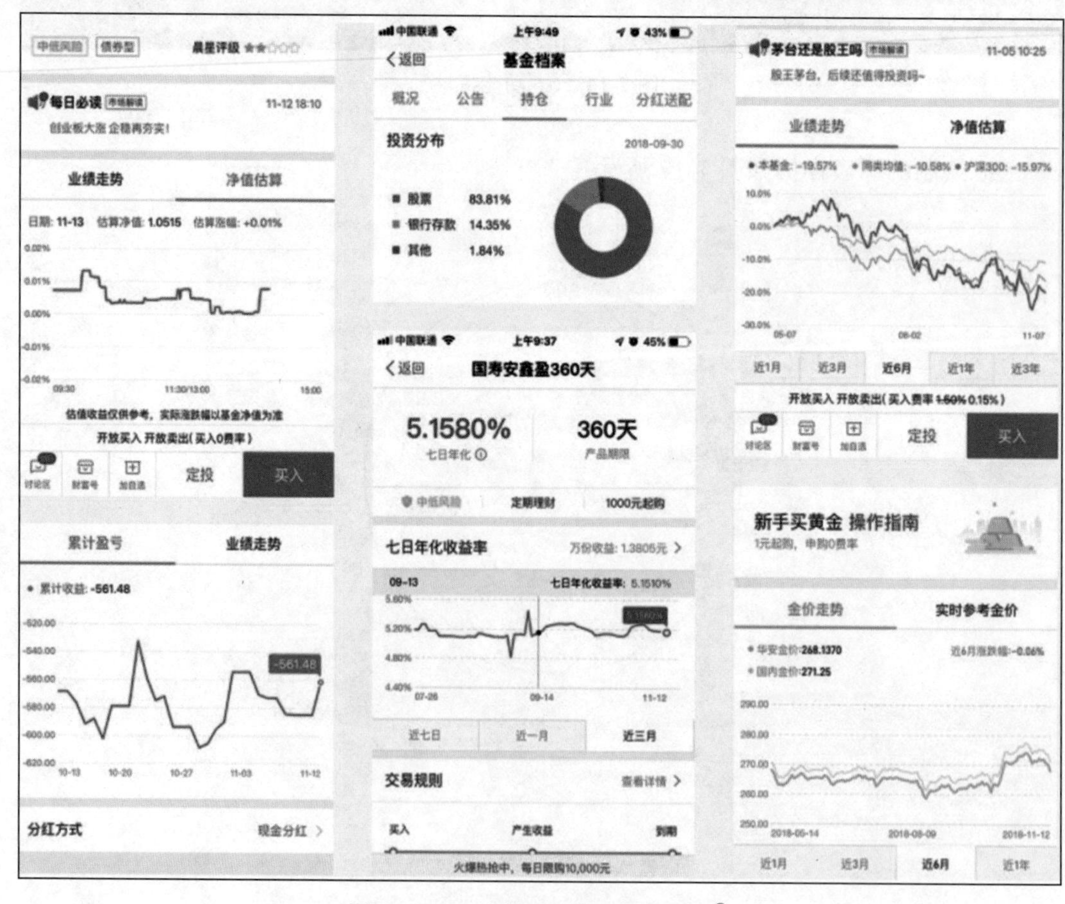

图 7-18　F2 绘制的基金可视化案例[⊖]

⊖ 图片来源：https://antv-f2.gitee.io/zh。

7.3.4　L7 地理空间数据可视化

地理信息将成为未来数字经济的基础设施。地理信息可视化涵盖地理、数据、图形、可视化、图像等多个技术范畴。L7 是由蚂蚁集团 AntV 数据可视化团队推出的基于 WebGL 的开源大规模地理空间数据可视分析开发框架。L7 中的 L 代表 Location，7 代表世界七大洲，寓意能为全球位置数据提供可视分析的能力。L7 以图形符号学为理论基础，将抽象复杂的空间数据转化成 2D、3D 符号，通过颜色、大小、体积、纹理等视觉变量实现丰富的可视化表达。图 7-19 展示了使用 L7 绘制的城市自行车通勤可视化案例。

L7 专注数据可视化层的数据表达，L7 还不支持独立的地图引擎，需要引入第三方引擎，目前支持高德地图和 MapBox 两种。L7 在内部解决了不同地图底图之间的差异问题，同时 L7 层面统一管理地图的操作方法。地图绘制组件支持点、线、面、圆、矩形的绘制和编辑。

L7 Layer 接口设计遵循图形语法，所有图层都继承自该基类。

图 7-19　L7 绘制的城市自行车通勤可视化案例[㊀]

L7 具备以下核心特性。

- **数据驱动可视化展示**。数据驱动，从数到形，支持丰富的地图可视化类型，以便更好地洞察数据。

㊀ 图片来源：https://antv-2018.alipay.com/zh-cn/l7/1.x/demo/gallery/citybike.html。

- **2D、3D 一体化的海量数据高性能渲染**。百万级空间数据实时、动态渲染。
- **简单灵活的数据接入**。支持 CSV、JSON、GeoJSON 等数据格式接入，可以根据需求自定义数据格式，不需要复杂的空间数据转换。
- **多地图底图支持，支持离线内网部署**。支持高德地图国内合法合规的地理底图，MapBox 满足国际化业务需求。

7.4 D3

D3 是另一种常用的可视化工具。本节首先对 D3 进行简单的介绍；然后给出 D3 的基础教程，该教程包括三个方面——快速上手、基础概念以及数据加载和更新；接着对 D3 的 API 进行梳理；最后以柱状图和饼状图为例，展示视图的绘制流程。

7.4.1 D3 简介

D3（Data-Driven Document，数据驱动文档）是面向数据可视化的一个 JavaScript 的函数库，包含可视化所需的基本数据处理和图形绘制方法。

1. 简介

相比于 ECharts、AntV G2 等开箱即用的可视化工具，使用 D3 来做数据可视化需要具备以下基础知识。

- HTML：用于设定网页内容的超文本标记语言。
- CSS：用于设定网页样式的层叠样式表。
- JavaScript：用于设定网页行为的直译式脚本语言。
- DOM：用于修改文档内容和结构的文档对象模型。
- SVG：用于绘制可缩放矢量图形。

2. 基本教程

（1）快速上手

安装

如果使用 npm，可以通过 npm install d3 命令来安装，也可以通过 d3.org、CDNJS 或者 unpkg 加载，例如：

```
<script src="https://d3js.org/d3.v5.js"></script>
```

加载压缩版：

```
<script src="https://d3js.org/d3.v5.min.js"></script>
```

还可以单独引入 D3 中的某个模块，例如单独使用 d3-selection：

```
<script src="https://d3js.org/d3-selection.v1.js"></script>
```

绘制一个简单的图表

在绘图前为 D3 准备一个 DOM 容器：

```
<body>
<svg width="100%" height="300"></svg>
</body>
```

引入 d3.js 之后，就可以获得一个 D3 对象，每次调用 D3 提供的函数方法都会返回一个 D3 对象，可以继续调用 D3 的其他函数方法，例如：

```
d3.select('body')
.append('svg')
.attr('width',300)
.attr('height',300)
```

上述代码表示，选择 body 标签，添加 svg 元素，设置 svg 元素的宽度和高度均为 300。然后就可以通过 D3 的一系列操作进行视图绘制，下面是生成一个简单的柱状图完整的 js 代码：

```
<script>
var dataset = [ 250 , 210 , 170 , 130 , 90 ];    //数据（表示矩形的宽度）
var width = 300;                                 //画布的宽度
var height = 300;                                //画布的高度
var svg = d3.select("body")                      //选择文档中的body元素
    .append("svg")                               //添加一个svg元素
    .attr("width", width)                        //设定宽度
    .attr("height", height);                     //设定高度
var rectHeight = 25;                             //每个矩形所占的像素高度（包括空白）
svg.selectAll("rect")
    .data(dataset)
    .enter()
    .append("rect")
    .attr("x",20)
    .attr("y",function(d,i){
         return i * rectHeight;
    })
    .attr("width",function(d){
         return d;
    })
    .attr("height",rectHeight-2)
    .attr("fill","steelblue");
</script>
```

通过上述代码绘制出最基本的柱状图元素，如图 7-20 所示。

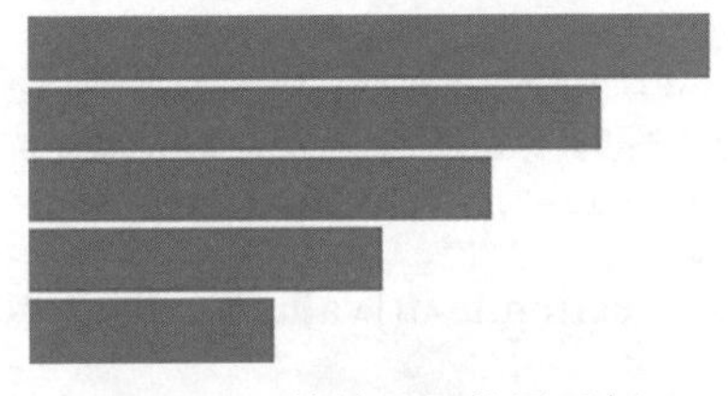

图 7-20　简单的柱状图示例

为了简单起见，上述示例未对坐标轴进行绘制，相关内容将在后面进行讲解。

（2）基础概念

选择器

D3 提供了两个选择元素的函数，即 select 和 selectAll，调用函数后会返回一个 D3 选择集 selection。

- select：接收一个 CSS3 选择器字符串或待操作对象的引用，返回匹配的第一个 D3 选择集。
- selectAll：接收一个 CSS3 选择器字符串或待操作对象的引用，返回匹配的所有 D3 选择集。

选择元素之后，就可以使用级联修饰函数对选定选集的属性和 HTML 进行操作了。下面列出部分常见函数。

查看状态的函数如下。

- selection.empty()：如果选择集为空，则返回 true。
- selection.node()：返回第一个非空元素，如果选择集为空，则返回 false。
- selection.size()：返回选择集中元素的个数。

设置属性的函数如下。

- selection.attr(name[,value])：name 是属性名称，value 是属性值，如果省略 value，则返回当前属性值。示例代码如下。

```
// 将p元素的old属性设置为new
d3.select("p").attr("old","red")
// 读取p元素的old属性
d3.select("p").attr("old")
```

- selection.classed(name,boolean)：添加、删除选定元素上的类。示例代码如下。

```
// 检测p元素是否有名为new的类
d3.select("p").classed("new")
// 为p元素添加new class
d3.select("p").classed("new", true)
// 删除p元素上的new类。classed方法也接收函数形式的参数传入
d3.select("p").classed("new", function(){return false})
```

- selection.style(name[,value[,priority]])：设置样式。示例代码如下。

```
// 获取p元素的font-size
d3.select("p").style("font-size")
// 将p元素的font-size设置为10px
d3.select("p").style("font-size","10px")
//将p元素的font-size设置为某个函数的返回值。style方法也接受函数形式的参数传入
d3.select("p").style("font-size",function(){return normalFontSize+1;})
```

设置内容的常见函数为 selection.text([value])，即获取或设置选定元素的文本内容。示例代码如下。

```
// 获取p元素的文本内容
d3.select("p").text()
// 将p元素的文本内容设置为"helloworld"
d3.select("p").text("helloworld")
//将p元素的text设置为某个函数的返回值。text方法也接受函数形式的参数传入
d3.select("p").text (function(){return normalMessage;})
```

对于选择集，可以添加、插入和删除元素，相关函数介绍如下：

- selection.append(name)：在选择集末尾添加一个元素，name 为元素名称。
- selection.insert(name[,before])：在选择集中的指定元素之前插入一个元素，name 为被插入元素，before 为 CSS 选择器的名称。
- selection.remove()：删除选择集中的元素。

比例尺

比例尺是将定义域映射为值域的函数，能够将“一个区间”的数据对应到“另一个区间”。D3 提供两种类型的比例尺，即数值比例尺和序数比例尺。数值比例尺有连续的定义域，例如一系列数字或时间。序数比例尺有离散的定义域，例如一组名称或类别。比例尺在 D3 中是可选功能。使用比例尺可以极大地简化从数据维度到可视化展示的映射。

比例尺分为连续比例尺、序列比例尺、发散比例尺、量化比例尺、分位数比例尺、阈值比例尺、序数比例尺和分段比例尺。在此仅对连续比例尺和序数比例尺进行介绍。

①连续比例尺

连续比例尺包括线性比例尺、对数比例尺、指数比例尺。线性比例尺是最常见的比例尺，与线性函数类似，计算的是线性对应关系，输出范围值 y 可表示为输入域值 x 的线性函数：$y = mx + b$。输入域通常是可视化的数据维度，如学生在样本群的身高（以米为单位）。输出范围通常是所需输出的可视化维度，如直方图中条的高度（以像素为单位）。线性比例尺常见的方法如下：

- d3.scaleLinear()：用默认域 [0, 1] 构造一个新的比例尺，默认的范围为 [0,1]。因此，默认比例尺相当于数字恒等函数，例如 scaleLinear(0.5) 返回 0.5。
- scaleLinear (x)：在输入域中的输入 x，返回输出范围对应的值。
- scaleLinear.domain([numbers])：设置或获取定义域。
- scaleLinear.range([values])：设置或获取值域。

线性比例尺的具体使用形式如下：

```
var scaleLinear = d3.scaleLinear()
.domain([0,10])                    //设置定义域为[0, 10]
.range([0,100]);                   //设置值域为[0, 100]
console.log(scaleLinear(1));       //输出10
console.log(scaleLinear(5));       //输出50
```

②序数比例尺

比例尺是一系列函数，用来映射输入域到输出范围。序数比例尺的输入域是离散

的，比如一组名称或类别。常用方法包括：

- ❑ d3.scaleOrdinal()：构造一个新的序数比例尺。
- ❑ scaleOrdinal(*x*)：传入一个输入域中的值 *x*，返回对应输出范围中的值。
- ❑ scaleOrdinal.domain([values])：获取或指定当前比例尺对象的定义域。
- ❑ scaleOrdinal.range([values])：获取或指定当前比例尺对象的值域。

序数比例尺常用的操作示例如下。

```
var index = [0, 1, 2, 3, 4];
var fruits = ["apple", "orange", "strawberry", "grape", "banana"];
var scaleOrdinal = d3.scaleOrdinal()
                .domain(index)
                .range(fruits);
scaleOrdinal(0);  //返回 apple
scaleOrdinal(2);  //返回strawberry
scaleOrdinal(4);  //返回banana
```

坐标轴

坐标轴作为图表的重要组成部分之一，由一组线段和文字组成，其上的点由坐标值确定。D3 提供坐标轴的绘制方法，需要配合比例尺一起使用。为了绘制一个坐标轴，需要知道以下内容：

- ❑ d3.axisTop(scale)：创建一个朝上的坐标轴。
- ❑ d3.axisRight(scale)：创建一个朝右的坐标轴。
- ❑ d3.axisBottom(scale)：创建一个朝下的坐标轴。
- ❑ d3.axisLeft(scale)：创建一个朝左的坐标轴。
- ❑ axis.tickSize()：设置刻度的长短。
- ❑ axis.ticks()：设置刻度数目。

定义一个坐标轴，以水平方向向下朝向的坐标轴为例：

```
//为坐标轴定义一个线性比例尺
    var xScale = d3.scaleLinear()
                .domain([0,10])
                .range([0,250]);
//定义一个坐标轴
    var xAxis = d3.axisBottom(xScale)     //定义一个axis，由Bottom可知，方向是朝下的
              .ticks(7);                  //设置刻度数目
    g.append("g")
     .attr("transform", "translate("+20+", "+(dataset.length*rectHeight)+")")
     .call(xAxis);
```

上述代码首先使用 d3.scaleLinear 定义了一个线性比例尺，接着使用 d3.axisBottom 定义了一个朝下的坐标轴。.attr("transform", "translate("+20+", "+(dataset. length*rectHeight)+")") 的作用是设置位置信息，g.append("g").call(xAxis) ：这里出现了一个新的函数，xAxis 是定义的一个坐标轴，其实它本身也是一个函数，所以这行代码的意思是将新建的分

组 <g> 传给 xAxis() 函数，用以绘制，这句代码等价于 xAixs (g.append("g"))。

（3）数据加载和更新

数据绑定

将数据绑定在 DOM 是 D3 的一大特点，通过 d3.select 和 d3.selectAll 返回元素的选择集 selection 并没有数据。数据绑定目的在于令选择集中的元素能够包含数据，有两个相关函数：

- selection.datum([value]) 为选择集中的每一个元素都绑定相同的数据 value；
- selection.data([values[,key]]) 为选择集中的每一个元素分别绑定数组 values 中的每一项，key 是一个键函数，在绑定数组元素时指定对应规则。

对于 datum()，假设有一个字符串 hello，要将此字符串分别与三个段落元素绑定，代码如下：

```
var str = "hello";
var body = d3.select("body");
var p = body.selectAll("p");
p.datum(str);
p.text(function(d, i){
    return "为第 "+ i + " 个元素绑定数据 " + d;
});
```

绑定数据后，使用此数据来修改三个段落元素的内容，其结果如下：

```
为第 0 个元素绑定数据 hello
为第 1 个元素绑定数据 hello
为第 2 个元素绑定数据 hello
```

对于数据集调用 data() 绑定三个段落元素的字符串，代码如下：

```
var dataset = ["a", "b", "c"];
var p = d3.select("body")
    .selectAll("p");
p.data(dataset)
    .text(function(d, i){
        return "This is " + d;
  });
```

结果三个段落的文字分别变成了数组的三个字符串：

```
This is a
This is b
This is c
```

上述代码用到了一个无名函数 function(*d*, *i*)，其中 *d* 表示 data，即数据，*i* 表示 index，即索引。在元素与数组中的数据一一对应时，在函数 function 中直接返回 *d* 即可。

进入 - 更新 - 退出模式

在将数组绑定到选择集中的元素时，根据数组和选择集的长度不同，可能有三种情况：

- update：数组长度 = 元素长度，可以理解为如果数组长度等于元素的数量，则绑定元素“即将被更新”。
- enter：数组长度 > 元素长度，可以理解为如果数组长度大于元素的数量，则还不存在的需要与数组超出部分对应的元素“即将进入可视化”。
- exit：数组长度 < 元素长度，可以理解为如果数组长度小于元素的数量，则无数组元素匹配的多余元素“即将退出可视化”。

如图 7-21 所示，左图表示数组长度为 5、元素数量为 3 的情况，两个未与元素匹配的数据项被称为 enter，右图表示数组长度为 1、元素数量为 3 的情况，有两个元素未与数据项匹配，这部分被称为 exit。

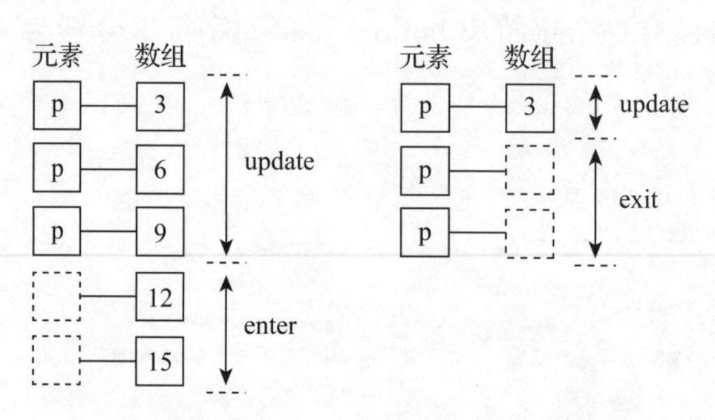

图 7-21　update、enter、exit 示例

在进行数据集绑定时，需要对于 enter 和 exit 部分进行处理，具体做法是为 enter 部分增加元素，将 exit 部分的元素删除，处理代码模板如下：

```
var dataset = [1, 2, 3];
var p = d3.select("body").selectAll("p");

// 数据绑定后，分别返回update、enter、exit部分
var update = p.data(dataset);
var enter = update.enter();
var exit = update.exit();

// 1. update部分的处理方法
update.text(function(d){return d;});
// 2. enter部分的处理方法
enter.append("p").text(function(d){return d;});
// 3. exit部分的处理方法
exit.remove();
```

3. API 速览

主要的 D3 API 简介如下。

d3-array：数组操作、排序、搜索、汇总等。

d3-axis：人类可读的刻度参考标记，如比例尺。

d3-brush：使用鼠标或触摸选择一个二维区域。

d3-chord：用一个美观的径向布局可视化关系或网络流。

d3-colors：色彩操纵和色彩空间转换。

d3-scale-chromatic：定量、序数和分类尺度的色带和调色板。

d3-delaunay：计算一组二维点的 Voronoi 图。

d3-drag：拖放 SVG，HTML 或画布使用鼠标或触摸输入。

d3-dsv：解析和格式化分隔符分隔的值，最常见的是 CSV 和 TSV。

d3-ease：平滑动画的简化函数。

d3-force：力向图布局使用速度 Verlet 集成。

d3-format：格式化数字供人类使用。

d3-hierarchy：用于可视化层次数据的布局算法。

d3-interpolate：插值数字、颜色、字符串、数组、对象等。

d3-path：将画布路径命令序列化为 SVG。

d3-polygon：二维多边形的几何运算。

d3-quadtree：二维递归空间细分。

d3-random：从各种分布中生成随机数。

d3-scale：将抽象数据映射到可视表示的编码，即比例尺。

d3-selection：通过选择元素和连接到数据来转换 DOM。

d3-shape：用于可视化的图形原语。

D3 API 的详细内容参见官方文档：https://github.com/d3/d3/blob/master/API.md。

7.4.2 图表绘制

下面介绍如何利用 D3 制作简单的柱状图和饼图，包括柱状图的基本元素（矩形、文字、坐标轴）、饼图的基本元素（扇形、文字），并给出示例代码。

1. 绘制柱状图

添加 SVG 画布，将画布宽高均设置为 400，定义 padding 给 SVG 留白，尽量将图形绘制在边界范围内：

```
//定义画布大小
var width = 400;
var height = 400;
//为 body 添加一个 SVG 画布
var svg = d3.select("body")
    .append("svg")
    .attr("width", width)
    .attr("height", height);
var marge = {top:60,bottom:60,left:60,right:60}
var g = svg.append("g")
    .attr("transform", "translate("+marge.top+", "+marge.left+")");
```

定义数据：

```
var dataset = [10, 20, 30, 23, 13, 35, 20];
```

定义并绘制比例尺和坐标轴：

```
var xScale = d3.scaleBand()
            .domain(d3.range(dataset.length))
            .rangeRound([0,width-marge.left-marge.right]);
var xAxis = d3.axisBottom(xScale);
var yScale = d3.scaleLinear()
           .domain([0,d3.max(dataset)])
           .range([height-marge.top-marge.bottom,0]);
var yAxis = d3.axisLeft(yScale);
g.append("g")
 .attr("transform", "translate("+0+", "+(height-marge.top-marge.bottom)+")")
 .call(xAxis);
   g.append("g")
    .attr("transform", "translate(0,0)")
    .call(yAxis);
```

d3.scaleBand() 是一个比例尺。d3.range(dataset.length) 返回一个等差数列，因为 dataset.length = 7，所以返回的是 0～6 的等差数列。

为每个矩形和对应的文本创建分组 <g>：

```
var gs = g.selectAll(".rect")
        .data(dataset)
        .enter()
        .append("g");
```

要绘制矩形，需要计算矩形左上角的坐标和长宽：

```
var rectPadding = 20;//矩形之间的间隙
   gs.append("rect")
      .attr("x",function(d,i){
         return xScale(i)+rectPadding/2;
      })
      .attr("y",function(d){
         return yScale(d);
      })
      .attr("width",function(){
        return xScale.step()-rectPadding;
      })
      .attr("height",function(d){
         return height-marge.top-marge.bottom-yScale(d);
      })
      .attr("fill","blue");
```

绘制文字：

```
gs.append("text")
   .attr( "x" ,function(d,i){
      return xScale(i)+rectPadding/2;
   })
```

```
.attr( "y" ,function(d){
    return yScale(d);
})
.attr( "dx" ,function(){
    (xScale.step()-rectPadding)/2;
})
.attr( "dy" ,20)
.text(function(d){
    return d;
})
```

柱状图的实现效果如图 7-22 所示。

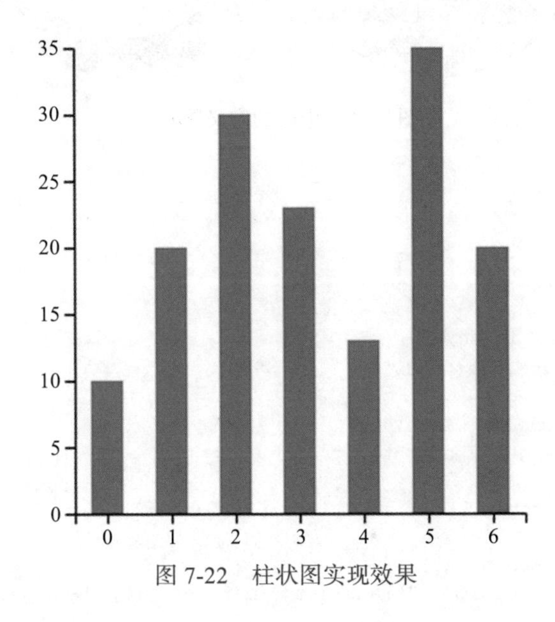

图 7-22　柱状图实现效果

2. 绘制饼状图

饼状图包括两个基本元素：扇形和文字。为了绘制饼状图，还需要引入以下知识点。

d3.arc({ })：弧形生成器，用于绘制弧形，需传入一些用来绘制弧形的基本数据对象，例如：

```
arc({
    innerRadius: 0,
    outerRadius: 100,
    startAngle: 0,
    endAngle: Math.PI / 2
});
```

d3.pie()：饼状图生成器，用来产生绘制一条弧所需的数据对象，即利用原始数据生成可绘制的新数据，使用方式为 d3.pie(data)。

d3.arc().centroid()：计算由给定参数生成的圆弧中心线的中点 [x, y]，中点定义为

(startAngle + endAngle) / 2 和 (innerRadius + outerRadius) / 2。例如，图 7-23 中的黑点即为对应图形的中心点。

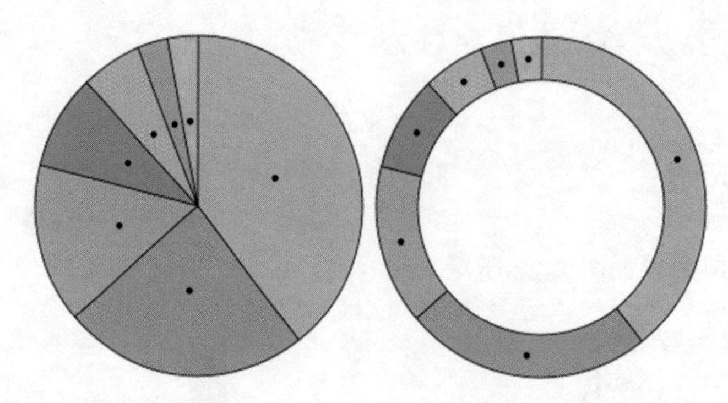

图 7-23　中心的定义图示[⊖]

定义画布和准备数据：

```
//定义画布大小
    var width = 400;
    var height = 400;
    //为 body 添加一个 SVG 画布
    var svg = d3.select("body")
        .append("svg")
        .attr("width", width)
        .attr("height", height);

    var marge = {top:60,bottom:60,left:60,right:60}

    var g = svg.append("g")
        .attr("transform", "translate("+marge.top+", "+marge.left+")");

        var dataset = [ 30 , 10 , 43 , 55 , 13 ];//需要将这些数据变成饼状图的数据
```

设置饼状图的颜色比例尺：

```
//设置一个color的颜色比例尺，让不同的扇形呈现不同的颜色
    var colorScale = d3.scaleOrdinal()
         .domain(d3.range(dataset.length))
        .range(d3.schemeCategory10);
```

新建一个饼状图：

```
var pie = d3.pie();
```

新建一个弧形生成器：

```
var innerRadius = 0;       //内半径
var outerRadius = 100;     //外半径
var arc_generator = d3.arc()
    .innerRadius(0)
    .outerRadius(100);
```

⊖ 图片来源：https://github.com/d3/d3-shape/blob/v2.0.0/README.md#arc_centroid。

利用饼状图生成器对数据进行转换：

```
var pieData = pie(dataset);
//在浏览器的控制台打印pieData
console.log(pieData);
```

为每个扇形和文本新建一个分组 <g>：

```
var gs = g.selectAll(".g")
    .data(pieData)
    .enter()
    .append("g")
    .attr("transform", "translate("+width/2+", "+height/2+")")//位置信息
```

绘制扇形和文字：

```
//绘制饼状图的各个扇形
    gs.append("path")
        .attr("d", function(d){
            return arc_generator(d);      //往弧形生成器中输入数据
        })
        .attr( "fill" ,function(d,i){
            return colorScale(i);
        });

    //绘制饼状图上面的文字信息
    gs.append("text")
        .attr("transform", function(d){  //位置设在中心
            return "translate("+arc_generator.centroid(d)+")";
        })
        .attr("text-anchor", "middle")
        .text(function(d){
            return d.data;
        })
```

饼状图的实现效果如图 7-24 所示。

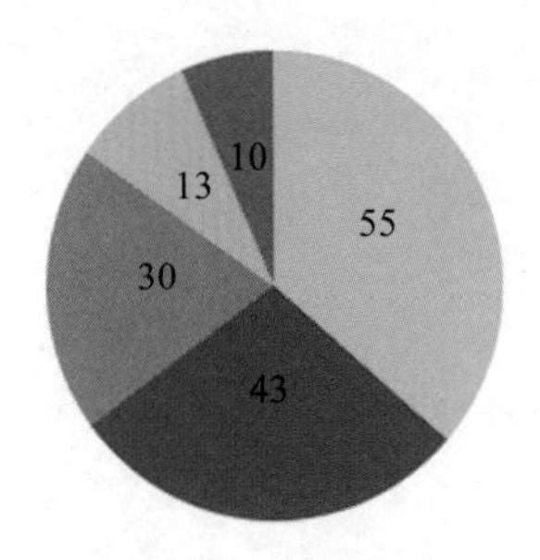

图 7-24　饼状图实现效果

7.5　小结

本章主要介绍了目前比较流行的一些数据可视化工具，并结合实际的图表绘制示

例进行讲解，帮助读者快速掌握。ECharts 容易上手；AntV 以可视化理论作为基础，自由度较高，但学习成本稍高；D3 更接近底层，拥有极大的自由度，需要经过较长时间的学习才能掌握。ECharts、AntV 和 D3 各有优劣，读者可以基于本章内容，根据自己的需求和兴趣，查阅相关的文档和实例，选择合适的工具进行深入学习。

7.6 参考文献

LI D, MEIB H, SHEN Y, et al. ECharts: a declarative framework for rapid construction of web-based visualization[J].Visual Informatics, 2018, 2(2):136-146.

7.7 习题

1. 请列举出一些常见的可视化工具和类库。
2. 请使用 ECharts 绘制一个柱状图。
3. 请使用 AntV G2 绘制一个折线图。
4. 请使用 D3 绘制一个饼状图。
5. 请比较 ECharts、AntV 和 D3 之间的异同。

第 8 章

可视化视图概览

可视化发展至今，已有适合不同数据类型的多种可视化方法，本章汇总常用的可视化图表，按照基础视图、复杂视图、改进视图进行分类整理，为数据可视化、数据分析学习者提供一个快速概览和查阅可视化方法的途径。

8.1 基础视图

基础视图主要包含饼状图、柱状图、折线图、散点图等基础统计图表和其衍生的可视化视图，以及热力图、雷达图、漏斗图等经典可视化视图。

8.1.1 折线图类

折线图类是指利用折线或曲线呈现数据特性的一类统计图表，通常包含折线图、面积图、堆叠面积图、区间面积图、河流图、平行坐标系等。

1. 折线图

折线图（如图 8-1 所示）是指在直角坐标系（笛卡儿坐标系）中由数据点及连接数据点的折线所组成的统计图表。折线图一般仅展示二维数据，水平和垂直方向分别为 x 轴（横轴）和 y 轴（纵轴）。x 轴表示连续相等时间间隔或有序类别（如阶段 1、阶段 2、阶段 3），y 轴则通常表示数值型数据。每个数据点表示一组（x，y）映射关系，相邻数据点之间由折线或曲线连接。

折线图适用于分析事物随时间或有序类别的变化趋势。如果有多组数据，则用于分析多组数据随时间变化或有序类别的相互作用和影响。折线的方向表示数值的变化方向，而折线的斜率则表示变化的程度。从数据来说，折线图需要一个连续时间字段或一个分类字段和至少一个连续数据字段。

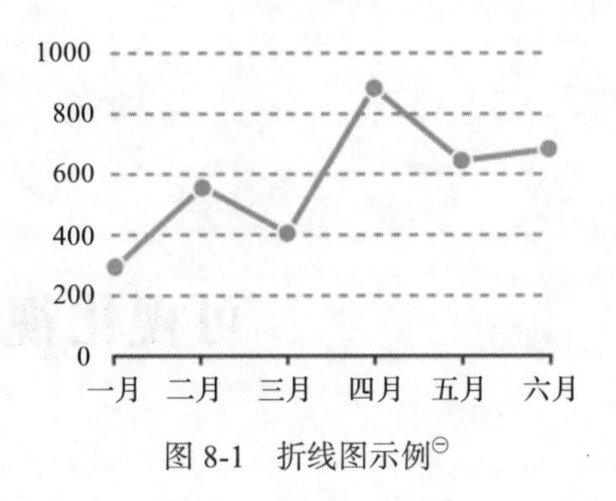

图 8-1 折线图示例㊀

2. 面积图

面积图又称区域图（如图 8-2 所示）是一种反映数值随时间或有序类别变化的统计图表。其原理与折线图相似，区别在于面积图在折线图的基础上用颜色或纹理填充折线与 x 轴之间的空白区域。

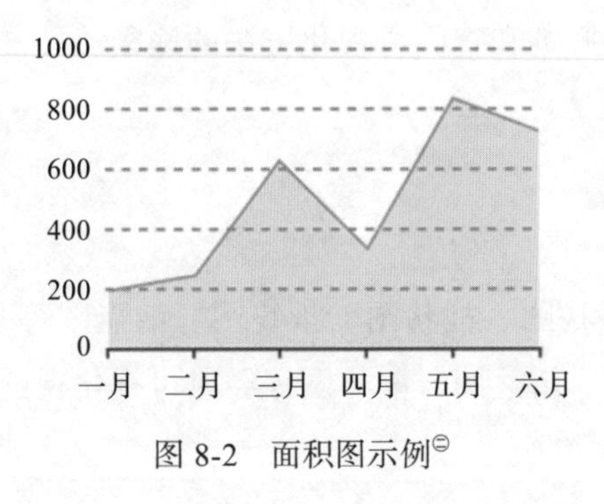

图 8-2 面积图示例㊁

面积图的优势在于可以增强人眼对数据趋势的感知能力，可以更清晰地反映数据变化，在多个系列数据的情况下区域错落有致，更利于分析不同系列数据间的差距。其劣势在于数据系列较多时，纹理或颜色填充存在相互遮挡的问题，而采用不同透明度适当填充区域面积可以在一定程度上缓解该问题。

3. 堆叠面积图

堆叠面积图（如图 8-3 所示）与面积图类似，也是在折线图的基础上将折线与自变量坐标轴之间的区域填充起来的统计图表，主要用于表示数值随时间或有序类别的变化趋势。堆叠面积图的特点在于多个数据系列的数值并非独立呈现，是层层堆叠起来的，每个数据系列的起始点是上一个数据系列的结束点，y 轴编码的数值是累加值而不是数据系列的真实数值。

㊀ 图片来源：http://www.tuzhidian.com/chart?id=5c56e1b34a8c5e048189c693。

㊁ 图片来源：http://www.tuzhidian.com/chart?id=5c56e5284a8c5e048189c726。

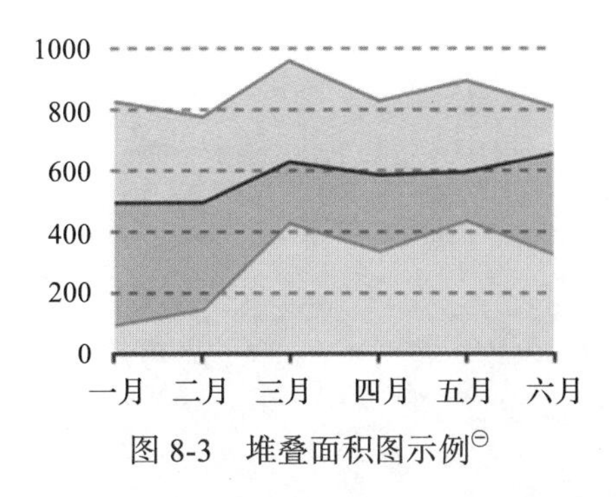

图 8-3　堆叠面积图示例[㊀]

堆叠面积图适合多个数据系列同时展示的场景，其中既能看出各数据系列的走势，又能看到整体数值随时间变化的趋势。但其劣势在于 y 轴多个数据系列数值的叠加会导致每个数据系列各数据点的数值难以被识别，可以加入选择交互以提高视图的灵活性。

此外，百分比堆叠面积图（如图 8-4 所示）是一种特殊的堆叠面积图，其 y 轴编码数值所占的百分比，y 轴的累计值始终为 100%，一般用于展示各数据系列占比随时间或有序类别的变化趋势。

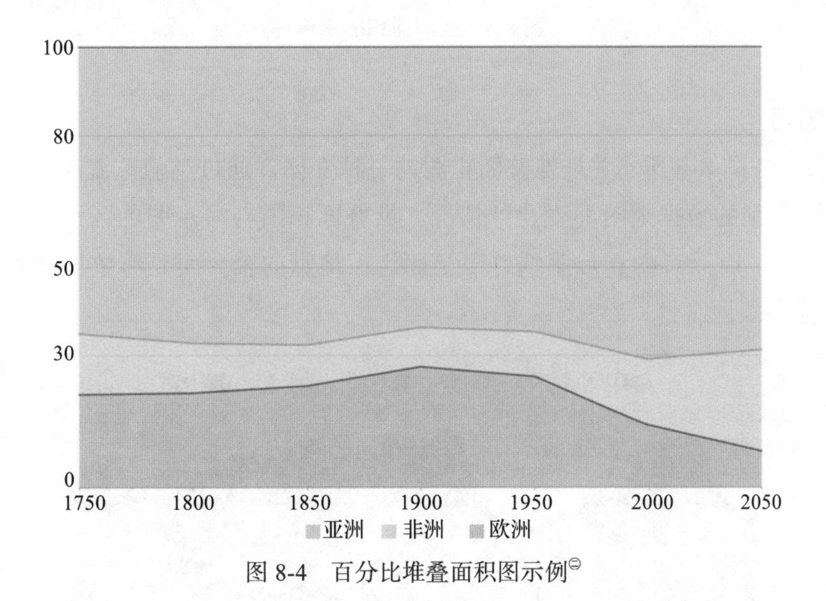

图 8-4　百分比堆叠面积图示例[㊁]

4. 区间面积图

区间面积图（如图 8-5 所示）是在折线图的基础上对数据点 y 轴的取值区间进行编码的图表。该图表将每个数据点在 y 轴取值区间上的最大值和最小值分别连接成折线，两条折线之间的区域采用颜色或纹理填充，用于展示数据随时间或有序类别变化的波动范围。

㊀ 图片来源：http://www.tuzhidian.com/chart?id=5c56e55a4a8c5e048189c72d。

㊁ 图片来源：https://antv-g2.gitee.io/zh/examples/area/stacked#percentage。

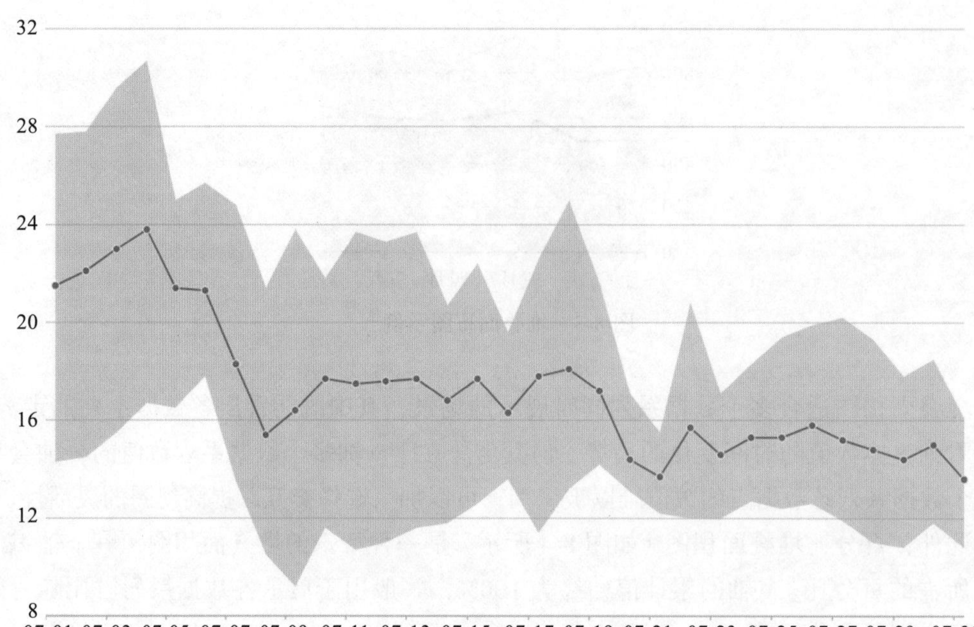

图 8-5 区间面积图示例㊀

5. 河流图

河流图（如图 8-6 所示）是堆叠面积图的一种变体，通过类似“流动”河流的形状来展示不同类别的数据随时间变化的情况。堆叠面积图与河流图的区别在于前者的布局基线为 x 轴，而后者的布局基线并不是固定、笔直的轴，而是将数据分散到一个变化的中心基准线上。

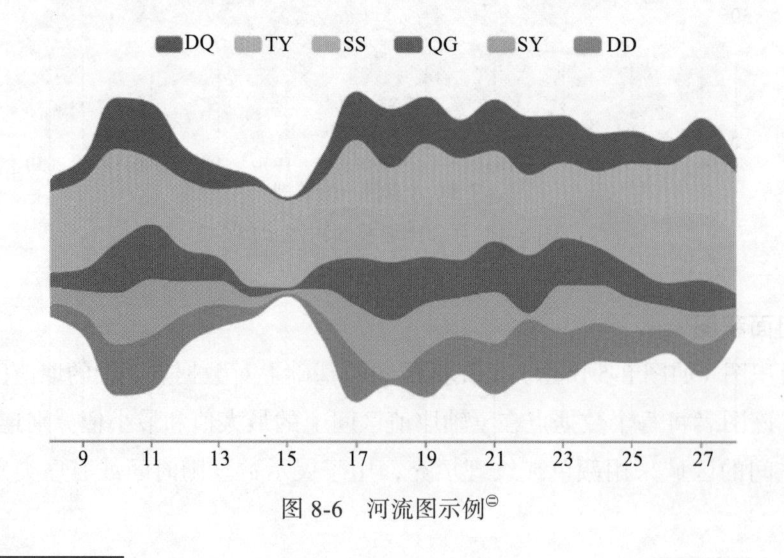

图 8-6 河流图示例㊁

㊀ 图片来源：https://antv-g2.gitee.io/zh/examples/area/range#range。

㊁ 图片来源：https://echarts.apache.org/examples/zh/editor.html?c=themeRiver-basic。

6. 平行坐标系

平行坐标系（如图 8-7 所示）是一种含有多个垂直平行坐标轴的统计图表，适用于高维数据分析。每个垂直坐标轴分别表示一个字段，每个字段又用刻度来标明数据范围。将同一高维数据项的各维度数值在每个垂直坐标轴上的点用一条折线连接，用于展示该数据项在所有维度上的分布情况。

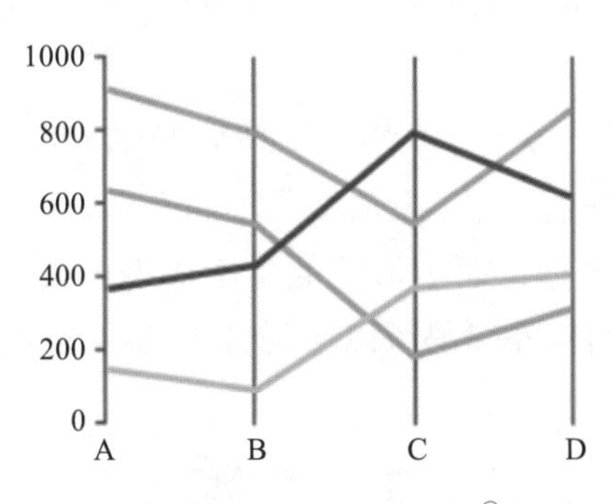

图 8-7　平行坐标系示例㊀

随着数据的增多、折线的堆叠，分析人员能够从平行坐标系图中发现数据集的整体特性和规律，比如数据之间的聚类关系。图 8-8 采用平行坐标系展示在线问答社区中的用户行为模式，通过筛选交互能够直观地看出数据维度分布类似的用户具有相似的行为模式。

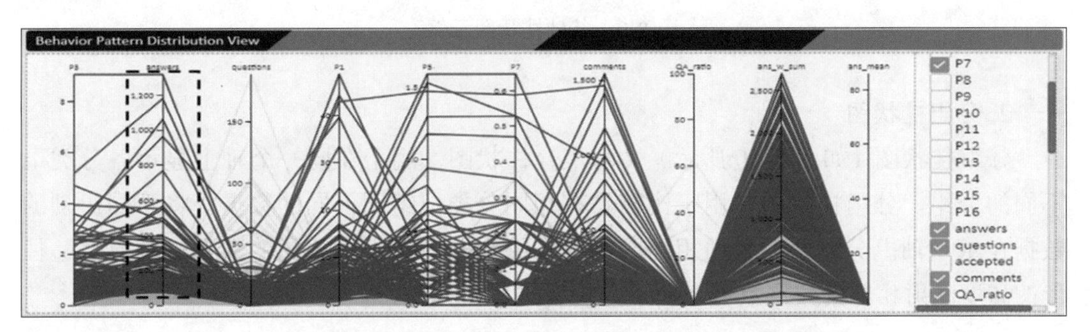

图 8-8　平行坐标系展示用户行为模式 [1]

尽管表面上类似折线图，但平行坐标系并不表示趋势，各个坐标轴之间也没有因果关系。因此，使用平行坐标系时，如何确定轴的顺序是可以人为决定的。一般来说，顺序会影响可视感知和判断。两根坐标轴隔得越近，人们对二者的对比就感知得越强烈。因此，最合适、最美观的排序方式往往需要经过多次的试验和比较。反过来讲，尝试不同的排列方式也可能有助于得出更多的结论。需要注意的是，平行坐标系中每个坐标轴的数据范围都不完全相同，它们很可能有不同的数据范围。作图时，最好显著地标明每一根轴上的最小值、最大值。下列网址提供了一个平行坐标系实例：https://

㊀ 图片来源：http://www.tuzhidian.com/chart?id=5c55a06a58461d3fa61366be。

echarts.apache.org/examples/zh/editor.html?c=parallel-aqi。读者可以尝试通过交互体验平行坐标系的作用。

8.1.2　柱状图类

柱状图类是指采用矩形柱呈现数据特性的一类统计图表，根据不同的编码方式和功能可以分为柱状图、直方图、甘特图和瀑布图等。

1. 柱状图

最基础的柱状图（如图 8-9 所示）用于呈现数据在不同分类上的数值特性。数据应包含一个分类变量和一个数值变量，x 轴编码不同类别，y 轴编码数值属性。在柱状图中，每个矩形柱代表一类数据，而矩形柱的高度代表该类别数据的数值。此外，将矩形柱的颜色作为分类属性的额外编码可以增强分析者的认知能力，提高分析效率。

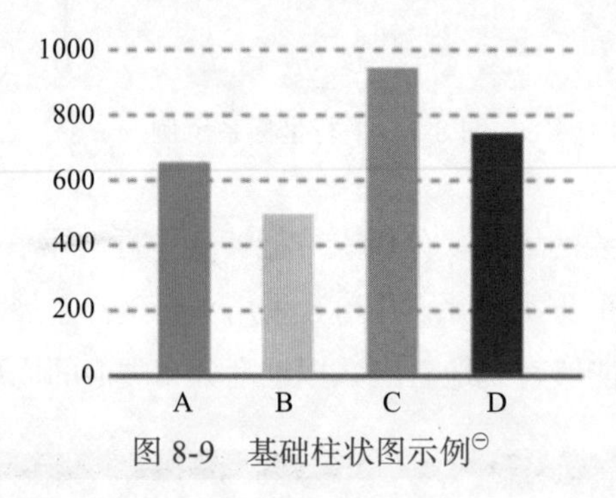

图 8-9　基础柱状图示例㊀

2. 分组柱状图

分组柱状图（如图 8-10 所示）又叫聚合柱状图，用于在同一个轴上显示各分类下不同的分组。分组柱状图常用于比较具有相同分类但组别不同的数据，将不同组别的数据在水平轴上分隔开，采用相同的颜色来编码不同组别中相同的数据分类属性，柱形的高度映射相应的数据数值，便于分析者进行对比。

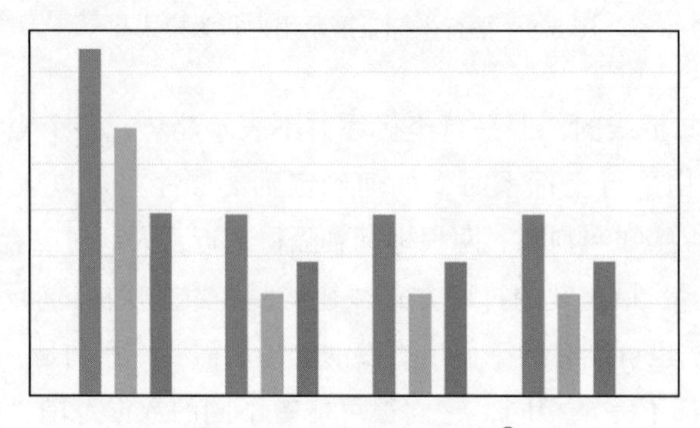

图 8-10　分组柱状图示例㊁

㊀ 图片来源：http://www.tuzhidian.com/chart?id=5c56e2da4a8c5e048189c6bb。
㊁ 图片来源：http://antv-2018.alipay.com/zh-cn/vis/chart/multi-set-bar.html。

3. 堆叠柱状图

堆叠柱状图（如图 8-11 所示）是指在柱状图的基础上将每个类别的数据分解为多个子类，每个子类采用不同的颜色编码。堆叠柱状图的优势在于其既可以反映柱状图本身呈现的“总量”信息，又能清晰地展示各个类别的“结构”信息。但在堆叠的情况下，构成矩形柱的各个部分并不处于同一水平线上，分析者很难比较相互错落的矩形柱之间的高低关系，容易产生视觉混淆。

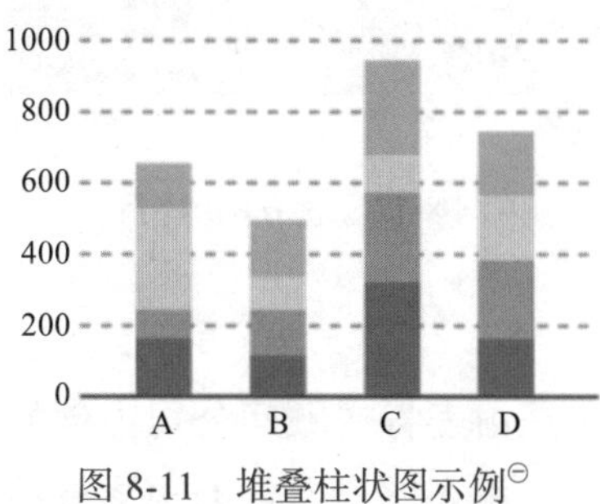

图 8-11　堆叠柱状图示例[㊀]

4. 比例堆叠柱状图

比例堆叠柱状图（如图 8-12 所示）是一种特殊的堆叠柱状图，将原本堆叠柱状图中用于编码数值属性的 y 轴用来编码占比关系。比例堆叠柱状图中每类数据的“总量”均为 100%，即矩形柱的整体高度均相同。各子类别矩形柱的高度编码其所占整体的比例值，忽视“绝对数值”上的比较，而着重呈现“相对比例”，适用于比较比例关系或分析比例变化趋势的场景。此外，在子类别较多且差异不明显的情况下，比例堆叠柱状图将难以阅读，失去作用。

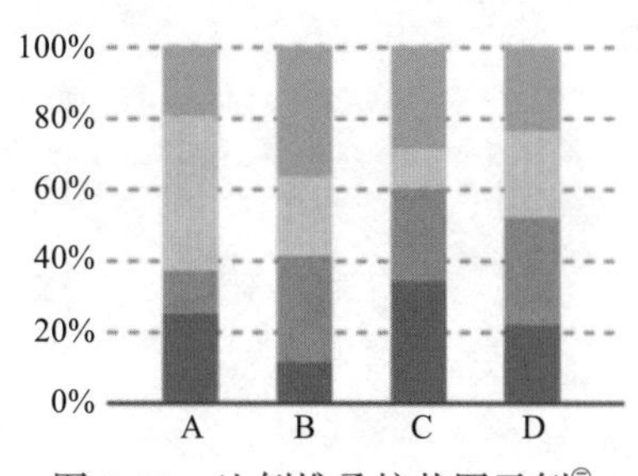

图 8-12　比例堆叠柱状图示例[㊁]

5. 直方图

直方图（如图 8-13 所示）又称质量分布图，用于表示数据的分布情况，是一种常见的统计图表。x 轴一般将连续的数值等分为多个区间，y 轴用于编码落在该区间的数据点数量，即数量越多代表该区间的矩形柱越高。直方图与柱状图的区别在于数据类型不同，前

㊀ 图片来源：http://www.tuzhidian.com/chart?id=5c55b11b58461d3fa613673b。

㊁ 图片来源：http://www.tuzhidian.com/chart?id=5c56e3b04a8c5e048189c6df。

者主要针对有序的数值数据，而后者针对分类数据的数值属性。前者主要反映数据分布，矩形柱间的间隔较小或没有间隔，而后者使用矩形柱间的空隙来区分不同的数据类别。

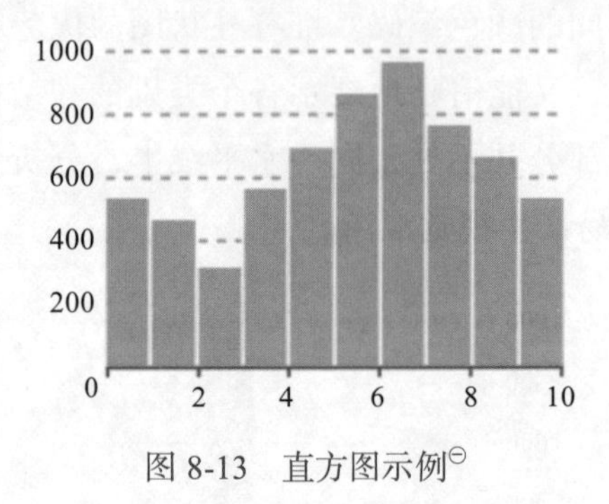

图 8-13　直方图示例[一]

6. 瀑布图

瀑布图（如图 8-14 所示）是由麦肯锡顾问公司独创的图表类型，因为形似瀑布流水而称为瀑布图。通常情况下，瀑布图最左侧的矩形柱展示完整的绝对数值信息，其余矩形柱仅编码与前一个矩形柱的相对数值差异，以相对值的形式表示数据与某特定数值间的差异变化关系。

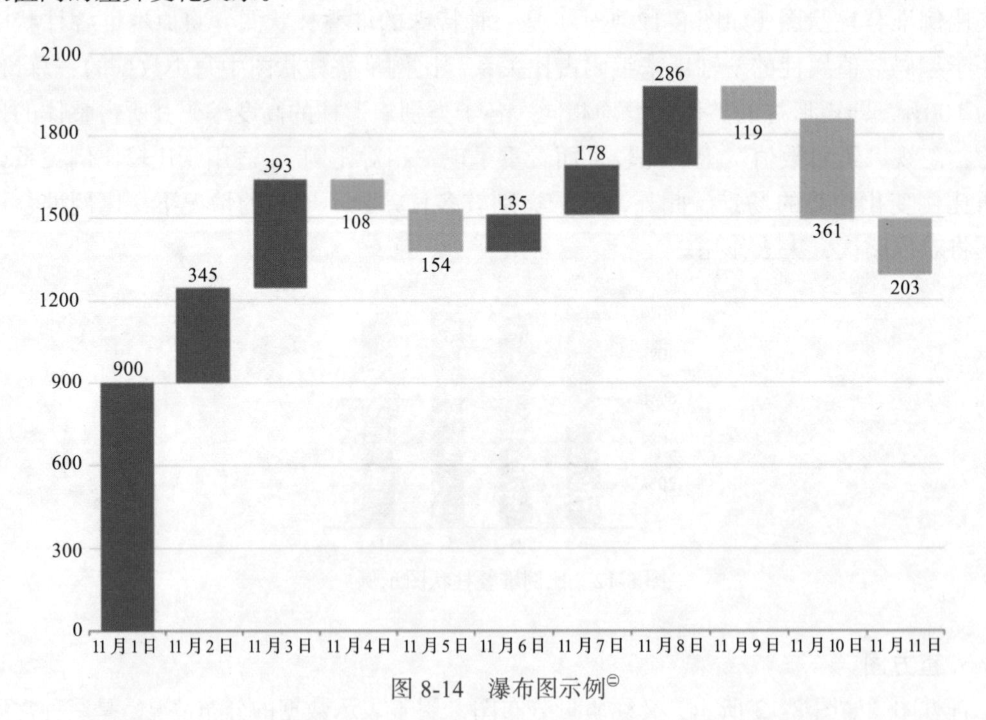

图 8-14　瀑布图示例[二]

7. 甘特图

甘特图（如图 8-15 所示）以提出者——亨利·劳伦斯·甘特（Henry Laurence Gantt）

[一] 图片来源：http://www.tuzhidian.com/chart?id=5c56e58b4a8c5e048189c736。

[二] 图片来源：https://echarts.apache.org/examples/zh/editor.html?c=bar-waterfall2。

的名字命名，通过横向条状图来展示各项目任务随时间进展的情况，清晰地标识出各项目的起始时间，实现在时间线上的整体进度把握。

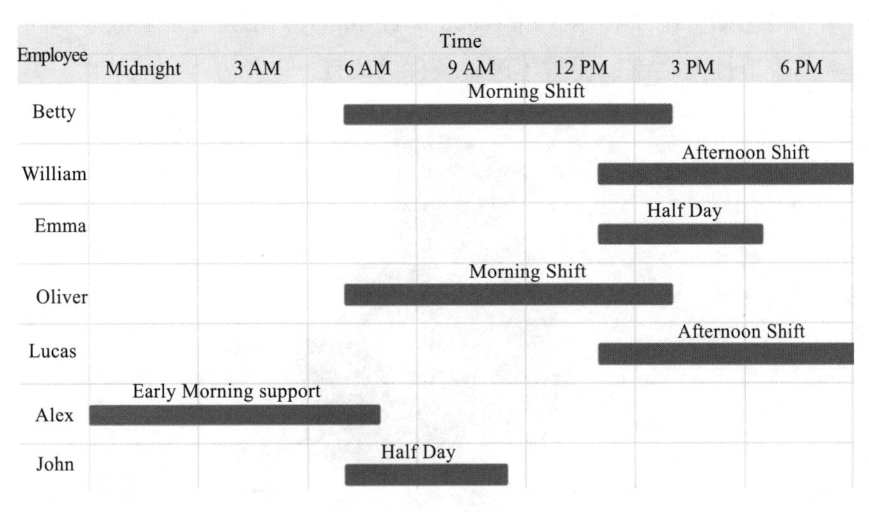

图 8-15　甘特图示例[㊀]

8.1.3　饼图类

饼图类是指采用圆形布局、以扇形大小或圆心角为主要编码方式的一类统计图表，主要包含饼图和南丁格尔玫瑰图。

1. 饼图

饼图（如图 8-16 所示）以每个扇形的弧长、圆心角、面积编码各类别占总体的比例关系，全部扇形合在一起刚好是一个完整的圆形，即每个扇形所代表的比例总和为 1。饼图最显著的功能在于表现“占比”，当比例分布明显时，人眼可以清晰地比较饼图中扇形的大小。但是，由于人类对“角度”的感知力并不如“长度”，在需要准确地表达数值（尤其是当数值接近或数值很多）时，饼图常常不能胜任，这种情况下建议使用柱状图。

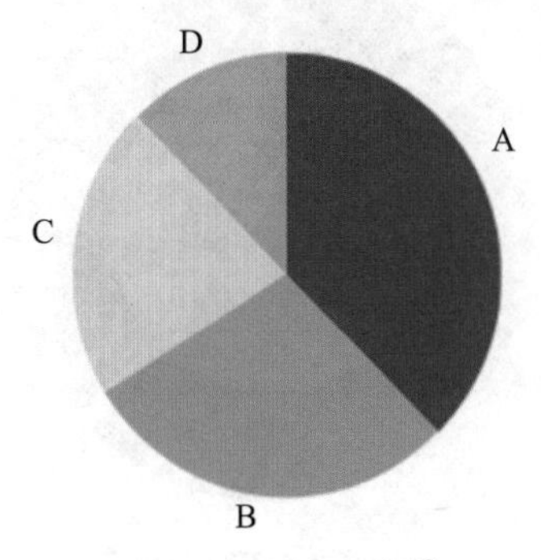

图 8-16　饼图示例[㊁]

㊀ 图片来源：https://www.fusioncharts.com/charts/gantt-charts/gantt-showing-hourly-tasks?framework=javascript。
㊁ 图片来源：http://www.tuzhidian.com/chart?id=5c553ca258461d3fa6136677。

2. 南丁格尔玫瑰图

南丁格尔玫瑰图（如图 8-17 所示）又名鸡冠花图、极坐标区域图，由统计学家和医学改革家弗洛伦斯·南丁格尔（Florence Nightingale）在克里米亚战争期间发明，用以反映医院的季节性死亡率，促进了医院条件的改良。

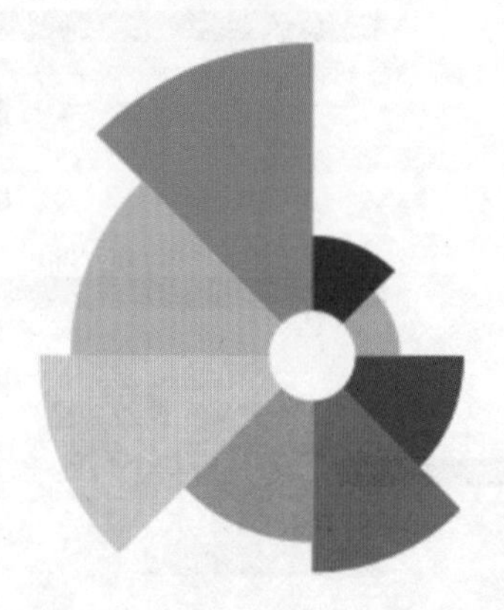

图 8-17　南丁格尔玫瑰图示例[㊀]

南丁格尔玫瑰图与饼图外形十分相似，主要区别在于前者采用半径来反映数值属性，而非弧度或圆心角。由于半径和面积之间是平方的关系，因此在视觉上，南丁格尔玫瑰图会将数据的比例夸大，并不能准确地反映数值的真实属性，但适当夸大有助于分辨较为相近的数值属性。

3. 环图

环图（如图 8-18 所示）又叫甜甜圈图，是饼图的另一种变体，其本质是将饼图中间的区域挖空。与饼图的区别主要在于将重点放在环的长度而不是扇形的面积或圆心角上，易于分析对比任务，且提高了视图的空间利用率。

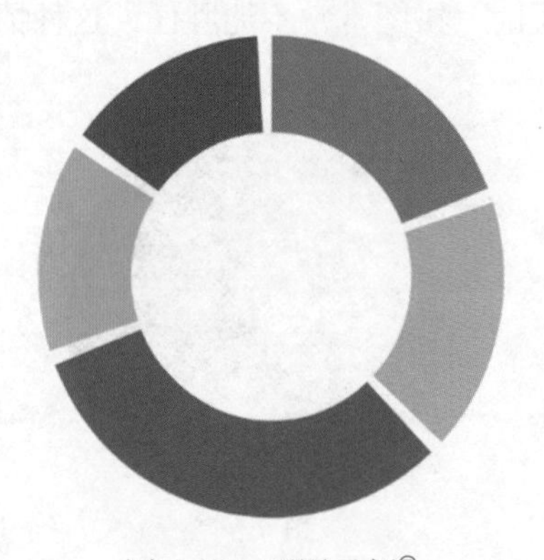

图 8-18　环图示例[㊁]

㊀ 图片来源：http://www.tuzhidian.com/chart?id=5c56e4694a8c5e048189c709。

㊁ 图片来源：http://antv-2018.alipay.com/zh-cn/vis/chart/donut.html。

8.1.4　散点图类

散点图类是指采用二维数据点布局的一类统计图表，主要包含散点图和气泡图。

1. 散点图

散点图（如图 8-19 所示）是将所有的数据以点的形式展现在平面直角坐标系上的统计图表。每个数据点包含两个数值型变量，分别用于 x 轴和 y 轴的映射。散点图将数据点叠加到二维直角坐标系中，利用散点之间的位置关系来完成挖掘变量之间的相关性、找出趋势和规律或发现离群点等分析任务。

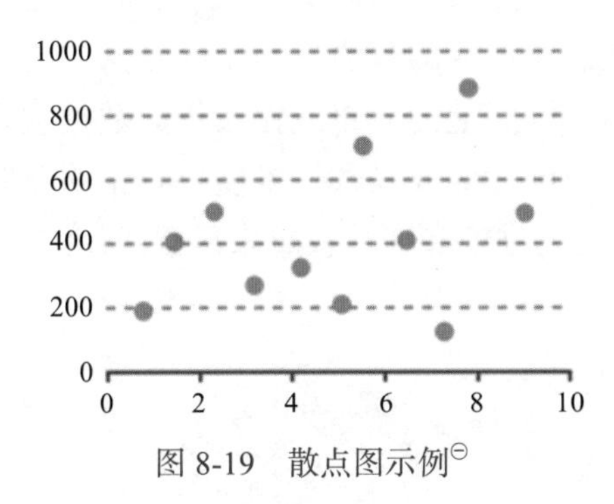

图 8-19　散点图示例㊀

2. 气泡图

气泡图（如图 8-20 所示）是散点图的一种变体，是一种多变量的统计图表。气泡图将散点图中的点转化为大小不一的圆形，也就是气泡。气泡圆心坐标与散点图中 x 轴和 y 轴的映射关系相同，而气泡的半径则用于编码数据点的第三个维度。

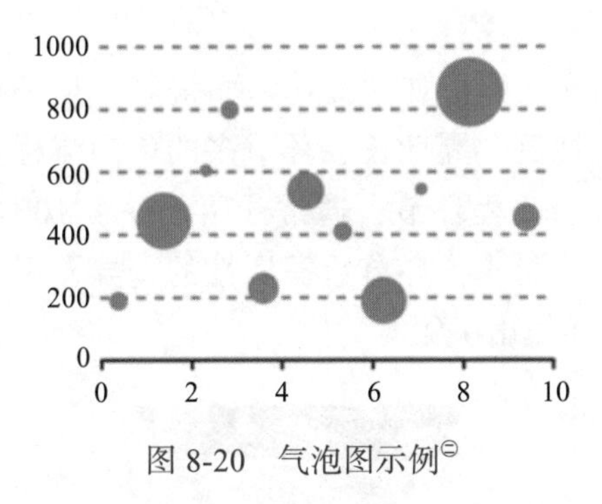

图 8-20　气泡图示例㊁

气泡图在散点图的基础上增加了一个数据维度，每个气泡由三个变量组成，通过比较气泡位置和大小来分析数据维度间的相关性，通常用于展示和比较多变量数据间的关系和分布。

㊀ 图片来源：http://www.tuzhidian.com/chart?id=5c56e4ae4a8c5e048189c713。

㊁ 图片来源：http://www.tuzhidian.com/chart?id=5c56e2954a8c5e048189c6af。

8.1.5　其他类

其他类主要指柱状图类、饼图类、折线图类、散点图类之外的其他经典可视化视图，包括雷达图、子弹图、漏斗图、热力图、箱形图、K 线图、玉珏图、马赛克图、卡吉图、螺旋图、词云等。此类视图大多用于具体应用场景的特殊分析任务。

1. 雷达图

雷达图（如图 8-21 所示）又叫戴布拉图、蜘蛛网图，是一种表现多维数据（4 维以上）的图表。雷达图的坐标轴数量与呈现的数据维度相同，每个维度对应一个长度相同的坐标轴，坐标轴从中心点出发向四周发散，以相同的间距径向排列。连接数据项在各个坐标轴上的数值点所形成的多边形与坐标轴共同构成了雷达图。雷达图主要用于分析单个数据项在不同维度上的分布或比较不同数据项在某一维度上的差异。但当雷达图中多边形过多、维度过多或者数据维度差异不明显时，会直接导致视图可读性下降，因此需要选择合适的维度和变量权重来尽可能使雷达图保持清晰。

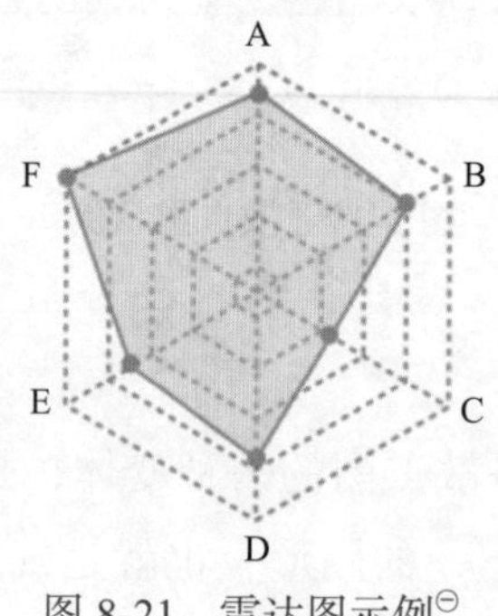

图 8-21　雷达图示例[㊀]

2. 漏斗图

漏斗图（如图 8-22 所示）因形如“漏斗”而得名，是一种用于单流程分析的可视化视图，适用于业务流程规范、周期长、环节多的单向流程分析任务。漏斗图从上到下表示为开始到结束的多个流程环节，通常开始于一个 100% 的数值，结束于一个较小的数值，分析者通过比较漏斗各环节数据属性的差异，可以较为直观地发现并解释问题所在的流程环节，进而做出决策。

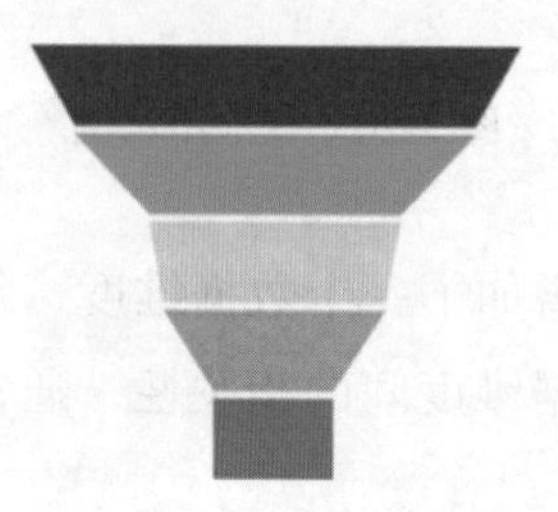

图 8-22　漏斗图示例[㊁]

㊀ 图片来源：http://www.tuzhidian.com/chart?id=5c56e4ef4a8c5e048189c71d。

㊁ 图片来源：http://www.tuzhidian.com/chart?id=5c56e3714a8c5e048189c6d5。

3. 箱形图

箱形图（如图 8-23 所示）又称盒须图、盒式图或箱线图，是一种用于展示多组数据分布的统计图表，由直角坐标系及数据箱子构成。每个箱子能展示一组数据的最大值、最小值、中位数及上下四分位数，箱子中间的线段表示数据的中位数，箱子的顶端和底端分别代表数据的上下四分位数。上下两端延伸出的两根“胡须”的末端可以用于展示不同的信息，通常情况下“胡须”的上下边缘代表数据的最大值和最小值，但有时也代表特定分布区间的范围。

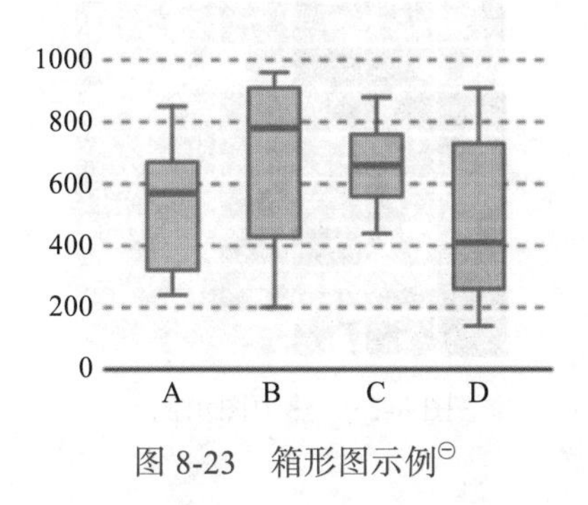

图 8-23　箱形图示例[一]

4. K 线图

K 线图（如图 8-24 所示）原名蜡烛图，通常用于展示股票交易数据。K 线就是指将股票每日、每周、每月的开盘价、收盘价、最高价、最低价等涨跌变化状况用图形的方式表现出来。K 线分为阳线和阴线，阳线的收盘价高于开盘价，而阴线的收盘价低于开盘价。K 线顶端和底端分别编码最高价和最低价，而中间矩形顶端和底端的编码则依赖于开盘价和收盘价的高低，由较高数值编码顶端。目前，K 线图已被广泛应用于股票、期货等各类交易场景。

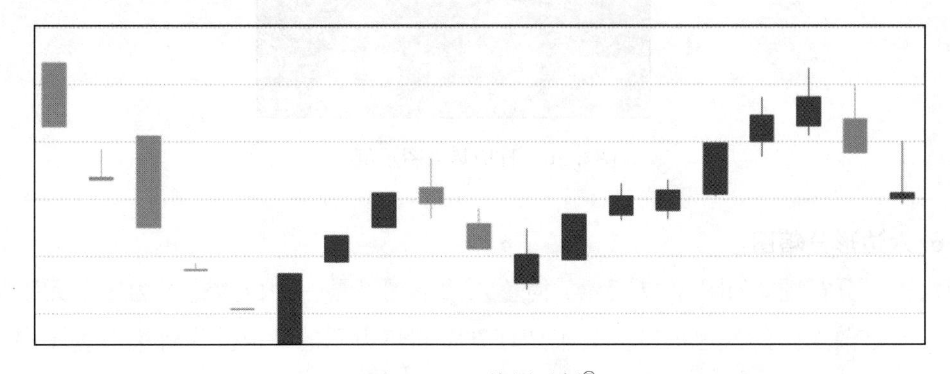

图 8-24　K 线图示例[二]

㊀ 图片来源：http://www.tuzhidian.com/chart?id=5c666f91372bb033b9c2fa75。

㊁ 图片来源：https://antv-2018.alipay.com/zh-cn/vis/chart/k-chart.html。

5. 热力图

热力图（如图 8-25 所示）是一种通过对色块着色来显示数据的统计图表，用于统计各区域的数据分布情况。颜色映射规则是热力图是否有效的关键之处，通常是将数值属性的区间映射到一段颜色变化上，例如颜色深度由高到低表示数值由大到小，或用冷色表示较小的数值、用暖色表示较大的数值。

图 8-25　热力图示例㊀

日历热力图（如图 8-26 所示）是热力图的一种变体，主要是将热力图的颜色映射规则应用到日历面板中，用于呈现某数值属性在时间上的分布情况。

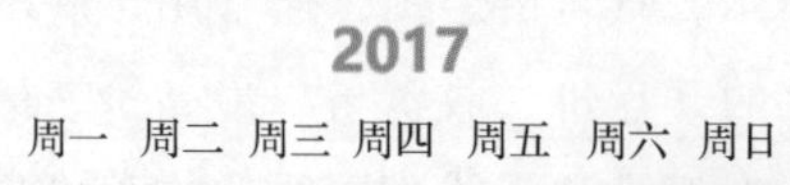

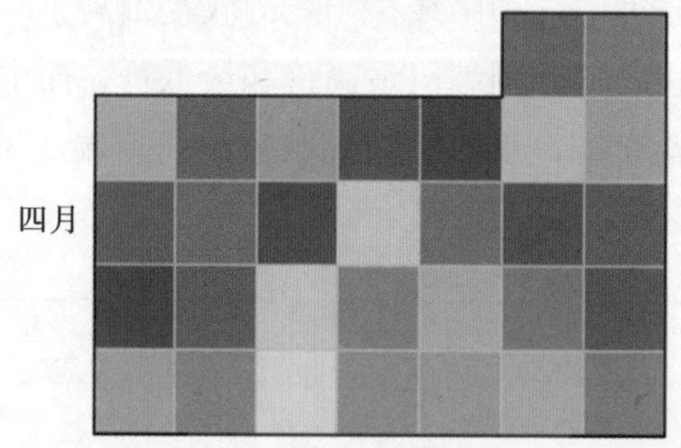

图 8-26　日历热力图示例㊁

6. 六边形分箱图

六边形分箱图（如图 8-27 所示）简称六边形图，是一种以六边形为主要元素的统计图表，是散点图的一种扩展，又兼具直方图和热力图的特征。为解决散点图中数据点密度过高、相互重叠的问题，将散点图用六边形均匀划分，六边形颜色编码该区域内散点的密度，大幅降低了视觉混淆程度，在处理大规模数据集时表现尤为出色。

㊀ 图片来源：http://www.tuzhidian.com/chart?id=5c56e4284a8c5e048189c6fe。

㊁ 图片来源：https://echarts.apache.org/examples/zh/editor.html?c=calendar-charts。

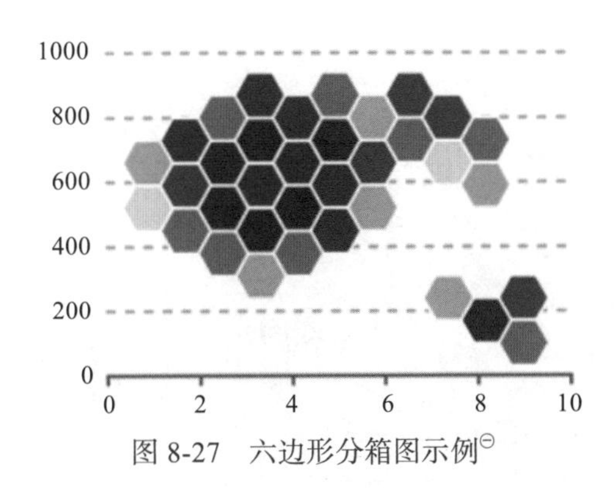

图 8-27　六边形分箱图示例[⊖]

8.2　复杂视图

针对更复杂的数据类型，需要更具针对性的可视化方法，本节主要介绍三类复杂视图：表示层次数据的树图类、表示关系型数据的关系 / 网络图类，以及表示地理数据的地理坐标 / 地图类。

8.2.1　树图类

树状图是应用最为广泛的视觉分类体系，一般用来展示具有自顶向下层次结构的数据，能描述数据的构成及内在逻辑关系。常见的树图包括直观树状图、径向树图、矩形树图、泰森多边形树图、圆形树图和旭日形树图。

1. 直观树状图

直观树状图（如图 8-28 所示）以树形结构表示层级数据，从顶层唯一的根节点展开，沿着延伸轴生成多个子树，最底层的节点为叶子节点，根据延伸轴的不同可分为横向树状图（左）和纵向树状图（右）。直观树状图以节点链接法描绘数据，其中圆形节点代表数据实体，连线表示数据间的层次关系。这类树图符合人们的阅读习惯，常见的应用有家族谱系图、流程图、思维导图等。

2. 径向树图

径向树图（如图 8-29 所示）同样使用节点链接法，但它采用径向布局，根节点位于圆心，子树向着圆形边界扩散，处于同一层级的数据在一个同心圆上，越外层的同心圆越大，能容纳更多的低层节点。相比直观树图，径向树图有更大的空间利用率和数据墨水比，平衡感更强。图 8-29 使用径向树图展现了开源软件包 Flare 的代码层级结构。

⊖ 图片来源：http://www.tuzhidian.com/chart?id=5c6662a7372bb033b9c2fa04。

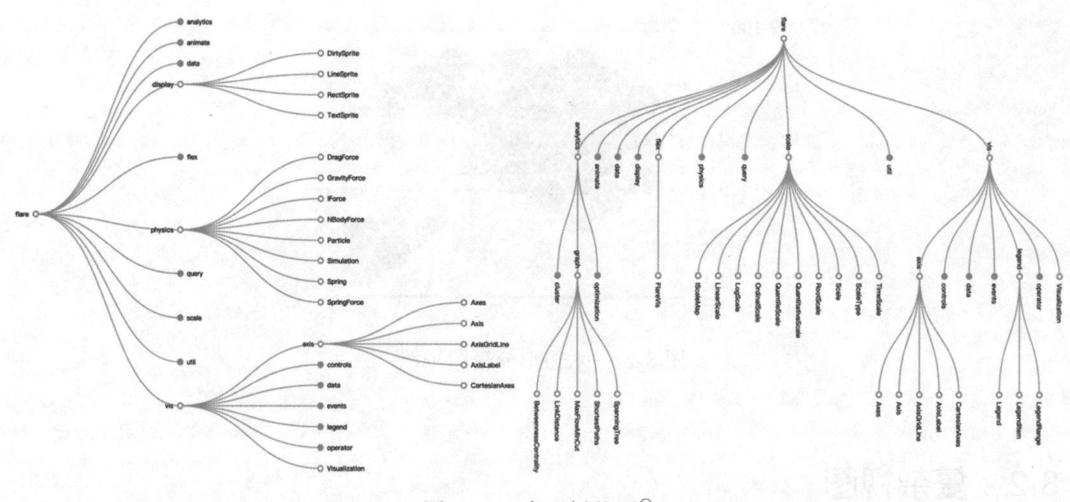

图 8-28　直观树状图㊀

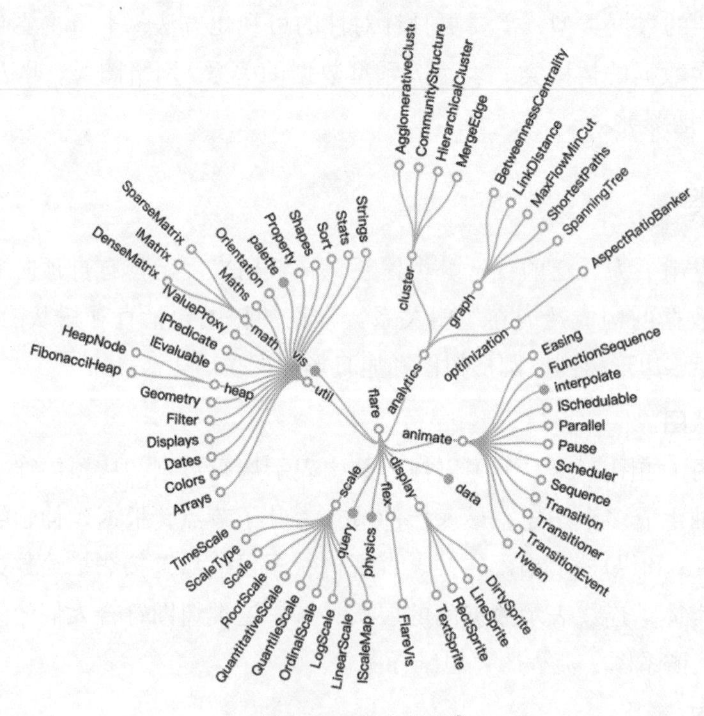

图 8-29　径向树图㊁

3. 矩形树图

矩形树图（如图 8-30 所示）也称拼接图，它采用空间填充法来表示层级数据，图中的矩形表示数据实体，嵌套关系表示父子层次关系，最外层的矩形表示根节点。矩形的大小能编码子节点的权重，单个矩形的面积由其在同一层级的占比决定，层级相

㊀ 图片来源：https://echarts.apache.org/examples/zh/editor.html?c=tree-basic。

㊁ 图片来源：https://echarts.apache.org/examples/zh/editor.html?c=tree-radial。

同的矩形紧密排布。矩形的颜色能编码其他属性，例如类别、等级等信息。矩形树图能充分利用屏幕空间，直观表示节点大小，但当数据分布均匀时难以突出重点，且数据层次较深时也会影响易读性。

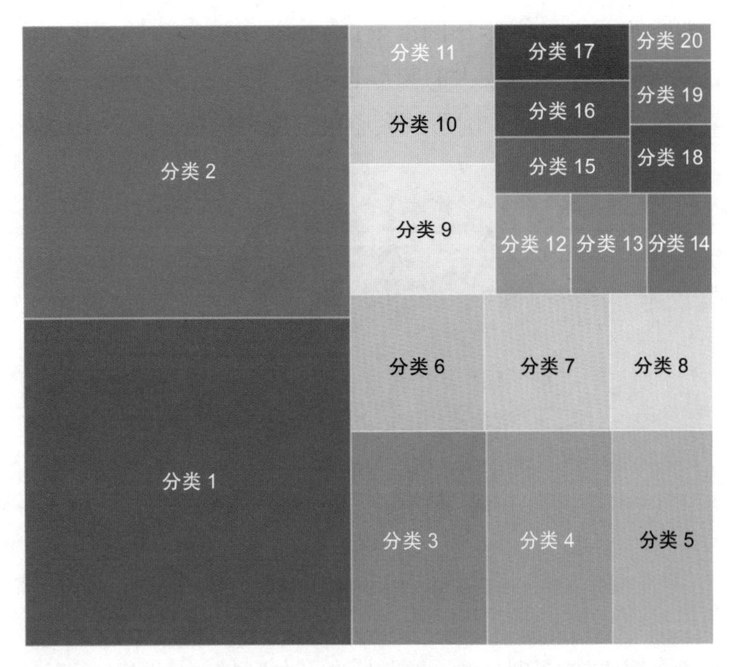

图 8-30　矩形树图[一]

4. 泰森多边形树图

泰森多边形树图（如图 8-31 所示）又称作 Voronoi 树图，采用泰森多边形算法进行空间填充，每个节点都是一个泰森多边形，父子节点之间使用嵌套表示。与矩形树图不同，泰森多边形树图的节点放宽了严格的矩形限制，具有布局灵活且易于缩放的特点。

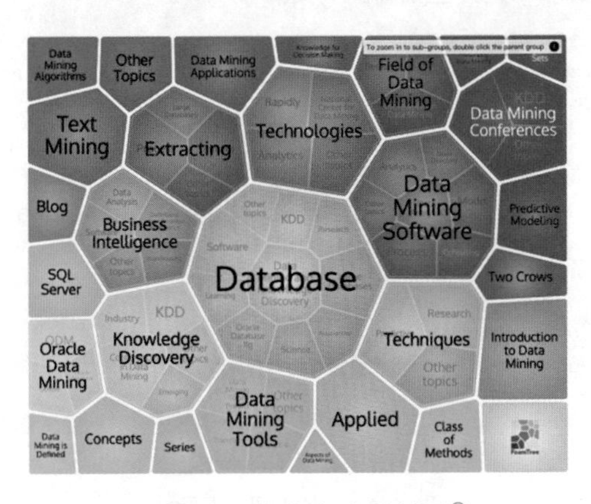

图 8-31　泰森多边形树图[二]

[一] 图片来源：https://antv-g2.gitee.io/zh/examples/relation/relation#treemap。

[二] 图片来源：https://get.carrotsearch.com/foamtree/latest/demos/settings.html。

在自然界中，树叶的纹路、蜻蜓的翅膀、干涸的土地都会呈现这样的形态。在实际应用中，泰森多边形树图常应用于基因数据、文件系统、主题分类。

5. 圆形树图

圆形树图（如图 8-32 所示）采用圆形替代矩形 / 泰森多边形，树状结构的每个分支都用圆形表示，层级高的节点用较大的圆形表示，大圆内部包裹低层级的小圆。与上述两种使用空间填充法的树图类似，圆形的大小可以编码数值，颜色可编码数据属性。

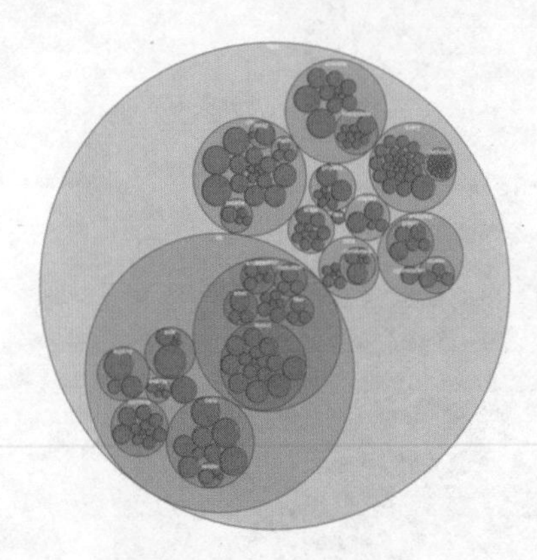

图 8-32　圆形树图[1]

但这种方法会因为圆的特性而导致较大的空白区域，空间利用率较低。目前应用场景较少，主要用于文件层级目录的展示。

6. 旭日形树图

旭日形树图（如图 8-33 所示）也称旭日图、极坐标下的矩形树图，它采用空间填充法及径向布局，用层次分段圆环编码数据。中心圆表示根节点，从圆心到外围表示层级依次递增。圆环的弧长和颜色能编码数值或属性。

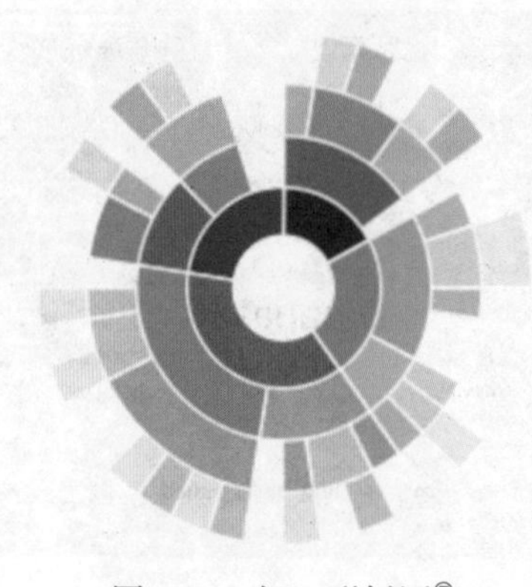

图 8-33　旭日形树图[2]

[1] 图片来源：https://homes.cs.washington.edu/~jheer/files/zoo/。

[2] 图片来源：http://www.tuzhidian.com/chart?id=5c55ac7458461d3fa6136711。

旭日图适合展现层级适中的数据，在加入交互功能后更加灵活多变，利于探索数据。进行可视化设计时需注意颜色的使用，避免节点间的视觉混淆。

8.2.2　关系 / 网络图类

关系 / 网络图用于表示不具备层次特征的关系数据，即网络数据。网状结构具有多样化、无中心的特点，表达的自由度和复杂度都比树状图更高。“万物互联”时代有越来越多的网络数据涌现，网络结构有逐渐取代树状结构的趋势。

1. 力导向图

力导向图（如图 8-34 所示）采用节点 – 链接布局，圆形节点表示数据实体，连线表示数据间的联系。节点的大小和颜色可用来编码数据实体的属性，连线的粗细和颜色也可编码数据关系的属性。节点的位置由力导向算法计算决定，因此力导向图的连线长度不能用于编码数据。节点的大小能突出关键的数据实体，通过节点间的距离和位置排布能看出实体间的亲疏及群体关系。

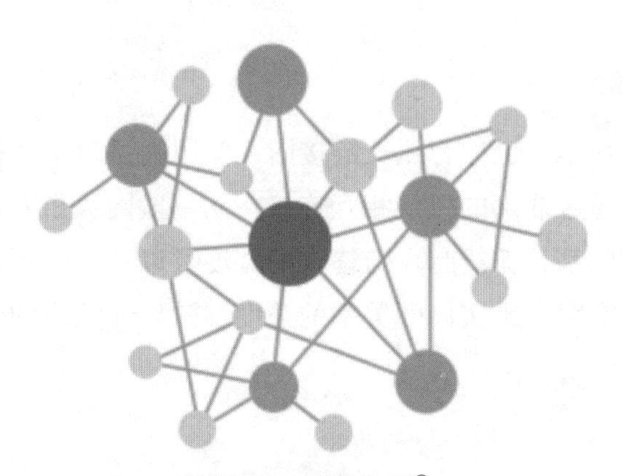

图 8-34　力导向图[㊀]

力导向图能帮助用户快速建立事物之间的联系，常用于表示人物社交网络、学术合作网络等抽象关系，但不适合表示交通网络这类具象关系。

2. 邻接矩阵图

邻接矩阵图（如图 8-35 所示）采用矩阵形式表示数据实体间的两两关系，行列代表所有数据实体，矩阵值表示实体间的联系。一般使用颜色或饱和度来编码矩阵的值，无颜色填充的格子表示对应行列的数据实体间没有关系，饱和度可编码关系的强度。

邻接矩阵在数据量较大时能有效避免节点链接法带来的视觉混淆，但在数据量小时不能有效突出网络的结构和关键节点。若要从邻接矩阵中挖掘出隐藏信息，通常需要结合排序等交互手段。

㊀ 图片来源：http://www.tuzhidian.com/chart?id=5c56e3134a8c5e048189c6c4。

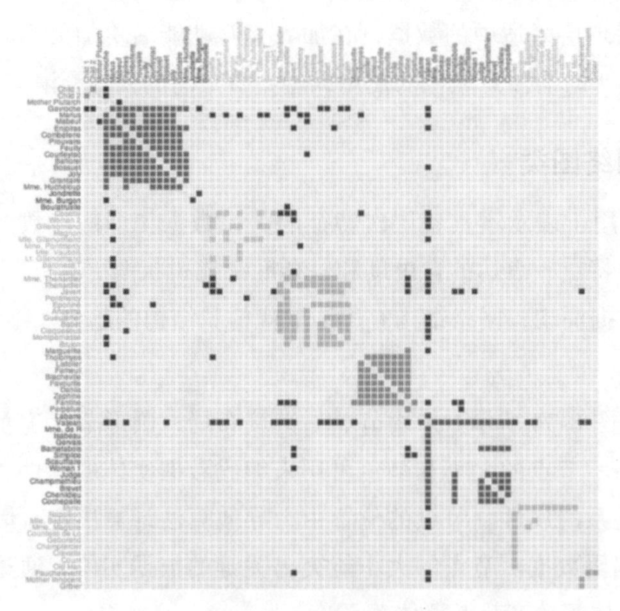

图 8-35 邻接矩阵图㊀

3. 弦图

弦图（如图 8-36 所示）也称为弧长链接图，使用圆弧表示数据实体且沿环形分段排列，实体间的关系通过捆绑的弧线相互连接。从一段圆弧出发可以有多条弧线，以表示与不同实体间的联系，弧线起点与终点的宽度可以不一致。圆弧的长度表示数据实体的大小，弧线的宽度表示实体间关系的强度。圆环和弧线的颜色可以用来编码数据的其他属性。

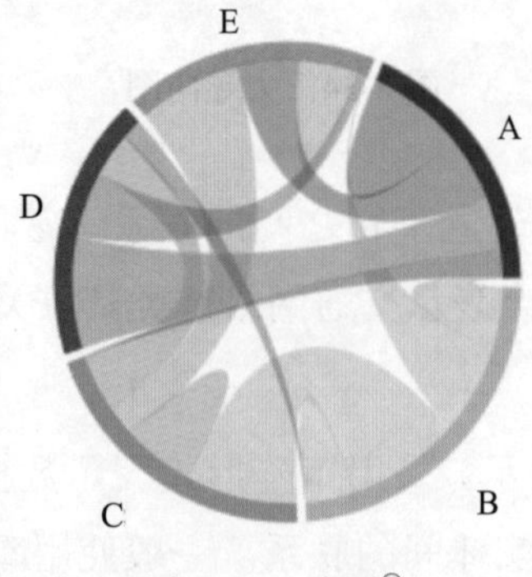

图 8-36 弦图㊁

弦图常被用于表示有权值的多类别关系或者数据的流动情况。但实际应用中，数据量较大的弦图容易产生视觉混淆，通常需要加入高亮、过滤等交互手段。

㊀ 图片来源：https://homes.cs.washington.edu/~jheer/files/zoo/。

㊁ 图片来源：http://www.tuzhidian.com/chart?id=5c56e33d4a8c5e048189c6cb。

4. 桑基图

桑基图（如图 8-37 所示）由条形节点和流量曲线组成，同列的条形节点表示同一数据属性下的不同取值，流量曲线表示一组数值到另一组数值的流动情况。条形节点的长度表示数值总量的大小，曲线的宽度描述数据流量的大小。颜色可编码数据类别。桑基图的一大特点是遵守“能量守恒定律”，即数据的起始流量和终止流量相等，因此流量曲线的宽度是保持不变的，这与弦图不同。

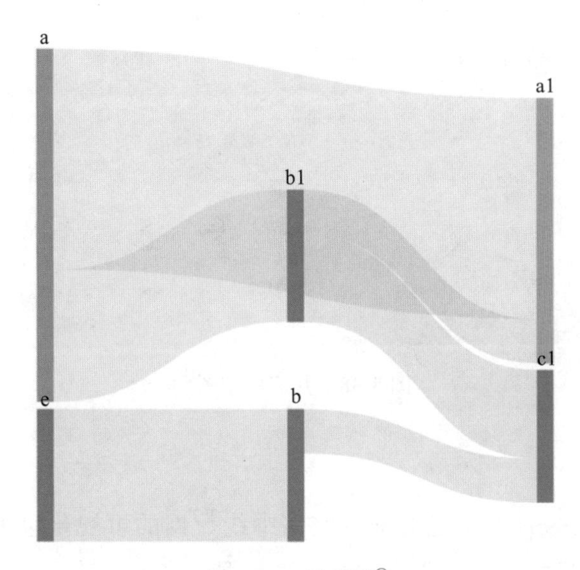

图 8-37　桑基图[㊀]

这类图表常用于表示数据的流动情况、事件的发展流程，也可用于表现数据分类和分配情况。使用桑基图时应考虑可视化效果，在变量多时采用有辨识度的颜色，并加入高亮、过滤等交互功能。

8.2.3　地理坐标 / 地图类

现实世界的地理空间数据与人们的生活息息相关，这类数据通常具有位置信息。本节从点、线、面三个角度介绍地理坐标 / 地图类视图的可视化方法，包括几何标记图、轨迹图和分级统计图。

1. 几何标记图

几何标记图（如图 8-38 所示）通常用于描述地理空间中离散的点数据，这类位置数据具有经纬度坐标，能用几何图标映射到地图上的特定位置。几何标记的形状（圆形、三角、箭头等）和颜色能编码数据的类别属性，标记的大小和饱和度能编码数值属性。除了表示具体某一点的数据之外，几何标记也能表示某一区域范围内的统计数

㊀ 图片来源：https://echarts.apache.org/examples/zh/editor.html?c=sankey-simple。

据，例如将标记放置在省会的位置以表示一个省的统计数据。

在地图上使用几何标记来描绘数据的方式符合人们常规浏览地图的习惯，直观的圆形标记尤其有效，常说的POI（兴趣点）就由几何标记图描绘。进行可视化设计时要注意避免由于数据密度或数值较大而导致的视觉遮挡。

图 8-38　几何标记图㊀

2. 轨迹图

轨迹图（如图 8-39 所示）是对地理空间中线数据的可视化呈现，例如车辆轨迹、抽象 OD（出发点 – 目的地）路径等数据。线数据由多个点数据构成，具有长度属性，通常采用线条来绘制。线条的宽度、颜色可用于编码数据属性。具象的轨迹数据能直接映射到地图上，抽象的 OD 数据一般直接采用线段或弧线连接两个点。当数据量较大时，线条会不可避免地产生视觉混淆，可考虑改变布局或使用边绑定技术来减少线条交叉和重叠。

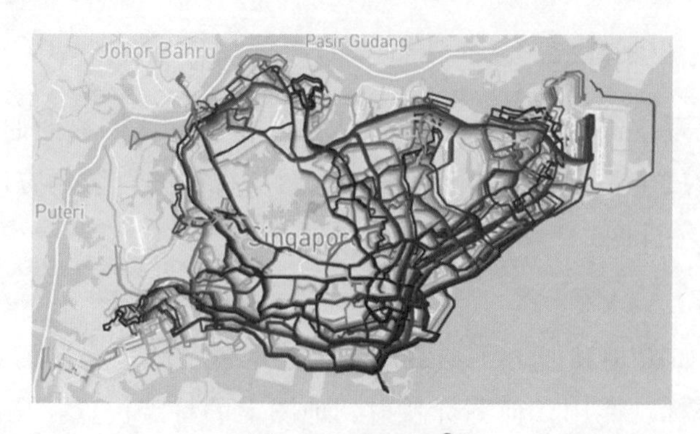

图 8-39　轨迹图㊁

㊀ 图片来源：https://l7.antv.antgroup.com/examples/point/image/#image。
㊁ 图片来源：https://l7.antv.vision/zh/examples/line/path#bus_light。

3. 分级统计图

分级统计图（如图 8-40 所示）是一种用于表示地理区域数据的主题地图。地理空间中的区域是一个个二维的封闭空间，具有位置、面积这类相对固定的地理属性，也有由人类行为产生的人口属性，例如人口数量、人均收入等。分级统计图假设数据属性在某区域内均匀分布，使用同一种颜色表示该区域的属性值。图 8-40 所示的案例为 2014 年美国各个州的人口情况，通过颜色的深浅反映了人口的主要分布情况，并且能很明显看出 California、Texas 两大州人口最多，然而对于面积较小的区块，因为人口数量少，所以渲染的颜色浅，就导致这一区块在图上很难被看见，这也是分级统计图的缺点。

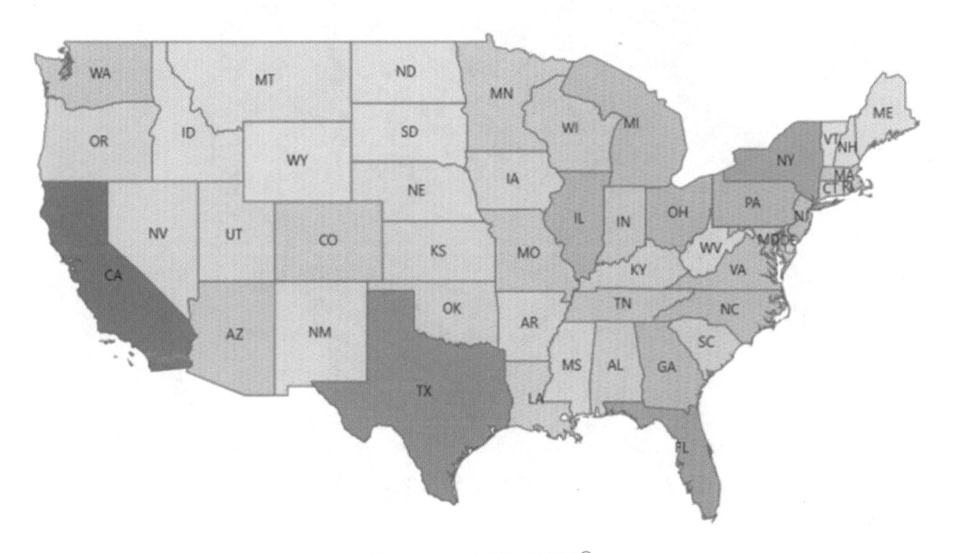

图 8-40　分级统计图[⊖]

分级统计图将统计数据特征与空间分布相结合，能直观对比不同区域的属性值，由数据属性决定的主题信息更直观和清晰，但区域的大小可能会造成认知混淆。

8.3　改进视图

改进视图是指对基础视图和复杂视图加以改进所得到的新视图，改进手段包括视图的组合、视图的扩展和视图的隐喻。本节针对每种改进手段举出相应案例，并介绍改进的细节信息。

8.3.1　视图的组合

视图的组合是指将两个或多个基础的可视化视图组合为一个新视图，从而表达数据更多维度的信息。

⊖ 图片来源：https://l7.antv.vision/zh/examples/react/covid#covid_fill。

1. 径向平行坐标系与散点图组合

如图 8-41 所示，由径向平行坐标系与散点图组合而成的新视图，外部的径向平行坐标系用于表征高维数据在不同维度上的分布，内部的散点图则通过将数据点映射到二维平面来呈现数据整体和局部的空间分布特征。

图 8-41　径向平行坐标系与散点图的组合 [2]

2. 弧线图、饼图与环图的组合

如图 8-42 所示，可视化视图在弧线图的布局基础上将节点改为组合的环图与饼图，在编码整体关系的同时展示个体的细节信息。

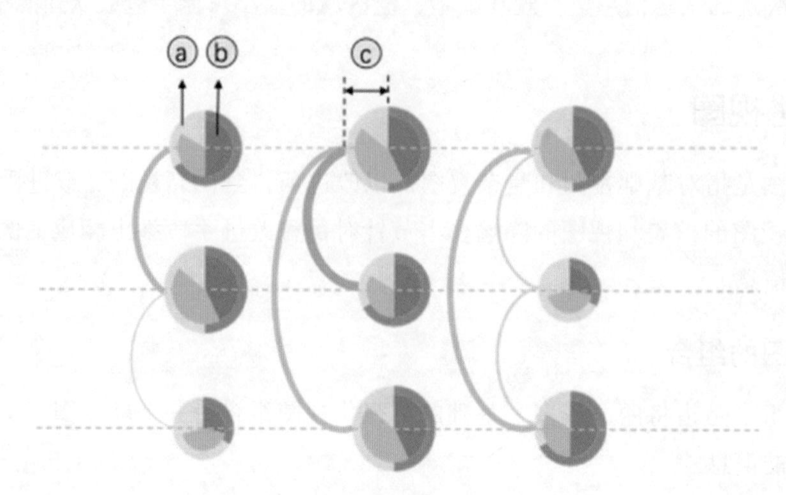

图 8-42　弧线图、饼图与环图的组合 [3]

3. 柱状图、环图与散点图的组合

如图 8-43 所示，可视化视图在整体环图布局外部添加径向柱状图，采用时钟隐喻呈现数据的周期性特征，内部嵌入半径和颜色不同的散点展示数据的分布情况。

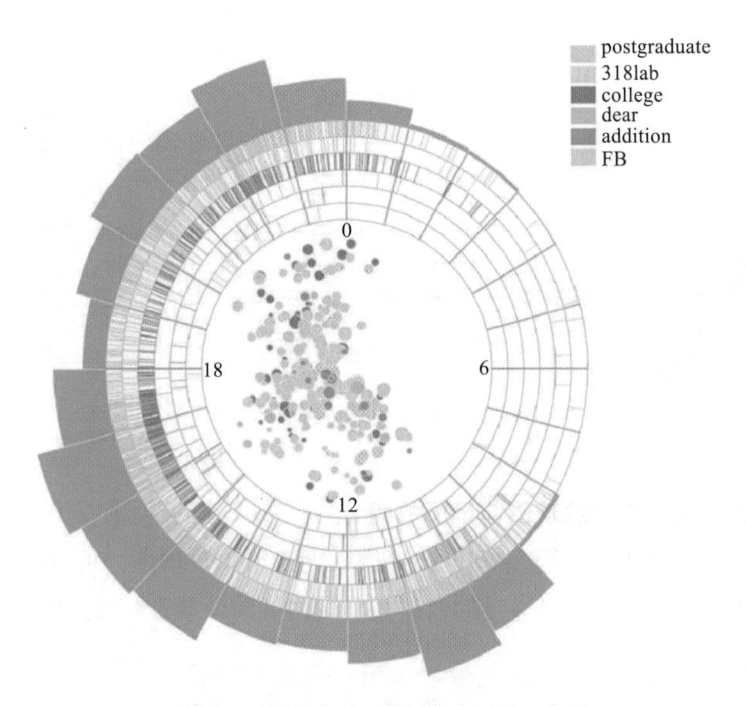

图 8-43　柱状图、环图与散点图的组合 [4]

4. 根茎图与流图的组合

图 8-44 中的可视化视图将根茎图拆分为两个部分，并与流图组合形成新视图，生动地展示了网络日志中服务器和客户端之间上下行流量的整体态势。

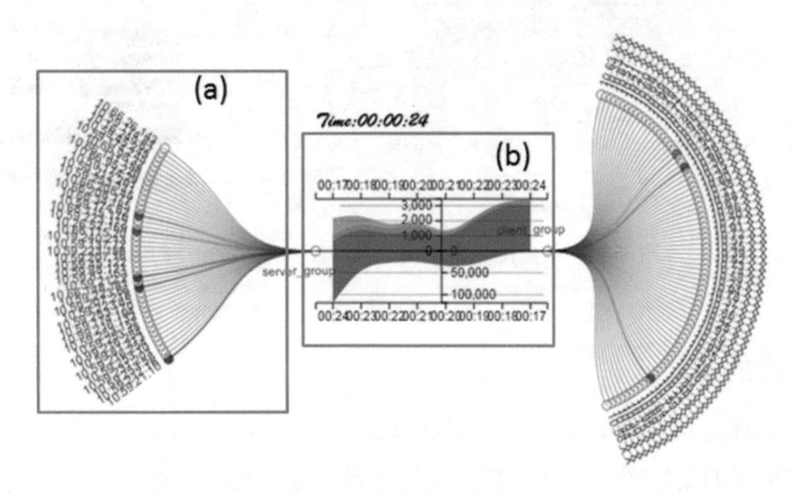

图 8-44　根茎图与流图的组合 [5]

5. 柱状图与流图的组合

图 8-45 中的可视化视图是一个景点可视对比视图，该视图将柱状图嵌入流图布局中，能同时呈现各景点整体讨论热度随时间变化的趋势，以及景点各类评价指标在某月的具体统计数值。

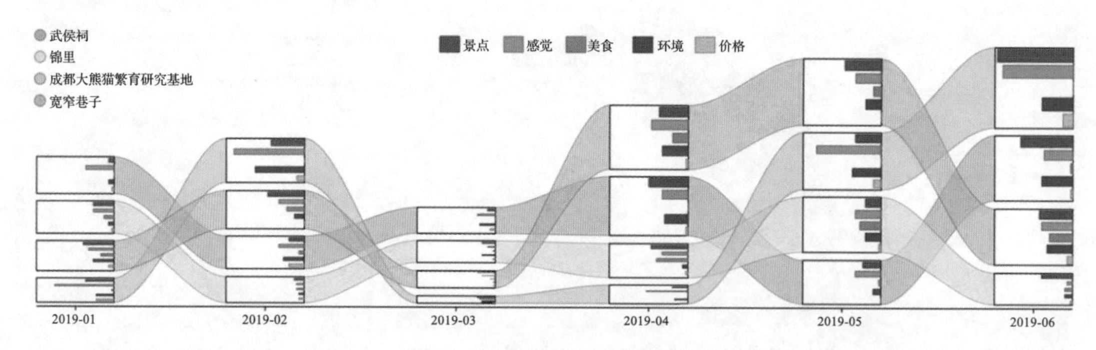

图 8-45 柱状图与流图的组合 [6]

6. 条形图、南丁格尔玫瑰图与地图的组合

图 8-46 中的可视化视图通过在地图中嵌入南丁格尔玫瑰图，可以同时展示景点的位置信息和评论信息，并通过连接的曲线与条形图展示该景点各维度的具体统计信息。

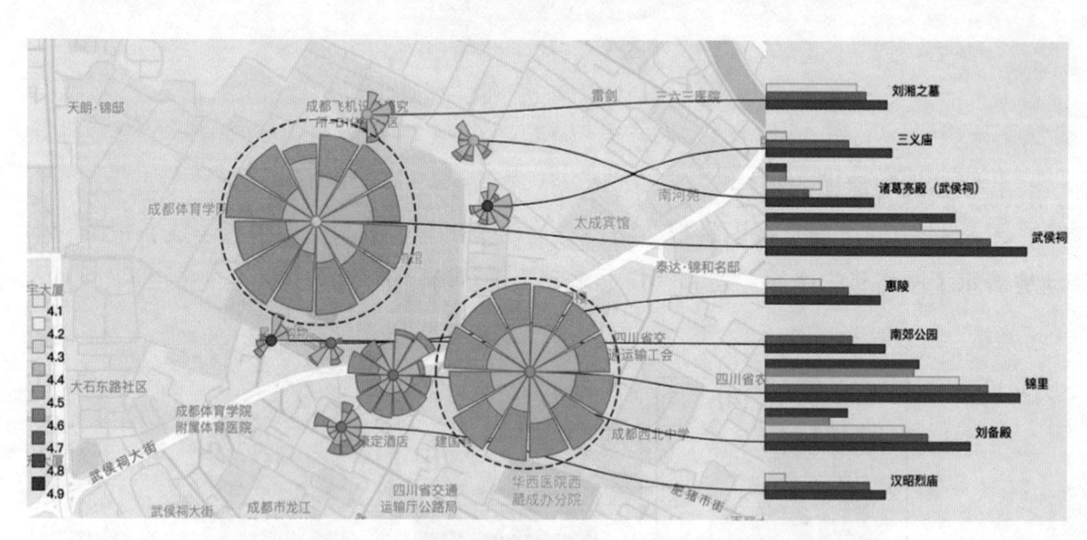

图 8-46 条形图、南丁格尔玫瑰图与地图的组合 [6]

8.3.2 视图的扩展

视图的扩展是指在原有可视化视图的基础上扩展新的视觉通道或设计新的视觉编码方式，其形成的新视图可以适应具体应用场景，涵盖更多信息。

1. 弦图的扩展

图 8-47 中的层次弦图具有传统弦图展示数据间关系的功能，同时采用圆弧到圆心的距离这一视觉通道来编码数据的层次结构。

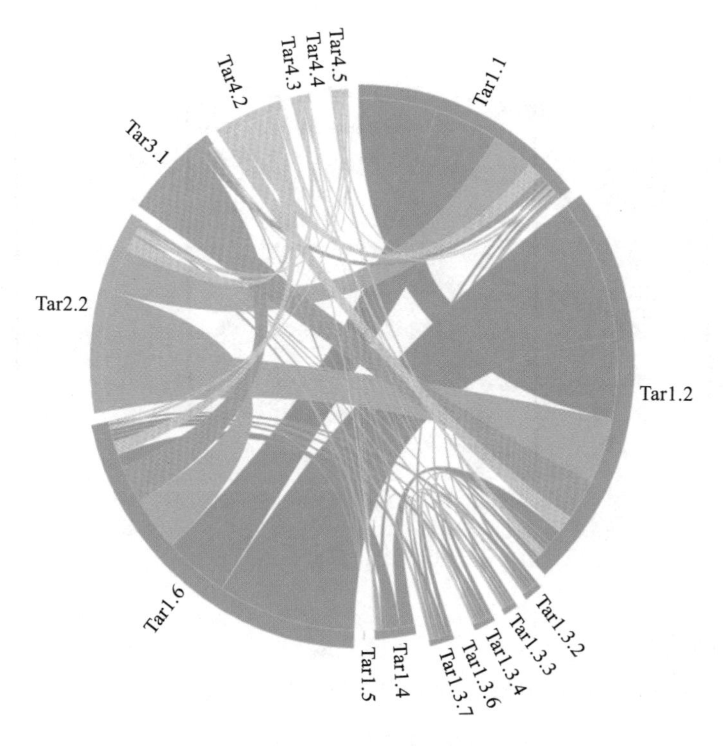

图 8-47　层次弦图 [7]

2. 雷达图的扩展

传统雷达图中一个径向坐标轴对应一个维度数据属性，一个闭合的多边形代表一个对象，但容易出现由于数据量过大或分布不均匀而导致片段重叠的问题。考虑到人类对形状和大小的识别更为敏感，图 8-48 中的可视化视图采用区域填充法，将多维数据点映射到具有特定颜色的区域，使用户更容易区分不同的数据对象。

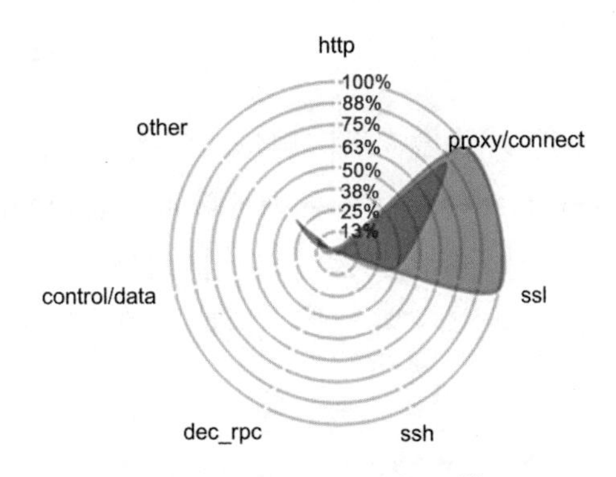

图 8-48　雷达图的扩展 [5]

3. 平行集的扩展

传统的平行集是将平行坐标系的坐标轴改用区间表示，区间的宽度对应数据属性所占比例，聚合数据折线，降低视觉混淆的可能性。图 8-49 在传统平行集的基础上，改进了颜色映射方案和线段排列方法，在属性类别较多时依旧可以保持较高的可读性。

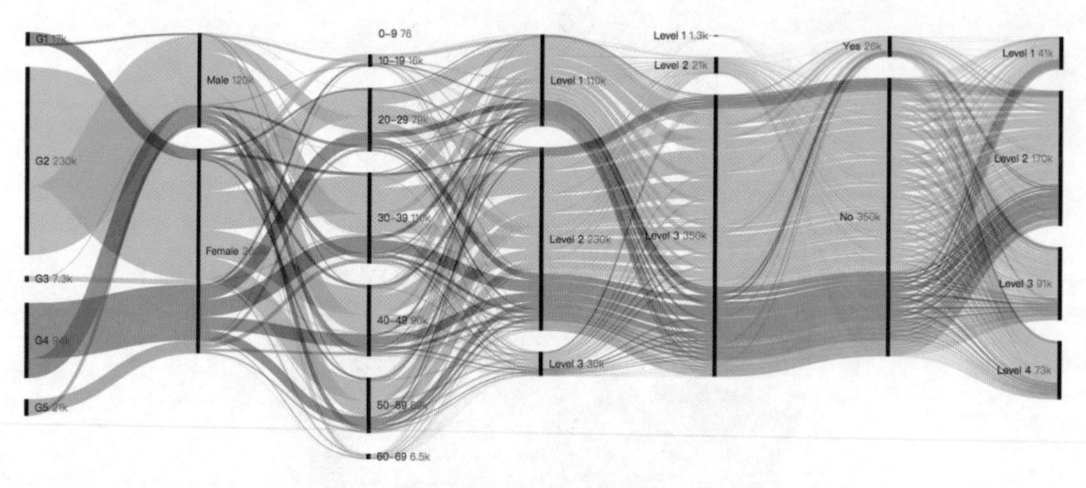

图 8-49　平行集的扩展 [8]

4. 马赛克图的扩展

传统的马赛克图主要使用带有属性的矩形组合来展示属性分布，辅助统计分析，但在用户行为分析场景下无法在有限的屏幕空间内展示完整的信息，也很难比较用户行为的分布差异。如图 8-50 所示，将马赛克图与形式简洁的表格相融合，使用柱状图编码定量数据，在节省屏幕空间的同时保证了分析流程的连贯性。

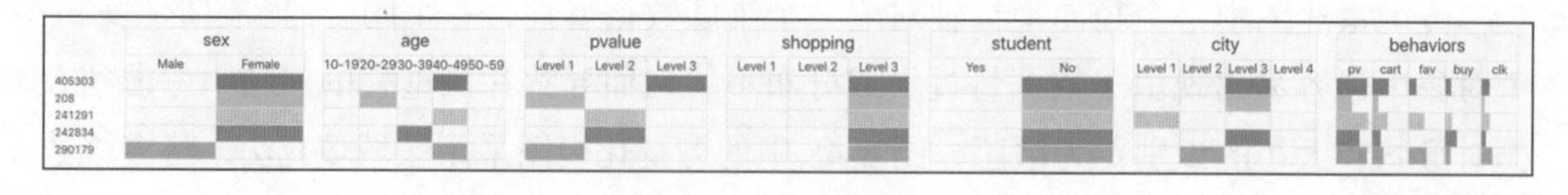

图 8-50　马赛克图的扩展 [8]

5. 环形热力图的扩展

传统的环形热力图采用循环时域，沿圆周排布时间序列，一个回路对应一个周期，如果所选排列周期与数据分布相符，分析者则可以从中看出数据集的周期性规律。如图 8-51 所示，为满足用户行为分析的特定需求，将购物行为沿圆周编码，内部嵌入南丁格尔玫瑰图以展示广告点击行为，外部加入星期标识，清晰地展示了用户行为模式的周期规律。

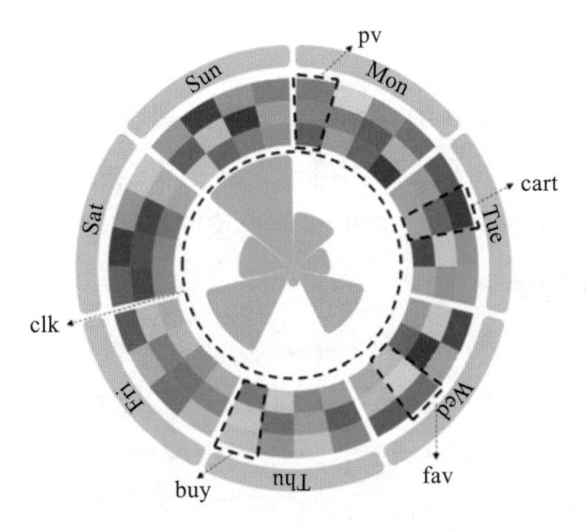

图 8-51　环形热力图的扩展 [8]

6. 六边形分箱图的扩展

六边形分箱图本身是为应对散点图密度过高引起的视觉混淆而提出的一种扩展视图。如图 8-52 所示，将地图用六边形均匀划分，不同缩放级别下六边形内部采用不同的视觉编码方式，当地图缩放级别较低时仅采用颜色编码区域内位置点的数量，当缩放级别大于某个阈值时，则在六边形内部加入蜂窝网格来展示更具体的统计信息。

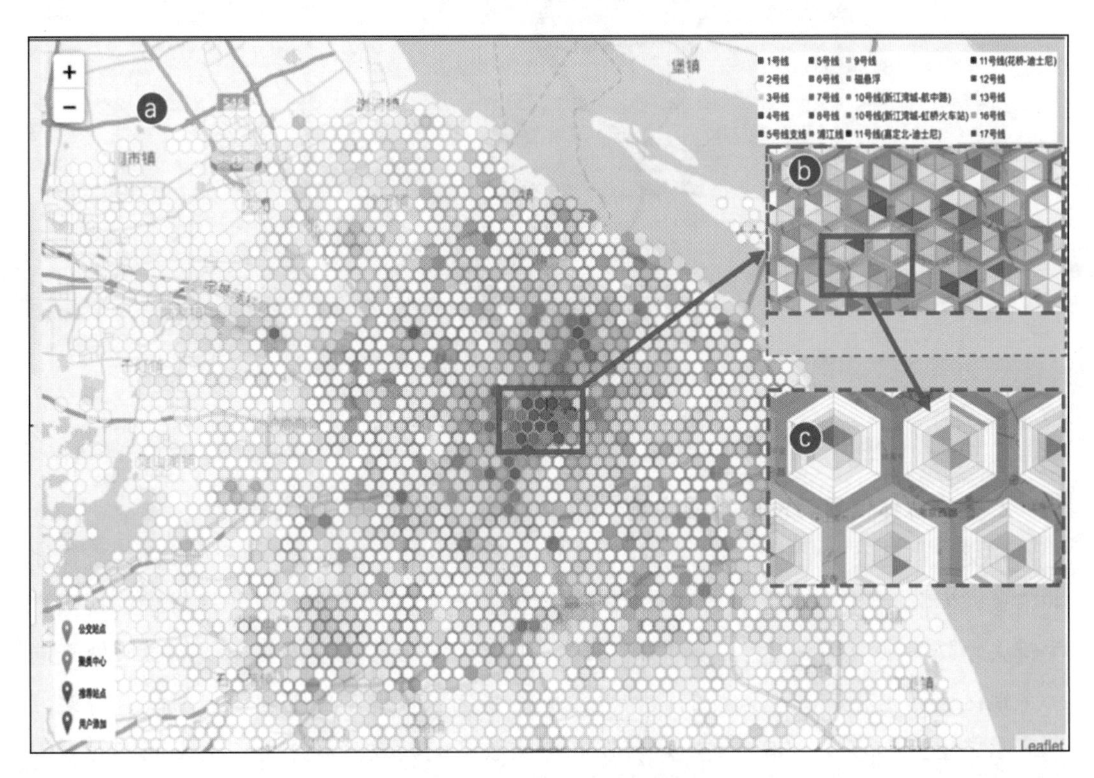

图 8-52　六边形分箱图的扩展 [9]

8.3.3 视图的隐喻

视图的隐喻是指将可视化视图与真实世界中的事物建立映射关系，以更易于感知和理解的方式呈现数据。例如常见的河流图，其本质是将数据的流动行为隐喻为“河流”。本节介绍可视化领域学术论文中的一些典型隐喻视图案例。

1. 交通轨迹的钟表隐喻

研究交通轨迹模式对于城市规划具有重要意义，如图 8-53 所示，将城市交通轨迹隐喻为“钟表”，将一天 24 小时的车辆运行统计数据分布于类似“钟表”的圆环上，每小时的车辆数表示为矩形柱的高度，颜色用于编码车辆的行驶速度。结合在“钟表”中心嵌入的交通轨迹图，分析者可以清晰地理解交通轨迹在时间和空间上的分布情况。

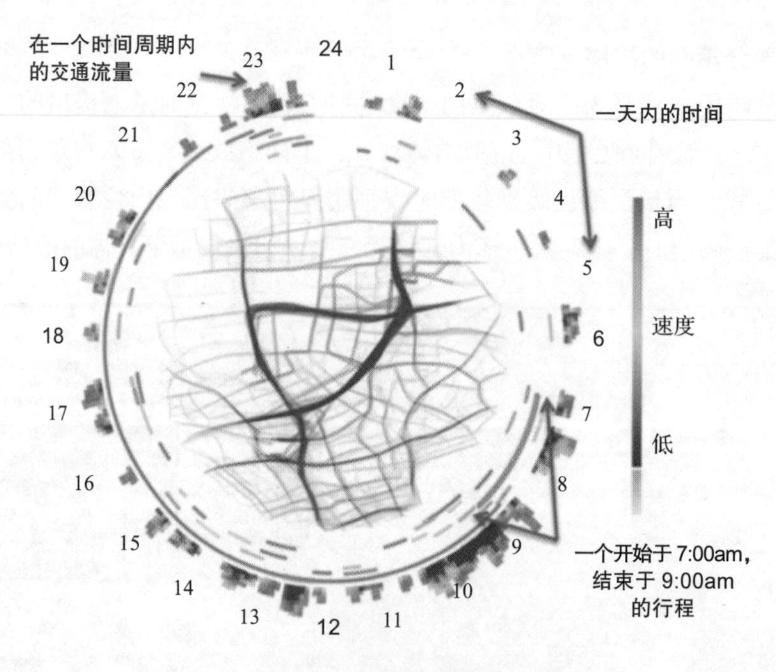

图 8-53 城市交通的钟表隐喻 [10]

2. 社交媒体信息转发的地图隐喻

社交媒体已经成为人们分享、获取信息的重要平台，如图 8-54 所示，将社交媒体的信息转发隐喻为“地图”，高度利用视觉空间，更直观地展示信息传播过程。视图将关键人物转发映射为湖泊，将普通用户转发映射为城市；转发语义相似的微博处于同一个地区，转发相同关键人物的微博处于同一个国家；地图中的河流、航线、桥梁分别表示关键人物转发、非关键用户转发和语义改变的转发。利用地图上不同的元素编码不同转发信息的特征，该视图能够清晰地展示一条社交媒体信息的转发结构、用户在转发过程中的角色以及转发过程中语义的变化。

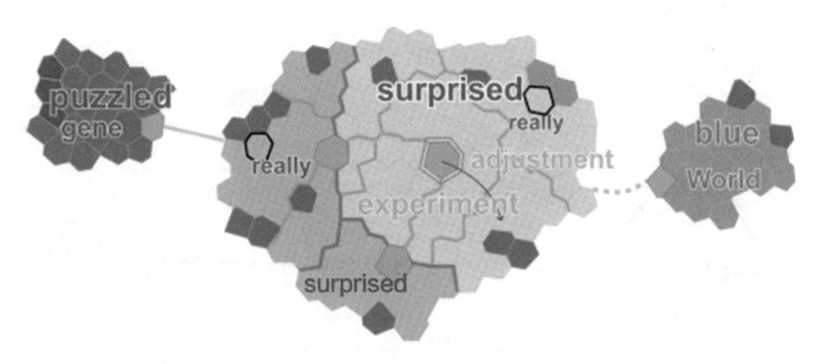

图 8-54 社交媒体信息转发的地图隐喻 [11]

3. 信息传播的向日葵隐喻

如图 8-55 所示，展示了信息传播的另一种隐喻方式，将推文被不同群体转发的信息传播行为隐喻为“向日葵”的种子传播过程。未被转发的推文像未成熟的种子分布于向日葵圆形花盘的中心，花盘边缘成熟的种子代表被转发过的推文。种子的颜色编码转发推文的情感信息，种子被转发到不同用户组后，落地生根，就在外部形成了新的“向日葵”。

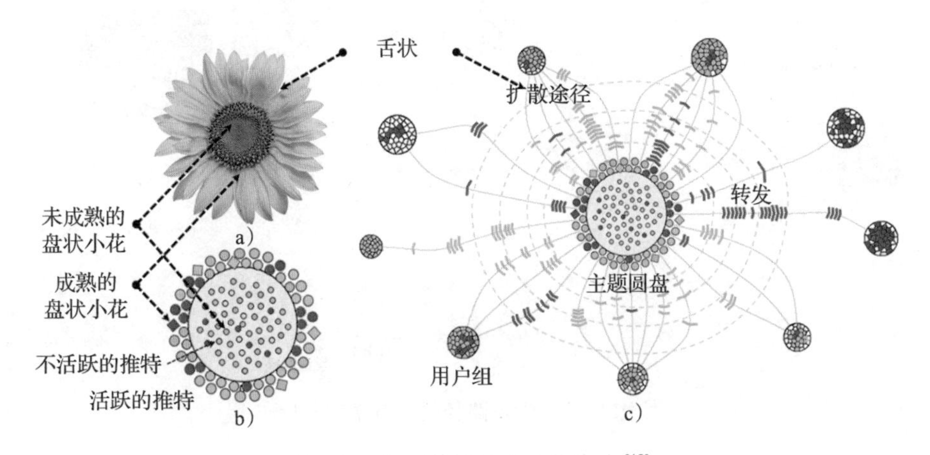

图 8-55 信息传播的向日葵隐喻 [12]

4. 文本主题合并与分离的河流隐喻

分析文本数据中的主题演变有助于该领域的专家及时了解最新、最热的话题随时间的变化情况，如图 8-56 所示，将文本数据中主题的分裂、合并和消失隐喻为“河流”的分支、汇聚和干涸，河流的宽度编码主题的热度，颜色则编码文本主题类别。通过观察该视图，分析者可以探索大量文本数据中主题的演化模式并发现主题变化的关键节点。

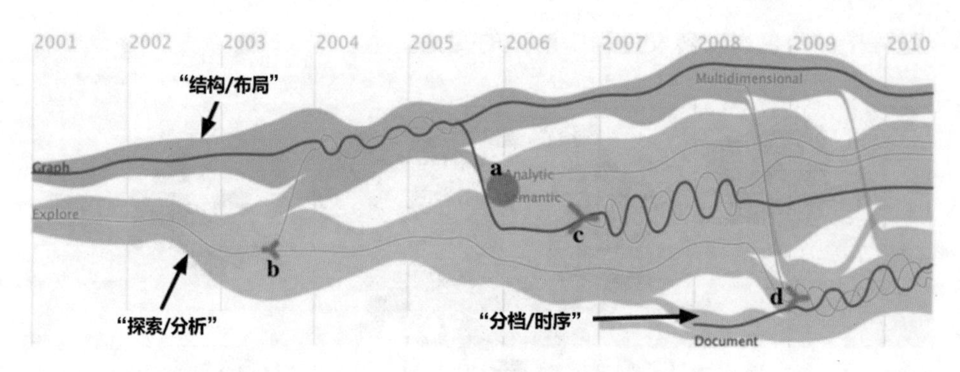

图 8-56　文本主题合并与分离的河流隐喻 [13]

5. 学习路径的拉链隐喻

从他人的学习路径中寻找灵感能为学习者规划自身学习路径提供有效参考，如图 8-57 所示，将其他人在类似学习场景下的历史学习路径隐喻为“拉链”，分别展示他人在挑战路径、热门路径、累进路径三个模式下的练习题序列及完成情况，采用更直观的视觉设计来促进分析者对学习路径的理解和计划。

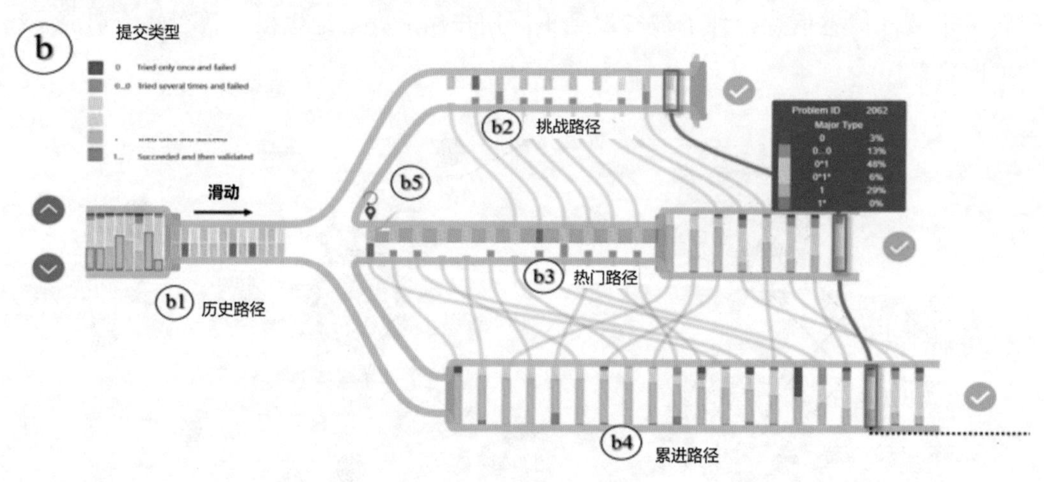

图 8-57　学习路径的拉链隐喻 [14]

6. 学术实体的影响力花朵隐喻

为探究人物、项目、机构、会议和期刊等学术实体的影响概况，如图 8-58 所示，将学术实体间的影响力隐喻为“影响力花朵”。影响力花朵是一个以自我为中心的图，所查询的学术实体位于花朵的中心，花瓣的样式反映对相同或不同类型其他实体的影响强度。通过观察视图，分析者可以分析研究人员的职业生涯、研究机构的跨学科概况。

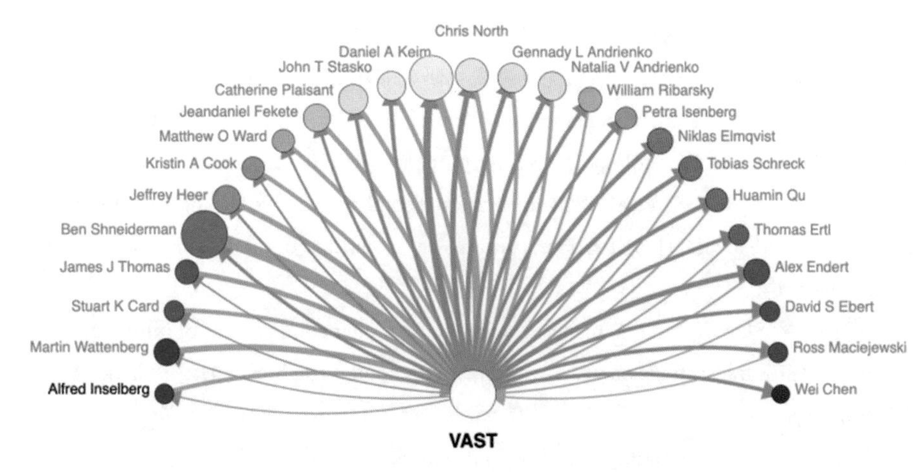

图 8-58　学术实体的影响力花朵隐喻 [15]

8.4　小结

本章总结了可视化领域一些常见的可视化图表，包括折线图类、柱状图类、饼图类、散点图类及其他常见的基础视图类，以树图类、关系 / 网络图类和地理坐标 / 地图类为主的复杂视图，以及基于基础视图和复杂视图加以组合、扩展和隐喻的改进视图，便于对数据可视化感兴趣的用户快速概览已有的可视化方法。

8.5　参考文献

[1] XIONG X, FU M, ZHU M, et al. Visual potential expert prediction in question and answering communities[J]. Journal of Visual Languages & Computing, 2018, 48: 70-80.

[2] LI M , ZHU M, GAN Q, et al. A composite multidimensional visualization method based on eCLPCs[J]. Journal of Computational Information Systems, 2015, 11(16): 5853-5864.

[3] LU B, ZHU M, HE Q, et al. Tmnvis: visual analysis of evolution in temporal multivariate network at multiple granularities[J]. Journal of Visual Languages & Computing, 2017, 43: 30-41.

[4] ZENG A, ZHU M, SU Y, et al. IMLogVis: an interactive visualization method for analyzing instant messaging log[J]. Journal of Computational Information Systems, 2015, 11(9): 3181-3194.

[5] HE L, TANG B, ZHU M, et al. NetflowVis: a temporal visualization system for netflow logs analysis[C]// International Conference on Cooperative Design, Visualization and Engineering, 2016: 202-209.

[6] 韦东鑫 . 基于旅游 UGC 的景点选择可视分析研究与实现 [D]. 成都 : 四川大学计算机学院 , 2020.

[7] PENG D, TIAN W, ZHU M, et al. TargetingVis: visual exploration and analysis of targeted advertising data[J]. Journal of Visualization, 2020, 23(6): 1113-1127.

[8] 彭第 . 面向网络购物广告的用户行为可视分析系统 [D]. 成都：四川大学计算机学院，2020.

[9] 夏婷 . 基于共享单车数据的公交站点优化可视化研究 [D]. 成都：四川大学计算机学院，2020.

[10] LIU H, GAO Y, LU L, et al. Visual analysis of route diversity[C]. 2011 IEEE Conference on Visual Analytics Science and Technology (VAST), Providence, RI, 2011:171-180.

[11] CHEN S, LI S, CHEN S, et al. R-Map: a map metaphor for visualizing information reposting process in social media[J]. IEEE Transactions on Visualization and Computer Graphics, 2020, 26(1):1204-1214.

[12] CAO N, LIN Y, SUN X, et al. Whisper: tracing the spatiotemporal process of information diffusion in real time[J]. IEEE transactions on visualization and computer graphics, 2012, 18(12): 2649-2658.

[13] CUI W, LIU S, TAN L, et al. TextFlow: Towards better understanding of evolving topics in text[J]. IEEE Trans Vis Comput Graph, 2011, 17(12):2412-2421.

[14] XIA M, SUN M, WEI H, et al. Peerlens: peer-inspired interactive learning path planning in online question pool[C]. Proceedings of the 2019 CHI Conference on Human Factors in Computing Systems, 2019: 1-12.

[15] SHIN M, SOEN A, READSHAW B T, et al. Influence flowers of academic entities[C]. IEEE Conference on Visual Analytics Science and Technology (VAST), 2019: 1-10.

推荐阅读

图分析与可视化：在关联数据中发现商业机会

作者：理查德·布莱斯 ISBN：978-7-111-52692-6 定价：119.00元

本书将图与网络理论从实验室带到真实的世界中，深入探讨如何应用图和网络分析技术发现新业务和商业机会，并介绍了各种实用的方法和工具。作者Richard Brath和David Jonker运用高级专业知识，从真正的分析人员视角出发，通过体育、金融、营销、安全和社交媒体等领域的引人入胜的真实案例，全面讲解创建强大的可视化的过程。

基于R语言的自动数据收集：网络抓取和文本挖掘实用指南

作者：西蒙·蒙策尔特 等 ISBN：978-7-111-52750-3 定价：99.00元

本书由资深社会科学家撰写，从社会科学研究角度系统且深入阐释利用R语言进行自动化数据抓取和分析的工具、方法、原则和最佳实践。作者深入剖析自动化数据抓取和分析各个层面的问题，从网络和数据技术到网络抓取和文本挖掘的实用工具箱，重点阐释利用R语言进行自动化数据抓取和分析，能为社会科学研究者与开发人员设计、开发、维护和优化自动化数据抓取和分析提供有效指导。

数据科学：理论、方法与R语言实践

作者：尼娜·朱梅尔 等 ISBN：978-7-111-52926-2 定价：69.00元

本书讨论如何应用R程序设计语言和有用的统计技术处理日常的业务情况，并通过市场营销、商务智能和决策支持领域的示例，阐述了如何设计实验（比如A/B检验）、如何建立预测模型以及如何向不同层次的受众展示结果。

推荐阅读

机器学习：从基础理论到典型算法（原书第2版）

作者：（美）梅尔亚·莫里 阿夫欣·罗斯塔米扎达尔 阿米特·塔尔沃卡尔

译者：张文生 杨雪冰 吴雅婧 ISBN：978-7-111-70894-0

本书是机器学习领域的里程碑式著作，被哥伦比亚大学和北京大学等国内外顶尖院校用作教材。本书涵盖机器学习的基本概念和关键算法，给出了算法的理论支撑，并且指出了算法在实际应用中的关键点。通过对一些基本问题乃至前沿问题的精确证明，为读者提供了新的理念和理论工具。

机器学习：贝叶斯和优化方法（原书第2版）

作者：（希）西格尔斯·西奥多里蒂斯 译者：王刚 李忠伟 任明明 李鹏

ISBN：978-7-111-69257-7

本书对所有重要的机器学习方法和新近研究趋势进行了深入探索，通过讲解监督学习的两大支柱——回归和分类，站在全景视角将这些繁杂的方法一一打通，形成了明晰的机器学习知识体系。

新版对内容做了全面更新，使各章内容相对独立。全书聚焦于数学理论背后的物理推理，关注贴近应用层的方法和算法，并辅以大量实例和习题，适合该领域的科研人员和工程师阅读，也适合学习模式识别、统计/自适应信号处理、统计/贝叶斯学习、稀疏建模和深度学习等课程的学生参考。